世界博物馆最新发展译丛(第二辑)　　　　主编◎宋娴

博物馆学习
作为促进工具的理论和研究

[英]吉尔·霍恩施泰因　[英]特安诺·穆苏里◎著
罗　跞◎译　王思怡　宋汉泽◎审校

復旦大學出版社

上海科技传播智库系列成果

关于作者

吉尔·霍恩施泰因（Jill Hohenstein），伦敦国王学院教育、传播与社会学院教育心理学的高级讲师。作为一名发展心理学家，她的研究调查了儿童和成人在非正式环境中的学习方式，包括博物馆，特别关注语言和认知发展。

特安诺·穆苏里（Theano Moussouri），伦敦大学学院考古研究所博物馆研究的高级讲师。她曾在博物馆担任过观众研究员。她目前的研究调查博物馆参观者和非参观者的动机和意义形成，博物馆专业人员的发展和知识的共享，以及研究者-从业者的合作研究。

关于本书

《博物馆学习：作为促进工具的理论和研究》从教育学、博物馆学、心理学、社会学、考古学等多个视角，基于不同领域的各种理论，来探讨博物馆展览、展品、活动与参观者身心的相互影响，建构从个体到群体、从内部特征到外部环境的研究光谱。

本书首先阐释理论、博物馆实践和研究之间的关系，让读者对博物馆研究可能涉及到的方法和研究对象全貌有所了解，并采用主题章节的形式，分别从不同的主题切入阐释，如意义建构，叙事与对话，真实性，记忆、联想与回忆，自我身份，动机，文化和权力。各主题章节以世界各地的博物馆实践案例为引导，结合相关理论，综述此领域的博物馆研究成果，再回到案例进行回顾总结，并在每章结尾，拓展该章探讨的理论与实践，让读者更好地体会博物馆实践与理论、研究的关系。

致谢

本书是许多人共同努力和支持的成果,包括我们在教育学院、传播与社会学院、伦敦国王学院和伦敦大学考古研究所、博物馆的同事以及学生。本书中提出的观点已经广受讨论,也被学生提出的问题"千锤百炼"。我们要特别感谢玛丽·霍布森(Marie Hobson)。在与她的讨论中,她对其中一章的反馈至关重要,并为专题章节的形式带来了转折。我们还要感谢案例作者和/或参与者的宝贵帮助和支持:苏·布伦宁(Sue Brunning)、亚当·科西尼(Adam Corsini)、格林·戴维斯(Glynn Davis)、弗朗西斯·珍斯(Frances Jeens)、凯瑟琳·约翰逊(Katherine Johnson)和莎伦·威洛比(Sharon Willoughby)。他们都非常慷慨地抽出时间与我们见面,并在整个过程中提供反馈和想法,从本书结构和内容的开发,到寻找照片和阅读手稿的各个部分。迈克尔·克莱蒙斯(Michael Clemmons)、瓦实提·迪布瓦(Vashti DuBois)和伊恩·弗兰德(Ian Friday)给了我们很大的帮助,他们的想法和远见给予我们很大的启发。也非常感谢迈尔斯·拉塞尔·库克(Myles Russell Cook)和罗伊·斯蒂芬森(Roy Stephenson)对案例的贡献。许多人帮助我们构架了这本书的内容和结构。在此,我们要感谢伦敦自然历史博物馆的公众参与小组和伦敦犹太博物馆的学习小组，他们慷慨地提供了想法和支持。我们还要感谢以下为学者给予的想法和支持：卡罗尔·钟（Carol Chung），露丝克·拉克（Ruth Clarke），莎莉·柯林斯（Sally Collins），皮帕·库奇（Pippa Couch），凯瑟琳·克里德（Kathryn Creed），克里斯·温奇（Chris Winch），维多利亚·唐纳伦（Victoria Donnellan），萨比·杜林（Sabine Doolin），克莉斯汀·格尔比奇（Christine Gerbich），蒂姆·格鲁夫（Tim Grove），斯图尔特·弗罗斯特（Stuart Frost），朱丽叶·弗里奇（Juliette Fritsch），科妮·格拉夫（Conny Graft），内奥米·海伍德（Naomi Haywood），茂娜·辛顿（Morna Hinton），吉娜·Koutsika（Gina Koutsika），Effrosyni Nomikou，艾玛·佩格勒姆（Effrosyni Nomikou），朱希·帕克（Juhee Park），艾米丽·普林格尔（Emily Pringle），贝丝·施耐德（Beth Schneider）和露西·特伦齐（Lucy Trench）。还有在我们挑选和联系案例贡献者方面提供极大帮助的人；我们要感谢玛丽安娜·亚当斯（Marianna Adams）、杰米·贝尔（Jamie Bell）、德克·冯·莱恩（Dirk vom Lehn）、詹妮弗·施瓦茨·巴拉德（Jennifer Schwarz Ballard）和阿西米娜·维尔古（Asimina Vergou）。感谢埃莱尼·沃梅维拉（Eleni Vomvyla）、安蒂戈诺斯·索科斯（Antigonos Sochos）、保罗·马歇尔（Paul Marshall）、皮帕·库奇（Pippa Couch）、大卫·弗朗西斯（David Francis）和希瑟·金（Heather King）对相关文献的建议。我们非常感谢下列博物馆工作人员的善意协助，他们协助寻找和取得照片的版权许可：大英博物馆的伊恩·卡尔德伍德（Iain Calderwood）、有色人种女性博物馆的迈克尔·克莱蒙斯（Michael Clemmons）和伊恩·弗兰德（Ian Friday）、伦敦博物馆的萨拉·威廉姆斯（Sarah Williams）以及阿拉米（Alamy）的客服人员。我们特别感谢以下博物馆允许我们免费使用它们的照片：有色人种女性博物馆、芝加哥植物园、伦敦犹太博物馆和维多利亚皇家植物园。我们还要感谢两位匿名审稿人给予的反馈和劳特利奇（Routledge）的编辑：高级编辑马修·吉本斯（Matthew Gibbons）、编辑助理罗拉·哈雷（Lola Harre），还有编辑助理莫莉·马勒（Molly Marler）。如果没有这些"家人"的帮助，这本书是不可能完成的。卡特琳娜·鲁索（Katerina Roussos）在这个项目完成过程中非常耐心，她也是本书案例中一个虚构角色的灵感来源。同时，我们也得到了乔治·鲁索斯（George Roussos）的无尽鼓励和支持。

目录

1 引言 /1

2 **理论和博物馆实践** /13
　什么是理论？ /13
　理论有什么用？ /16
　理论和研究 /17
　理论和实践 /19
　理论的来源 /22
　关于学习的理论 /24
　以建构主义理论为例 /27
　本章参考文献 /32

3 **博物馆实践方法和方法论的重要性** /39
　研究的哲学背景 /41
　研究方式 /42
　实证主义 /44
　建构主义 /46

变革主义 /46

实用主义 /47

研究方法 /48

实验和准实验 /48

行动研究 /49

基于设计的研究 /50

访谈 /51

问卷 /54

观察 /55

民族志 /56

案例研究 /57

分析 /58

信度和效度 /59

样本 /60

伦理 /61

总结 /61

本章参考文献 /62

4 博物馆和意义的创造 /70

引言 /74

意义创造的基础 /76

意义创造的认知理论 /76

关于情感学习和意义创造的理论 /83

情感与认知融合的理论 /87

博物馆中的意义创造 /88

回到犹太博物馆 /114
　　情境化的意义创造 /117
　　本章参考文献 /118

5　叙事、对话与沟通的关键 /133
　　引言 /136
　　对话和叙事的基础 /138
　　叙事和博物馆视角 /143
　　博物馆教育者对话 /149
　　依托物品讲述故事 /151
　　总结 /152
　　从参观者的角度进行博物馆研究 /153
　　参观者交谈与学习 /153
　　回到41号展厅 /171
　　语境化对话、叙事和交流 /173
　　本章参考文献 /174

6　博物馆的真实性 /187
　　引言 /189
　　真实性的基础 /194
　　博物馆和真实性的感知 /200
　　"真品"与复制品/模型 /201
　　总结和反思 /220
　　回到CBG的学习校园 /221
　　真实性的情境化 /225

本章参考文献 /226

7 博物馆中的记忆、联想和回忆 /237
引言 /240
个体记忆的建构基础 /241
集体记忆的建构基础 /246
博物馆和记忆研究 /250
回到灌木丛中的树皮小屋 /262
语境化记忆 /264
本章参考文献 /265

8 学习中自我与身份的角色 /274
引言 /276
身份的基础 /280
博物馆情境中的自我与身份 /294
回到有色人种女性博物馆 /307
语境化自我身份 /313
本章参考文献 /314

9 动机：从参观到奉献 /325
引言 /329
动机的基础 /331
博物馆中的动机 /342
回到 VIP 项目 /357
情境化动机 /359

本章参考文献 /360

10　在博物馆中质疑文化和权力 /371
　　引言 /374
　　文化和权力的基础 /378
　　博物馆情境中的文化和权力 /385
　　回到博物馆-原住民社区的合作 /397
　　文化和权力的情境化 /398
　　本章参考文献 /399

11　总结 /408

附录　术语表 /416

1 引 言

理论是研究的透镜，使得研究更加纯粹。因此，在开发循证实践中被认为重要的想法都受到学习、研究和博物馆特定观点的影响。有时候，这些行为在博物馆实践中是无意识的。博物馆工作人员会因为直接参与实践，他们很容易对实证研究和模型提起兴趣，因为这些研究和模型本身也是针对博物馆实践中遇到的实际问题而开发的。我们认为，虽然这些方法本身没有问题，但需要注意理论与证据的差距、方法论和理论假设等问题。同样，实践者开发的模型需要时刻注意并解决这些问题。在这个领域，学术研究人员和博物馆工作人员可以通过研究与实践合作，共同开发理论性强且贴合实际的框架。

这本书是我们，以及许多博物馆从业者和理论学习者，多年来工作的共同成果。通过理论学习、实践经验，以及与各利益相关者之间的沟通，我们其实早就了解到在博物馆实践中以一种通俗易懂但又代表学术界普遍观点的方式来讨论理论学习绝非一件易事。也就是说，尽管人们试图缩小学术界和实践领域之间的鸿沟，但收效甚微，甚至在很多方面这个差距变得越来越大。我们希望这本书能够为大家打开一扇窗，一扇能够将理论研究与实践相连相通的窗。在本章引言中，我们将着重介绍以下几个主题：

学习的定义、博物馆的定义、博物馆中理论学习的目的，以及后面章节的概述。

表面上看，很多其他机构也可以被称为"博物馆"，但根据英国博物馆协会的定义，"博物馆是一个人们能探索藏品并从中获得灵感、学习和享受的机构。这些机构负责收集、保护和制作文物和标本，并深受社会信任。"（博物馆协会，n. d.）。该定义明确包括美术馆和历史收藏。在这里，我们使用更广义的定义，即博物馆不仅指传统的博物馆，如展示着一些有价值的物品，公众能够有机会参观和欣赏这些物品，从而获得真实的体验；博物馆还可以是科学中心，在这些地方可能没有什么有价值的"物品"，但却有着科学界对于某种现象的亲身体验。另外，包含活体"生物"的动物园和植物园在某种程度上，可以被认为与博物馆类似。此外，遗产地和考古遗址构成了露天博物馆的其他形式。在此视角下，还有历史建筑和其他有趣的建筑物也可视为博物馆。最后，对话、重现和演示等与公众互动的新方式，也是博物馆带来的益处。古里安（Gurian，2002）将博物馆分为五类：以物品为中心，陈列有价值的物品；叙事类，包括解释特定群体的故事（例如美国大屠杀纪念馆）；以用户为中心，包括儿童博物馆和科学中心，其中许多没有馆藏但提供体验，并为游客提供见证现象的机会；以社区为中心的博物馆，社区博物馆或为了社区而设立的博物馆；还有国家博物馆，代表整个国家的利益。虽然每种类型的博物馆在学习方面都有着各自的需求和要求，但它们无疑也有很多共同之处。

尽管我们提出的大部分研究多是在"传统的"以物为中心和以用户为中心的博物馆中进行的，但其他类型的博物馆或许也可以产生与这些研究类似的结果,并且还能用各种理论作指导。当然,此处的文献回顾提出了对博物馆的一些特定看法,只不过有些看法有时会模棱两可。博物馆通常被视为一种进行个人、社会、对话式、集体式或解放式学习的社会机构,能够为教育、学习政策或学习任务的意识形态提供各种程度的参考。与此同时,我们也注意到,数字技术在博物馆的应用日益广泛,包括展览材料的展示、互动导览等应用。尽管书中数次提到了数字技术在博物馆学习中的应用(例如第 6 章中关于真实性的部分),但我们并不会花太多章节专门去讨论如何使用数字技术来加强学习(或实际上可能妨碍了学习)。这可能是我们疏忽,但确实由于篇幅有限,我们必须优先选择需要讨论的内容。

首先我们要澄清的是,学习涉及认知、情感和意识活动等多方面(Bloom,1956)。虽然传统上可能会优先考虑学习的认知方面(例如对事实的了解和"理解"事物发生的方式或原因),但我们也应该有这样一个概念,即学习不仅仅是认知上的收获。也就是说,学习也是情绪化的、态度的和进取的,但也与身体机制有关。这意味着人们对各种想法和概念的感受会不断发展和变化,例如印象派艺术、生物医学技术、乃至国际权力地位的变化等。他们有时也会在某项活动上非常熟练,比如驾驶汽车,但却不能思考或谈论该项活动的细节。因此,尽管在各种教育机构(包括博物馆)中仍然强调认知学习,但我们认为在理论学习和研究中认识非认知的东西也是非常重要的。话虽如此,博物馆的大部分研究确实倾向于以认知为重点。在本书中,我们试图介绍一些非认知的研究,但可能也会受到目前研究的限制。

需要指出的是,虽然把学习看作对事实的记忆是比较常规的做法，但这种做法对于博物馆中的经验学习可能不是最有效的，因为事实学习并不是评判博物馆学习的唯一标准。如果把学习只看作一种认知结果，会导致概念发展的不平衡，与"信息"是重要学习元素的观点相悖。而把情感学习和行动学习结合起来，我们就会发现，将事实作为学习的关注点，会错过在博物馆里的宝贵学习机会，而这些机会往往不是对事实的一种学习。此外，尽管关于学习的一些理论观点优先考虑了人们头脑中已存在的学习概念（例如建构主义、信息处理），但是有其他观点表明学习和概念发展是在人与人之间在交互空间中发生的（例如社会文化理论）。后一类观点涉及认知、情感，甚至是身体方面的学习。有大量证据表明事实（和概念）认知学习可以与情感甚至身体学习联系起来（Martin & Briggs, 1986）。但这种类型的发现也表明，认知学习在某种程度上比态度学习或情感学习更重要。我们认同福克和迪而金（Falk & Dierking, 1997）在二十年前就提出的不能只认为学习是记忆事实的观点，并试图在整本书中通过多种方式表达这一观点。

学习可以被定义为思想或行为的一种相对永久的变化，包括如上所述的认知、观念、技能或思维模式的改变。这些变化可能出现在与博物馆学习相关性较不明显的领域，例如大脑中特定神经元的放电模式。但它们也可以出现在更多可被观察到的行为中，例如关于知识"测试"的答案。它们也可能处于不太具有实体形态的领域，例如对一个群体有模糊的归属感或被某种艺术形式吸引的感觉。勒里斯（Illeris, 2007）指出，学习就是一种结果：上述思维或行为的变化。但他也指出，人们可以从过程或互动的角度来看待学习，因为学习过程可能与学习结果密切相关。

也就是说，学习时需要具备一定的心理和情感机制，以达到预期的学习结果。另一方面，互动式的学习意味着它不是一个独立完成的过程，而是需要两个或两个以上人员参与的学习过程。这些参与者通过互动交流可能产生不一样的结果，学习过程也不一样。一个人对学习（包括结果、过程或互动）的选择方式可能会影响他们在考虑理论和研究的价值时所做出的选择，也会影响到他们将理论和研究中的想法应用到实际环境中。

对于同一个主题，往往会有无数不同的研究结果，这一点有时让人很费解。但如果我们看到一些新闻报道说脂肪、碳水化合物、蛋白质、糖和其他一些潜在营养物质对我们的健康有好处时，就会明白为什么研究不一定能够为日常消费者提供容易遵循的指导或实用的建议。在本书中，我们试图找出一些研究结果相互矛盾的原因。我们认为，出现这种矛盾的一个重要原因是理论视角的不同。不同学习理论视角（或其他类型的理论）之间不一定总是相互兼容。特定类型的学习（例如，结果或认知）更符合关于学习的特定理论视角，如果一个人认为这种学习更重要，那么其研究方法很可能与其他研究者不同，因为不同的研究者对学习有着不同的理解（例如，互动或情感方面的不同）。正如下一章的理论分析，有时理论的构建方式会强化人们对理论基本结构（如学习）的偏见。这些偏见会影响理论的研究及其对实践的指导作用。这可能是同一主题下两种不同研究得出不同结论的原因之一。因此，想要从研究中得到有用的东西，应事先考虑这些研究中所用到的理论。

更复杂的是，不同学科可能有助也可能会阻碍对博物馆学习领域的理解。例如，本书将从心理学、社会学、历史、哲学和人类学这些"主要"学科中提取文献。但一些跨学科领域的知识也有助于思考与学习有关的理论，特别是与博物馆相关的理论。这些领域包括教育、女性研究、博物馆研究、人文研究、旅游及休闲研究，以及遗产研究等。某些情况下两个不同学科的理论看起来非常相似，且彼此平行发展，但很少以跨学科的方式相互引用。例如，"形意世界"理论（Holland, Skinner, Lachiotte, & Cain, 2001）和"脚本"概念（Schank & Abelson, 1977）指的都是人们在特定情况下采取某种行动的一种预期。然而，脚本理论倾向于从非常认知的角度来看待这个想法，为人们在日常生活中的有效行为提供参考；而"形意世界"则提供一种模糊的指导，帮助人们用适合自己的方式采取行动。

很多研究领域中都存在这样的情况，研究人员倾向于挑选适合他们自己（或者容易入门）的心理学和学习的科学理论去建构他们的研究。这种形式通常会使得相对复杂的理论、结构和原则转化为相当简单的解释。这样会造成一个问题，即研究人员可能只关注某些特定的研究，只有针对这些理论观点的特定解释，而忽略了这些理论在原学科中存在的复杂性。结果，人们可能忽视这些学科所涉及的内容，从而导致整个研究领域可能错过比较有意义的讨论。而另一些研究人员则努力结合不同的学科观点，创造更精细和更全面的理论观点。除了理论层面，不同学科观点的交融也可用于方法论层面。通过对这些不同学科和领域的讨论，我们也试图帮助读者理解其中不同的理论视角。

为了坦诚面对可能存在的某种偏见，有必要在此介绍我们的背景。我们试图在本书中做到包罗万象，但显然并没有这么多的篇幅去解释所有东西。对于哪些内容我们觉得比较重要，取决于我们采用什么样的视角。鉴于我们对于理论的阐述能够更好地展示研究和实践，因此对本书的视角进行说明是非常有必要的。作者之一海恩斯坦（Hohenstein）是一位是研究认知发展和语言的发展心理学家，她的主要理论观点来源于皮亚杰（Piagetian）、社会建构主义、信息处理和社会文化背景。另外她比较喜欢使用定量方法进行研究，包括观察和实验。本书主要聚焦博物馆和其他非正式学习场所，如家庭。第二位作者穆苏里（Moussouri）的博物馆学习观点受到社会建构主义和社会文化理论的影响。在拿到第一个教育学位后，她进入到了博物馆工作，她在工作时首先注意到一件事，那就是在博物馆环境中，很少用到正式学习环境中开发的学习理论。因此她以博物馆在人们生活中的价值和相关性为驱动，以博物馆实践为基础，形成了自己的研究方法。她的研究是探索性的和定性的。

综上所述，我们都是经验主义社会科学家。因此，在本书的理论和研究报告中，我们倾向于依靠实证研究而非理论研究（有关实证研究的更多信息，请参阅第 3 章）。这意味着我们的背景使我们更青睐于个人数据或资源收集有关的研究，而非那些开头就是认知问题且仅从理论角度对展览和体验进行分析的研究。

本书开篇讨论了理论对研究和实践的重要性，介绍理论是如何随着时间的变迁而发展的，以及为何难以改变一个学科对特定理论观点的教条式依赖。但我们也强调了理论在实践研究中的中介角色：如果理论影响研究且研究用于循证实践，那么从逻辑上讲，理论也会影响实践。与此同时，要搞懂博物馆里各种各样的学习理论也是非常困难的。当研究人员将自己与特定的理论视角相对应时，我们认为需要了解他们具体的想法。此外，研究者甚至可能不会在他们的研究中明确地谈论理论，这也可能引起理论、研究和实践问题的混淆。

探讨了理论之后，第3章提供了一些关于方法和方法论的简要说明。我们认为，不仅要考虑学习的理论观点，还要考虑进行实证研究的方法。因此我们试图概述社会科学研究中的一些具体细节，并充分认识到我们由于空间限制和缺乏专业知识而无法提供相关的研究手册，或无法对所有可用方法进行更全面的考虑。我们希望这种对方法和方法论的简要介绍，至少还能为那些想了解方法和方法论的人提供进一步的参考。

为了在本书中更好地介绍相关的研究和理论，我们引入了一些"主题性"的章节（第4—10章），其中每个章节的具体场景都来自世界各地的博物馆从业者。这些场景能够让理论上的讨论根植于当前博物馆的实践和思考，减少了理论讨论的抽象性。因此，每一个主题章节都是理论、研究和实践对话的形式。接下来我们将讨论基于实践的场景是如何与各种特定领域的理论关联起来的，然后再是同一领域内的一些基于博物馆或与博物馆相关的实证研究。

我们对主题的选择是有目的性的。通过每个主题，我们都能看到一系列有关博物馆学习的相关问题，并可以通过跨学科的方式进行探讨。我们明白某些情况下主题之间会有重叠，然而分开主题有助于：(a) 读者可以轻松定位他们感兴趣的概念，(b) 我们可以呈现更容易理解内容的材料。在这些章节中，我们尝试以批判性的方式来回顾每一个主题的学习研究，但我们也意识到由于篇幅的限制，这些回顾不可能覆盖到每个主题的所有方面。

第4章从思考意义创造来开始这一系列主题。这个广泛的主题涵盖了许多不同类型的人（例如，儿童、学校团体、成人）如何体验博物馆参观的观点。本章涉及大量的理论观点，其中包括建构主义、社会文化理论、信息处理、兴趣、体验式学习等。这一系列理论试图从认知和情感方面阐释博物馆对人们的意义。

接下来的一章重点介绍作为博物馆学习工具的叙事和语言工具。一方面，叙事是个人用于阐释自己的身份、形成对世界事件的理解，以及处理与他人关系的一种方式。另一方面，对话是人与人之间的桥梁，一些理论观点（如社会文化理论、社会建构主义）认为对话是学习的重要工具。第 5 章将叙事、对话和交流等元素结合在一起，吸引了人们对各种研究工具的关注，因为这些研究工具可以方便大家理解语言、叙事和交流在博物馆学习场景中的相互作用。

人们通常认为博物馆的主要吸引力之一是能够接触到真实的物品和获得真实的体验。第 6 章探讨学习者如何解释他们体验的真实性。我们描述了真实性在历史、文化和制度背景下的关系，以及收集和解释人们如何感知真实性的方式。真实性不但是一个含糊不清的术语，西欧人也拓展了"真实性"的含义。显然，这与学习者的内在动机有关，即观看并被"真实"的物体所感动，或者在"真实的环境"中拥有"真实的体验"。

第 7 章将博物馆的学习经验与记忆联系起来。我们将个人和集体记忆两方面纳入考量，并思考它们对博物馆制定学习计划的重要性。学习计划对个人记忆有明显的影响，特别是传统的学习已经等同于事实记忆，但学习者如何按照以往的经验对新的经验进行过滤对于博物馆设计展览和活动也很重要。此外，社区对事件的集体记忆方式，也影响了博物馆对展览和活动主题的确定。

因此，不仅要考虑主流文化对特定事件的看法，还要考虑少数群体和边缘群体的看法，这也是至关重要的。

第 8 章探讨博物馆中与自我及身份相关的问题。本章讨论了个人、社会、文化和跨文化维度之间身份的相互关系。我们认为，研究博物馆中身份的理论和方法需要同时处理个人身份和集体身份，因为它调和了人们如何理解、行动和反思自身在博物馆中的经历。

第 9 章讨论了在博物馆环境中探索动机的多种方法。动机似乎是影响学习的一个显性因素，但人们仍然缺乏对它的理解。目前已有多种理论（如心流、严肃休闲、社会文化理论）和方法论（如民族志、准实验方法）来阐明动机与学习其他要素之间相互作用的方式，包括认知结果、态度变化、身份形成，以及校内和校外的参与体验。在这一章节中，我们从多个学科（如人类学、社会学、心理学）中提取了不同的理论观点，试图解释动机和博物馆学习之间的诸多联系。

最后一个主题章节（第 10 章）阐述了博物馆环境中有关文化和权力的各种问题。我们着眼于文化中存在的权力关系，以及它们在影响人类经历和行为中所起的作用，同时，第 10 章还研究了特定的知识构建和学习方法在博物馆中的应用，以及它们如何创造或再现文化中的权力关系。这可以决定人们是否选择参观，以及他们与博物馆内容、团队成员和博物馆工作人员互动的方式和做出回应的方式。

在本书的结尾，我们提到了研究和实践同时开展的方式。尽管在我们之前已有很多研究试图在研究者和实践者之间建立合作关系（有些成功，有些不那么理想），我们仍然认为保持研究和实践之间的联系是很重要的。通过突出博物馆学习研究中使用的理论视角，能够为双方创造一些共同语言，从而建立有效的合作关系。我们还回顾了各章节中的多个主题，望能总结每个主题的一些信息。这些主题也有很多重叠之处，它们会有多个交叉引用，最后一章将讨论这些主题之间的相互作用及作用方式。

本章参考文献

Bloom, B. S. (Ed.) (1956). *Taxonomy of educational objectives. Handbook 1: Cognitive domain.* New York: David McKay.

Falk, J. & Dierking, L. (1997). School field trips: Assessing their long-term impact. *Curator: The Museum Journal*, 40, 211-218.

Gurian, E. H. (2002). Choosing among the options: An opinion about museum definitions. *Curator: The Museum Journal*, 45, 75-88.

Holland, D., Skinner, D., Lachiotte Jr, W., & Cain, C. (2001). *Identity and agency in cultural worlds.* Cambridge, MA: Harvard University Press.

Illeris, K. (2007). *How we learn: Learning and non-learning in school and beyond.* London: Routledge.

Martin, B. & Briggs, L. (1986). *The affective and cognitive domains: Integration for instruction and research.* Englewood Cliffs, NJ: Educational Technology Publications.

Museums Association (no date). www. museumsassociation.

org/about/frequently-asked-questions (last accessed 21 February, 2017).

Schank, R. C. & Abelson, R. P. (1977). *Scripts, plans, and understanding*. Hillsdale, NJ: Lawrence Erlbaum Associates.

2 理论和博物馆实践

"没有什么比好的理论更实用的了"

(Lewin,1952,p.169)

什么是理论?

人们经常听到,当考虑在博物馆或其他地方开发合适的学习体验时,关注理论是很重要的。这是为什么呢?本章将探讨理论是什么,它们如何对研究和实践起作用,以及在实践中依赖理论知识可能存在的利弊。这些探讨之后,我们将转而讨论概念化相关学习理论的方式。最后,我们对其中的一种理论——建构主义,进行了深入的探索,阐述它被不同学科的不同作者所理解和应用的方式。

有很多方法来思考理论是什么。通常认为"理论"是可以解释某些有趣现象的猜想或推测。例如,有人可能会认为猫天生就是独立的生物,以此解释为什么在晚上想使唤宠物猫是几乎不可能的,即使是在用猫粮贿赂它之后也一样。在社会科学和自然或物理科学中,理论要复杂得多,且建立在许多先前的理论和研究之上。牛津英语词典中"理论"的定义是:

作为对一组事实或现象的解释或说明而持有的一种观点或陈述的体系；已通过观察或实验得到证实或建立的假设，并被提出或接受为对已知事实的解释；是对已知的或观察到的事物的一般法则、原则或原因的陈述。

(牛津英语词典在线)

一些研究人员认为创造和修改关于世界如何运作的理论是人类本性的一部分（Gopnik & Meltzoff, 1997）。不管怎样，以系统的方式应用理论与科学思想的发展密切相关（参见 Kuhn, 1996；Popper, 2002）。从这个意义上说，科学理论被认为是"大量证据支持的对自然的综合解释"（Ayala et al., 200, p.11）。理论的依据来自大量的研究，这些研究结果支持了理论所宣称的概念。理论中提出的观点通常是可测试的。如果没有办法伪造一个理论，有些人会认为这不科学（Popper, 2002）。例如，波普尔（Popper）认为西格蒙德·弗洛伊德（Sigmund Freud）的心理发展理论是不可证伪的，因为没有对其进行测试的可能性，所以他认为它们仅仅是形而上的。另外，理论应该可以进行预测。如这种预测可以在微生物理论中找到，即把某些微生物引入本来没有受到污染的食物或活的生物体中，可以解释某些疾病的出现。像科学家路易斯·巴斯德等人的研究检测了这些原则，并驳斥了之前关于感染传播的理论（Pasteur, 2014）。

简而言之，理论有助于解释自然界中发生的现象，它依赖于大量的证据，并引导出对同一领域未来结果的可验证预测。更复杂的是，定律可以描述自然界中出现的现象却不提供更广泛的解释，因而人们还可以借此来区分定律和理论。牛顿（Newton）的万有引力定律认为任何两个物体之间都具有相互作用，这与它们的质量及其之间的距离有关。牛顿把这种作用称为"力"。他所描述的现象通常被认为是真实的,并且在无数的情况下被使用来计算物体之间的相互作用力大小。然而,他解释这种现象原因的观点已经被更好地解释这一现象的爱因斯坦广义相对论所取代。因此,虽然定律继续用于对引力的描述,但随着时间的推移发生了变化(Freundlich,1920)。这就是说理论不同于定律。此外,定律和理论都与假设不同,假设通常被认为更类似于从理论产生的预测(Committee on Defining and Advancing the Conceptual Basis of Biological Sciences in the 21st Century,2007)。总的来说,定律、理论和假设有助于研究问题的建立和研究的进行,这也有助于进一步建立新理论或改进旧理论,以更好地理解问题中的有关现象。最后,模型也很有用,它可用于描述现象或过程发生的方式。模型可以用来发展理论;它也能展示不同理论是如何兼容的。例如,学习的情境模型(Falk & Dierking,2000)从不同的角度将理论结合起来,阐明它们如何相互作用。但是,这一模型并没有为学习提出新的解释,而是将先前的解释应用到博物馆情境中。

如上所述,这些思想均来源于自然科学和物理科学中的研究。它们怎样与社会科学和教育方面产生联系呢?有人可能会认为,由于社会科学和物理科学之间的研究对象有很大差异,它们的研究方式受到理论的影响也应该有很大差异。许多人认为,社会科学的研究需要不同类型的自然科学理论(Turner,2001)。换句话说,根据这些观点,社会科学因人类本质和生命的复杂性而如此不同,以至于检验假设可能不应该被看作是社会科学的一个目标。因此,也许理论本身对参与社会科学研究的人的影响较小。然而，我们也有充分的理由怀疑这一说法。正如帕森斯（Parsons）1937年在社会研究协会的演讲中所指出的那样，"我们对事实的研究，无论我们意识到的是多么少，都是由理论体系的逻辑结构所指导，即使它是完全隐含的"（1938，p.15）。他认为，研究人员有选择地调查他们觉得有趣的概念，而不是他们所能研究的一切，这本身是由理论框架所指导的结果。此外，苏佩斯（Suppes, 1974）在其美国教育研究协会的主席演讲中说到，"一个强有力的理论改变了我们对什么是重要的，什么是肤浅的观点"（p.4）。换句话说，即使是在社会科学中，一个人所采用的理论框架也会影响其对研究和实践中重要问题的后续看法。

根据这些关于理论本质及其如何塑造自然科学和社会科学思想的观点，我们在下面列出了理论在研究和实践中行之有效的几种方式。

理论有什么用？

理论的存在，并不意味着每个人都会认可它们的重要性。毕竟，如果一个人知道研究结果，那为什么还有必要了解有助于发现这些结论的理论？此处我们探讨了一些理论对于研究和实践都很重要的原因。这些原因包括理论能够帮助研究人员为研究做好准备，并了解可能存在的相反观点。同时，理论会以类似的方式提供一个透镜，通过它可以与实践建立基于证据的联系。因此，理论能同时为研究与实践提供指导。

理论和研究

当研究人员着手进行研究时,他们往往会带有一系列隐含或明显的偏见,这些偏见会驱使他们对世界提出不同的问题。了解有关主题的理论观点,不仅有助于他们了解先前的研究,还有助于他们聚焦可以使用相关研究工具解决的重点问题。另一方面,如果他们不了解理论观点,他们可能会进行别人已经完成的研究,或者可能缺乏洞察力来有效确定研究范围(Greenwald,Pratkanis,Leippe,& Baumgardner,1986)。

理论可以帮助研究者阐明他们对某个主题所采取的观点。当研究者发表他们所进行的研究时,理论立场的阐述能够提醒那些阅读研究的人,他们以这种方式进行研究的原因。同样,当研究者具有相关理论的背景知识时,他们更容易识别出一篇有关当前研究的文章中所使用的推理。相反,如果研究者对理论观点之间的差异了解较少,可能会很难理解进行这项研究的基本原理。

同时,理解某项研究中采用的理论,可以使研究者在理论的基础上进一步增加证据,从而更好地了解世界的运作方式。也就是说,在决定开展哪项研究时,研究者通常会考虑研究结果会如何帮助建立更完整的理论体系,以及结果在实践中有何作用。通过这种方式,理论可以依靠支持、塑造和质疑它的研究的积累而进步(Greenwald et al.,1986)。

在这个过程中,用理论来帮助指导如何解释这个世界所发生的事件,可以被认为是一个透镜,这有助于研究者以阐明对问题的理解。与此同时，理论也可能是一个障碍，妨碍研究者用超越其所采用理论的视角来进行解释。这时理论变成研究的一种限制性力量。库恩（Kuhn）在他关于理论变化的书中断言，"因此，进一步的发展通常需要……深奥的词汇和技能的发展……导致……科学家的视野受到极大的限制，对范式变化产生了相当大的阻碍"（1996，p.64）。这种视野的受限也会在不同理论范式下的研究结果之间产生矛盾。

以对儿童语言发展感兴趣的两个研究者为例：其中一个认为儿童天生就有学习语言的倾向，这是由大脑或大脑的结构决定的（先天论）；另一个认为学习语言就像学习其他任何材料一样，但是这种语言对于婴儿来说是非常有用的（社会建构主义）。这两位研究者可能会以截然不同的方式研究儿童如何学习语言。偏向于先天性论调的研究者可能会关注儿童在语言学习早期阶段所表现出来的普遍倾向。相比之下，认为学习语言和其他学习没有区别的研究者可能会对婴儿接触的语言环境提出更多的问题，以获得有关早期学习的线索。这种理论习惯的形成可以在理论-验证（theory-confirming）研究的实践中看到，这种研究的目的是以证实或证伪使用的方式来检验理论，而不是用以结果为中心（result-centred）的方法，即在设置一定条件，观测是否能够取得相关数据（Greenwald et al.，1986）。事实上，这种倾向与儿童学习第一语言的理论差异相对应。语言发展的先天论者表明，无论环境中语言的差异如何（只要环境提供足够丰富的刺激），儿童都会以同样的方式学习（如 Pinker，1994）。另一方面，社会建构主义的观点认为，儿童依赖于他们所听到的语言，直到他们获得足够的经验来相对自信地、创造性地使用语言，他们才能取得进步（Tomasello，2003）。此外，他们的研究方法也经常不同，这通常会增大理论观点之间的差异。

这个关于语言发展研究的例子说明了理论是如何成为学术群体中对研究进行交流的潜在障碍的。但是我们也可以想象到，类似的混乱和/或误解也可能在学术界之外发生。尽管论证的每一方都存在部分真理，但公众可能想知道哪一方是"正确的"，或者如何使用那些基于不同研究目的而产生的研究成果。

理论和实践

大量文献表明，在学习环境中工作、设计、促进或评估的人应该使用基于研究的结论，使他们能够更好地满足学习者及使用机构的需求（Hammersley，2001）。这对博物馆和其他教育机构也成立（Center for Advancement of Informal Science Education，2015）。在为教育机构提供所需的支持之前，越来越多的筹款组织和倡导团体寻求以证据为基础的教学方法作为保证。当然，理论会影响人们在特定博物馆环境中尝试进行的研究，因为它已被用来指导研究本身。也就是说，当人们利用基于研究的结论时，他们必然（或至少是间接地）使用指导研究的理论。

另外，实践者能够更直接地在他们的工作中应用理论。这样他们不仅能更容易地理解所读的研究，而且还能从（博物馆中）学习的理论基础着手，更直接地将这些知识应用到他们工作的环境中。反过来，人们可以使用一个或多个理论观点作为研究的基础，在博物馆环境中进行自己的研究。一些有关实践者是否可以通过引入理论来改进实践的文章就基于对工作与知识关系研究的哲学成果。

有一种建立在"知道如何做"和"知道是什么"这两者区别之上的哲学讨论，质疑运用理论来改进实践的价值。根据赖尔（Ryle，1945）所提到的，许多学者以前将对行动的理解（知道是什么）等同执行行动的能力（知道如何做）。在这种情况下，仅需要获取相关联的知识来完成任务。赖尔在他的论文中声称，普通人可以轻松地进行高技能工作而无需参考一套有意识的知识。此论点的一个推论是个体能完全理解知识而不能将知识应用到实践中。此外，他还建议，为了真正理解某一主题，个体必须在实践中应用它。根据这个观点，获得理解的最好方法不是通过传授理论，而是通过实践经验。这篇论文中所陈述的观点被许多文章广泛使用，导致一些人声称实践者为了做好他们的工作没有必要知道理论（Brown，Collins，& Duguid，1989）。

最近对这一论点的辩驳中，温奇（Winch，2009）提出了一种借鉴形式逻辑的论证来反驳这种观点，即实践者对其领域相关主题知识的充分理解不会提高其表现。在对赖尔观点的批判中，温奇引用了之前文章（如 Stanley & Williamson，2001）中的逻辑，将赖尔（Ryle，1945）关于知识和实践的观点分解为三：（1）如果个体做了什么，他就知道什么；（2）如果个体使用了关于某主题的知识，在某种程度上他们在验证这个主题的知识；（3）关于如何做某事的知识等同于这个主题关于某事的知识（Winch，2009，p.89）。温奇用一些实践案例和对实践的评价来表明了解主题对于工作情境下作出决策和评估非常有用。例如，接受过解剖学专业训练的外科医生在遇到新问题时，也会利用有关人体生物构造的理论知识，而不仅仅是依靠经验积累而来的专业知识。毫无疑问，外科医生会通过实践获得宝贵的专业知识。但从患者的角度，人们希望医生除了知道如何实践以外，也理解其原理。温奇还指出，虽然赖尔（Ryle，1949）认为"学习如何做"与"学习是什么"不同，但这并不意味着"学习是什么"对于获得特定职业中如何工作的知识是无用的。

除了"知道如何做"和"知道是什么"两者的区别之外，许多学者注意到思考个体的活动对实践有益。提出这种观点的学者中最著名的是舍恩（Schön，1983）。尽管早在1938年杜威就提出了类似观点，但舍恩使得个体应该是"反思型实践者"这一观点得到广泛传播。他将个体的反思行为称为"行动中的反思"，在这种反思中，个体可以站在自身角度思考，以便在特定的工作环境下做出最佳的决定。相比之下，个体还可以思考以特定方式行事的原因、行事起源及其实用性，即"对行动的反思"。最近，"反思性"和"自反性"之间的区别也被引入实践（Chilvers，2012）。反思性指的是舍恩提出的对行为的反思，往往对改变持开放态度，并且对一个人的行为会产生何种影响进行反思。反思性或反思性体验包含的要素之一就是使理论或研究结论对情境产生作用的方式。例如，是否有研究可以阐明在特定博物馆环境中，参观者的学习、受到的影响或记忆会有何不同？这样，我们就能通过对理论的反思而不仅仅是先前实践的影响来改善实践。

至此，我们总结了理论如何影响研究的设计和解释，以及实践如何从对理论和实践经验的反思中获益。我们还简要地探讨了理论发展的方式，以便进一步阐明在学习研究中产生的理论类型。

理论的来源

某一领域的理论是在相当长的一段时间内,通过许多人的不同研究和问题解决的积累而来的成果。为了更好地理解事物在自然和社会中的运作方式(如能够解释和预测事件),研究往往从一系列问题开始,这些问题可以通过对世界的某些方面进行系统性研究得以解决。首次提出问题时,由于缺乏有助于缩小问题范围的背景信息(例如"我们为什么存在?"),问题可能会显得宽泛。一旦人们开始对这个问题作出一些回答,那么就可以根据现有的证据来评估或重新评估这些回答。这种情形以迭代的形式重复出现,通常会持续很多年。当对某一问题的回答开始形成一种模式,且这种模式可以围绕某主题系统化地提供一套指导原则时,理论就进入了萌芽状态。这一过程源于对理论发展的归纳:对经验数据进行概括以得出结论(Eisenhardt,1989;Glaser & Strauss,1967;Alvesson & Karremon,2011)。

在思考理论产生的方式时,要记住研究结果是可证伪的(有关研究方法的更多细节,请参阅下一章),换句话说,任何研究的结果都不等同于"事实"。研究进程中会不断提出新方法和测试想法的方式。这意味着新发现(有时是旧的发现)会质疑以前的研究结果。当某些发现被多次重复或证实时,该领域的人们才更可能认可这些发现是"真"的。然而,在某种程度上,正是由于研究结果潜在的脆弱性,才使得创建新理论或完善现有理论成为可能。这并不意味着所有类型的发现都没有价值。恰恰相反,发现总是有价值的,特别是当研究工作进展顺利的情况下。无论怎样,即使是最高质量的研究也可能因为这个主题采用新方法或新观点而受到质疑。这就是为什么研究人员继续提出新问题，而不仅仅依靠过去研究的原因之一：需要调查的发现和问题提供了观察自然和社会现象的新方法。为了说明发现在新研究中可能被忽视的情况，我们可以看看皮亚杰的认知发展阶段模型。皮亚杰（Piaget）、英海尔德（Inhelder）和西门子卡（Szeminska）（1960）调查儿童在有关直接距离和间接距离的判断以推测距离的能力中，发现4、5岁的儿童无法准确判断长度，因为他们对如何估计距离有一种模糊的或还未定型的感觉。随后的研究中，如法布里修斯和威尔曼（Fabricius and Wellman，1993）等研究者设计了一些方法来考察4岁儿童对距离的理解，并表明他们对长度的理解比前研究中的认可度要高得多（参阅 Lourenço & Machado，1996），即使是在这种反驳的情况下，皮亚杰的发现依然得到认可）。尽管新的研究结果推翻了旧研究，但更常见的情况是研究通常从略微不同的角度（例如身体而非言语互动；vom Lehn，2006）添加新信息，而不是推翻先前的研究结果。

所以理论是随着时间的推移通过积累研究结果构建而得的。一旦理论被提出并且对某些现象的解释得到认可，实际上是很难再改变的。正如托马斯·库恩（Thomas Kuhn）所指出的那样，科学探究领域的革命相对罕见："在科学领域……新奇的见解总是伴随着困难出现，在由期待构成的背景中以对抗的形式呈现。即使在后来观察到异常的情况下，最初也只有符合预期和普遍的情况"（1996，p.64）。这是因为一旦研究者开始使用这些理论，理论就会获得动力。然后这些理论被用来指导新研究。只有当人们寻求新的见解来解释时，才会引入新的理论思想。并且，即便如此，它们通常需要一些时间才能成为主流，且前提是他们被研究界接受。

话虽如此，关于学习和发展的理论确实过多，其中许多还与博物馆情境相关。在下文中，我们概述了一些与博物馆情境相关的理论，并将探讨其中的一种理论——建构主义，我们将用多种方式来对其进行解释。

关于学习的理论

为了考虑如何设计有效促进学习的非正式学习环境，有必要思考学习是什么以及学习发生的动机。海因（Hein，1998）提出教育范式应具备知识理论、学习理论和教学理论。知识理论有时被称为认识论：它从知识的起源、知识的识别和知识的重要性等方面思考知识的地位。如果一条信息被认为不重要，那么将它传递给其他人就不会花费太多精力。同样，了解信息的来源有助于证明其重要性（例如权威来源的信息通常被认为比非权威来源的信息更可靠；Harris，2012）。虽然我们在本书的一些章节会讨论哪些信息算作知识（例如参见第10章），但本章主要关注的是学习和教育理论。

学习理论考虑的是学习者的思维、大脑和身体发生了哪些类型的变化。这些理论通常关注个体学习者相对于学习环境中涉及的人所扮演的角色：学习是一个主动的过程还是一个被动的过程？学习理论也倾向于研究学习经历的过程和结果。更早期的学习理论主要指行为主义者思考学习的方式（例如刺激-反应或操作性条件反射；例如 Skinner，1974）。然而，现在更广泛地使用学习理论这一术语来指代任何关于人们如何学习的理论观点。我们在引言中提到的另一个重要观点是，尽管某些理论可能更关注于认知（例如可能在学校中进行的事实或"理解"测试），许多理论也认为情感和情绪在学习中起重要作用。因此我们应该同时注意态度与情绪和更传统的关于学习的观点在影响知识与理解变化中的作用。

最后，教学理论利用不同的学习视角来试图解释如何最有效地促进学习。知识或学习理论可能是相当基础的或学术性的。而教学理论具有更强的应用性，没有学习理论，教学理论就不可能得到发展。不管怎样，有关学习的研究成果并不会自动地应用于教学。我们应该对教学方法进行研究①，以确定哪种类型的教学经验会得到什么样的学习结果。也就是说，仅仅因为一个人对学习有所了解并不意味着就有一种可以用来改善学习的干预措施。它需要被更多的实证研究检验。我们在这本书中提出的大量研究报告是关于实践应用的研究，特别是其中一些关于学习的理论。然而，有时研究报告并没有明确说明它们所依据的理论。

本书主要考察了通过各种研究得到的不同学习（以及一些关于教学或知识的）理论，且这些理论与博物馆学习体验研究中的一些主题相关。因此，我们试图聚焦于对博物馆学习很重要的、与参观者参与相关的各种理论。对这些理论较为粗略的分类通常从两种不同的角度来考虑：社交/个体和情感/认知。所谓社交，我们指学习不是单独完成的：不同的人、群体和一般社区可能要

---

① 一些人将"教育学"（pedagogy）与"成人教育学"（andragogy）进行对比，前者指的是对儿童的教学。在此，我们不做这种区分。不管怎样，我们在所有的主题章节中都讨论了与成人学习相关的理论方面。

对影响任何个人学习状况的变化负责。相比之下，个人化的学习理论关注的焦点是个体的学习观，同时很少或根本不承认环境因素对学习者的影响。与此同时，学习理论可能倾向于强调学习的情感因素而不是认知因素（我们在本书中并没有关注物理学习的理论）。图2.1呈现了个体/社交与情感/认知这两组概念构建的平面维度，我们在这个连续的维度平面上确定了不同理论所处的位置，如图所示。友情提示，我们不是这些理论的最终权威，并且必然会有人不同意我们对这些理论定位的观念，或者甚至是使用这两个坐标轴体系。不管怎样，我们的目的是为那些不太熟悉博物馆相关学习理论的人提供一种方法，让他们了解可能会遇到的众多理论。另外还要强调的是，关于学习的理论太多了，我们无法把它们都囊括在这张坐标图中。我们倾向于将更宏大的理论

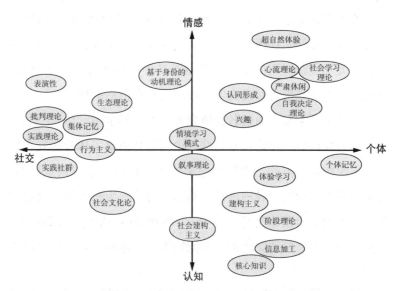

图2.1　本书提及的理论在社交/个体-情感/认知连续
　　　　维度上的定位示意图

和标志性理论放在图中,而忽略了那些可能被视为这些理论分支的理论。这仅仅是由于空间限制和便于阅读,而不是因为偏爱某种理论。

以建构主义理论为例

为了说明如何用不同的方式解释理论,以及这将如何影响人们对研究结论的理解,我们将在此处更加详细地介绍建构主义的案例。但读者应该意识到,尽管建构主义在其解释上存在争议,但任何理论都可能存在类似的分歧。

建构主义是指学习者通过主动活动以促进概念理解(von Glaserfeld,1985)。也就是说,学习者为达到自身制定的学习目标,有意识或无意识地学习。学习者必须随时准备学习的观点源于皮亚杰和杜威的理论(Piaget,1952;Dewey,1938)。杜威(Dewey,1938)强调学生是在经验中获得理解的,从而提出要建立民主的教育环境,使学习者在这一情境中自主学习而得到发展。皮亚杰(Piaget,1952)以发现个体从婴儿期到成年期中经历的一系列认知发展阶段而闻名。众所周知,他曾建议学习者努力在他们所感知的和所理解的状态之间寻求一种平衡(一种导致混乱状态的不平衡)。为了获得平衡,学习者利用同化和适应来帮助理解他们在世界上遇到的事物。当个体获得的一个新概念与已经存在的概念存在关联时,就算这只是旧概念的一个新例子,该概念也可以很容易地被纳入旧概念范畴(例如一个人知道一幅画是什么,并且在记忆中有一系列符合该定义的画——当遇到另一幅画时,通常情况下,新画可以简单地被同化成同一类)。相反，当某些概念不容易被同化时，就需要改变或调整旧概念以适应新概念。例如，观众看到挂在墙上的一件混合媒介的艺术品时，可能会想如何对它进行分类：尽管它的材料之一是颜料，但它也有布料、摄影作品，甚至是特意展示给观众的物品。观众就可能不得不调整自己的绘画概念，甚至创造一个新的概念，以适应这个新观点。皮亚杰提出，通过这些过程（同化、适应和平衡），学习者在概念化方面得到发展。虽然学习者依赖学习环境所能提供的学习机会，但为了能充分利用这些已有的资源，学习者还必须处于合适的状态或阶段（Piaget，1952；Carey，1999）。皮亚杰和杜威同时提出了经验和发展如何被认为是个人主义努力的观点，这取决于学习者引导概念发生变化的能力。换句话说，根据这些观点，学习者需要通过在环境中的体验来构建自己对主体的理解。

  关于人们如何通过经验来构建思维的理论已有很多。建构主义理论则被解释成或多或少有点"极端"的形式。该理论除了强调主动性以外，理论的经验性指导了许多手动实践经验的发展，来帮助学习者在学习情境中从动机和概念上变得具有主动性而非被动（Cremin，1961；Dewey，1938）。通常认为实践经验有助于使想法具象化（Flick，1993），也更具相关性（Kontra，Lyons，Fischer，& Beilock，2015）和更能自我主导（Duckworth，Easley，Hawkins，& Henriques，1990）。因此，包括博物馆在内的许多教育机构都尝试在其提供的资源中促进建构主义的学习方式。海因（Hein，1998）特别提到博物馆是可以利用建构主义学习工具的理想环境类型，因为其具有自主选择性，并能让学习者从中接触到真实的学习材料。然而，在博物馆情境中也有多种方式可以来解释建构主义。例如，使用建构主义作为博物馆的理论框架是否意味着不应该回答个体的问题，因为学习者应该自己寻找答案？在金（King，2009）的案例中，一个四年级的学生误将海龟认为水母，而与她交流的讲解员并没有指出这个错误。根据金的分析，这可能是因为讲解员受到这样的影响，即建构主义——当时博物馆采用的学习理论——意味着学习者需要形成自己的解释，无论从科学性上来讲这种解释是多么不准确，都不应该让学习者放弃他们提出的观点。

通常我们将学习者在没有得到任何帮助下提出自己见解的学习称为发现学习（Bruner，1961）。这种学习的观点认为，即使学习者提出了一个直接的问题，直接回答问题也不一定有利于学习者的进步。根据这种观点，为了获得更深入的理解和维持学习的动力，学习者应该"发现"与当时关注的话题相关的各种信息。请注意，如果每个人都被要求从头开始学习，这个看法将会变成大问题。每个学习者都必须自己学习如何找到问题、阅读资料，等等。所以，那些支持建构主义发现式学习的人，不可能认为所有学习者都需要为获得每个概念而重新发明工具。事实上，许多研究已经证明，在"发现学习"情境下的学习者学得不如在"指导型学习"情境下的学习者学得好，后一种情境中学习者可以从知识渊博的人获得学习支架来帮助理解（Klahr & Nigam，2004；Mayer，2004；Kirschner，Sweller，& Clark，2006；Alfieri，Brooks，Aldrich，& Tenenbaum，2011）。因此，如果为了使用建构主义哲学理论而不回答参观者的问题，是不太可能有效地为学习者服务的。

令人困惑的是，发现学习具有多重特性。虽然在教育学和心理学文献中,许多人使用上述形式的发现学习来代表极端形式的建构主义,但海因(Hein,1998)使用这个名称来指代各种类似学校(school-like)的学习,目标是建立一个被外界认可的知识库。他将这种形式的学习与其所谓的建构主义进行对比,建构主义没有明确表达什么是正确的或不正确的(即它由学习者自己建构,某种程度上可能与其他人的知识一致或不一致)。

要明确的是,建构主义是一种"认识"理论而不是"教学"理论。冯·格拉赛斯菲尔德(von Glaserfeld,1985;1995)认为建构主义中某一激进分支认为"我们努力提高认知是为了帮助我们应对经验世界,而不是像传统目标那样提供一个世界的"客观"表征,因为它可能"存在"于我们的经验之外"(1995,pp. xiv-xv)。从这个角度来看,真正的学习离不开反思。也就是说,必须对新的信息做出反应,即使只是在精神层面,以使其能转化为理解。为了区分这种观点与发现学习的观点,根据激进建构主义理论,学习者可以以任何形式获取信息。这可能包括听别人说话、参与实践活动,或者思考如何将"自己的经历"和"亲眼目睹的经历"结合。在这里,接受新思想的方式不如接受新思想后进行积极的"思维"活动重要。因此,虽然在发现学习理论下学习者不应该从别人那里得到答案,但在激进建构主义理论中,学习者应该参与对想法的思考,而不管首次如何接触到这些想法。尽管在激进建构主义理论中,信息的起源并不像在发现学习中那么重要,但它的重点仍然很明显地放在个人和对活动的反思上。

建构主义还有另一个分支,有时我们称之为社会建构主义(Vygotsky,1978;Mercer & Littleton,2007;Tomasello,2003)。与

建构主义的其他分支相比，这种学习视角更强调学习者所处的社会情境。换句话说，社会建构主义既认可学习的个人主义性质，也认可社会环境会影响学习经验获得的方向。在社会建构主义理论下进行研究的专家更强调个体在进行学习活动时所进行的互动类型。这种强调虽然主要是基于认知领域的，但也关注互动的感性及其如何影响认知学习结果。例如，一个群体相互之间尊重所有成员的观点，这种方式可能会促进自主权也会疏解认知冲突，这是皮亚杰的概念，即意识到理解与新想法之间存在脱节，这可能促进概念的发展（Piaget，1952；Adey，Robertson，& Venville，2002）。相比之下，当学习者被老师教导时，学习者可能不会赞同教导的内容，因为这些教导没有照顾到每个人不同的理解水平（Hohenstein & King，2011）。与社会文化理论观点一样，许多倡导社会建构主义学习观点的人认为他们的理论根源于维果茨基（Vygotsky，1978）和俄罗斯研究学派；一些人甚至把自己的成果称为社会文化（例如，见 Mercer & Littleton，2007）。社会文化学派倾向于把群体作为一个社会单元而不是个人在社会情境中学习（参见 Rogoff，2003；Mai & Ash，2012）。然而，社会建构主义中的社会焦点借鉴了维果茨基（Vygotskian，1978）的概念，如最近发展区（zone of proximal development），即一个相对有经验的人可以帮助一个相对没有经验的人在某些技能或意义理解方面变得更有能力。

  可以看出，建构主义涵盖了一系列有关个体在学习情境中有效性因素的观点，同时主要关注认知而非情感的学习。通常强调个体是独立的学习者，但其他人的参与程度可有如下变化，即从仅仅作为机会的提供者（如发现学习）到潜在的信息来源或促进者（如激进建构主义）再到体验中的积极参与者，这些参与创造了互动，这些互动是社会建构主义理论下学习环境的一部分。因此，在使用"建构主义"这个词时，要注意说明所采用的具体观点，因为它具有广泛的、不同的含义。

从上述讨论可以明显发现，特定的理论观点之间会相对转化，如一个人的建构主义可能是另一个人的社会文化理论。但这并没有削弱理论根源和研究对实践影响的整体重要性。当然，对于不知情的研究者来说，很有可能混淆观点。了解学习理论的基础分支以及它们如何相互关联，为从业者（和研究者）提供了推进博物馆研究领域的宝贵工具。

本章参考文献

Adey, P., Robertson, A., & Venville, G. (2002). Effects of a cognitive stimulation program on Year 1 pupils. *British Journal of Educational Psychology*, 72, 1-25.

Alfieri, L., Brooks, P., Aldrich, N., & Tenenbaum, H. (2011). Does discovery-based instruction enhance learning? *Journal of Educational Psychology*, 103, 1-18.

Alvesson, M. & Kärremon, D. (2011). *Qualitative research and theory development: Mystery as method*. London: Sage Publications.

Ayala, F., Alberts, B., Berenbaum, M., Carvellas, B., Clegg, M., Dalrymple, G. B., Hazen, R., Horn, T., Moran, N., Omen, G., Pennock, R., Raven, P., Schaal, B., Tyson, N., & Wichman, H. (2008). *Science, evolution and creationism*.

Washington, DC: National Academies Press.

Brown, J., Collins, A., & Duguid, P. (1989). Situated cognition and the culture of learning. *Educational Researcher*, 18, 32-42.

Bruner, J. (1961). The act of discovery. *Harvard Educational Review*, 31, 21-32.

Carey, S. (1999). Knowledge acquisition: Enrichment or conceptual change? In E. Margolis & S. Laurence (Eds.), *Concepts: Core readings* (pp. 459-487). Cambridge, MA: MIT Press.

Center for Advancement of Informal Science Education (2015). *Research agendas*. www.informalscience.org/research/research-agendas (accessed on 11 July 2016).

Chilvers, J. (2012). Reflexive engagement? Actors, learning, and reflexivity in public dialogue on science and technology. *Science Communication*, 35, 283-310.

Committee on Defining and Advancing the Conceptual Basis of Biological Sciences in the 21st Century(2007). *The role of theory in advancing 21st century biology: Catalyzing transformative research*. Washington, DC: National Academies Press.

Cremin, L. (1961). *The transformation of the school: Progressivism in American Education 1876-1957*. New York: Knopf.

Dewey, J. (1938). *Experience and education*. West Lafayette, IN: Kappa Delta Pi.

Duckworth, E., Easley, J., Hawkins, D., & Henriques, A. (1990). *Science education: A minds-on approach for the elementary years*. London: Routledge.

Eisenhardt, K. (1989). Building theories from case study research. *Academy of Management Review*, 14, 532-550.

Fabricius, W. & Wellman, H. (1993). Two roads diverged: Young children's ability to judge distance. *Child Development*, 64, 399-414.

Falk, J. & Dierking, L. (2000). *Learning from museums: Visitor experience and the making of meaning*. Lanham, MD: Rowman & Littlefield.

Flick, L. (1993). The meanings of hands-on science education. *Journal of Science Teacher Education*, 4, 1-8.

Freundlich, E. (1920). *The foundations of Einstein's theory of gravitation* (Brose, Trans.). Cambridge: Cambridge University Press.

Glaser, A. & Strauss, B. (1967). *The discovery of grounded theory: Strategies for qualitative research*. London: Aldine Transaction.

Gopnik, A. & Meltzoff, A. (1997). *Words, thoughts and theories: Learning, development and conceptual change*. Cambridge, MA: MIT Press.

Greenwald, A., Pratkanis, A., Leippe, M., & Baumgardner, M. (1986). Under what conditions does theory obstruct research progress? *Psychological Review*, 93, 216-229.

Hammersley, M. (2001). Some questions about evidence-based practice in education. Paper presented at the symposium on

'Evidence-based practice in education' at the Annual Conference of the British Educational Research Association, University of Leeds, England, 13-15 September.

Harris, P. (2012). *Trusting what you are told: How children learn from others*. Cambridge, MA: Harvard University Press.

Hein, G. (1998). *Learning in the museum*. London: Routledge.

Hohenstein, J. & King, H. (2011). Learning: Theoretical perspectives that go beyond context. In J. Dillon & M. Maguire (Eds.), *Becoming a teacher* (4th edition, pp. 175-184). Maidenhead: Open University Press.

King, H. (2009). *Supporting natural history enquiry in an informal setting: A study of museum explainer practice*. Unpublished thesis, King's College London.

Kirschner, P., Sweller, J., & Clark, R. (2006). Why minimal guidance during instruction does not work: An analysis of the failure of constructivist, discovery, problem-based, experiential, and inquiry-based teaching. *Educational Psychologist*, 41, 75-86.

Klahr, D. & Nigam, M. (2004). The equivalence of learning paths in early science instruction: Effects

Kontra, C., Lyons, D., Fischer, S., & Beilock, S. (2015). Physical experience enhances science learning. *Psychological Science*, 26, 737-749.

Kuhn, T. (1996). *The structure of scientific revolutions* (3rd edition). Chicago, IL: University of Chicago Press.

Lewin, K. (1952). *Field theory in social science: Selected theoretical papers*. (D. Cartwright, Ed.) London: Tavistock Publications Ltd.

Lourenço, O. & Machado, A. (1996). In defense of Piaget's theory: A reply to 10 common criticisms. *Psychological Review*, 103, 143-164.

Mai, T. & Ash, D. (2012). Tracing our methodological steps: Making meaning of diverse families' hybrid 'Figuring out' practices at science museum exhibits. In D. Ash, J. Rahm, & L. Melber (Eds.), *Putting theory into practice* (pp. 97-118). Rotterdam: Sense Publications.

Mayer, R. (2004). Should there be a three-strikes rule against pure discovery learning? The case for guided methods of instruction. *American Psychologist*, 59, 14-19.

Mercer, N. & Littleton, K. (2007). *Dialogue and the development of children's thinking: A sociocultural approach*. London: Routledge.

OED (Oxford English Dictionary) Online. www.oed.com/ (accessed 13 October, 2014).

Parsons, T. (1938). The role of theory in social research. *American Sociological Review*, 3, 13-20.

Pasteur, L. (2014). On the extension of the germ theory to the etiology of common diseases (trans. H. C. Ernst). Adelaide: University of Adelaide e-books. https://ebooks.adelaide.edu.au/p/pasteur/louis/exgerm/complete.html (accessed 23 October

2014).

Piaget, J. (1952). *The origins of intelligence in children*. New York: International Universities Press.

Piaget, J., Inhelder, B., & Szeminska, A. (1960). *The child's conception of geometry*. London: Routledge.

Pinker, S. (1994). *The language instinct*. New York: William Morrow and Co.

Popper, K. (2002). *The logic of scientific discovery*. London: Routledge.

Rogoff, B. (2003). *The cultural nature of human development*. Oxford: Oxford University Press.

Ryle, G. (1945). Knowing how and knowing that: The presidential address. *Proceedings of the Aristotelian Society*, 46, 1-16.

Ryle, G. (1949). *The concept of mind*. London: Hutchinson.

Schön, D. (1983). *The reflective practitioner: How professionals think in action*. New York: Basic Books.

Skinner, B. F. (1974). *About behaviorism*. New York: Knopf.

Stanley, J. & Williamson, T. (2001). Knowing how. *Journal of Philosophy*, 98, 411-444.

Suppes, P. (1974). The place of theory in educational research. *Educational Researcher*, 3, 3-10.

Tomasello, M. (2003). *Constructing a language*. Cambridge, MA: Harvard University Press.

Turner, J. (2001). The origins of positivism: The contributions of Auguste Comte and Herbert Spencer. In G. Ritzer & B.

Smart (Eds.), *Handbook of social theory* (pp. 30-42). London: Sage Publications.

vom Lehn, D. (2006). Embodying experience: A video-based examination of visitors' conduct and interaction in museums. *European Journal of Marketing*, 40, 1340-1359.

von Glaserfeld, E. (1985). Reconstructing the concept of knowledge. *Archives de Psychologie*, 53, 91-101.

von Glaserfeld, E. (1995). *Radical constructivism: A way of knowing and learning*. London: Routledge.

Vygotsky, L. (1978). *Mind in society: The development of higher psychological processes*. Cambridge, MA: Harvard University Press.

Winch, C. (2009). Ryle on knowing how and the possibility of vocational education. *Journal of Applied Philosophy*, 26, 88-101.

3 博物馆实践方法和方法论的重要性

一般来说，如果我们认真思考如何将理论和/或研究与实践联系起来的问题，那么除了与之相关的基础理论之外，我们还应该仔细思考研究是如何进行的。为了真正了解某项研究的有用程度，有必要思考过程的严谨性、结论的有效性和研究结果的可推广性等有关的问题。在这一章中，我们总结了一些与研究性质有关的问题，试着通过关注博物馆环境中如何进行研究、如何将结果应用于博物馆环境使其情境化。

"方法"（methods）和"方法论"（methodology）经常被视为可互换的术语。然而，区分它们往往是很重要的，因为某些类型的方法（研究工具或仪器）通常与特定的方法论（或研究方法）相对应，但仍有许多研究没有严格对两者进行区分。本质上来说，方法论就像是理论的另一层次：它是一套关于方法的应用的理论。

另外，尽管这本书不能代替任何学科的优秀的科研训练，但如果博物馆从业者想对自己从事的研究更有信心，无论有没有大学学者的合作，令这些研究在他们自己的机构之外发挥作用，那么考虑这些问题的方法和方法论是很有用的。

值得关注的一个关键点,同时也是理论和研究之间的桥梁,是在研究中提出问题的方式。在社会科学或自然科学中,所有系统的、实证的调查一般都是从一个问题开始的,这个问题应该通过收集和分析数据得以解决。研究问题通常从情境的理论视角来界定(例如在博物馆学习),研究者认为最有用的或者最合适的。也就是说,在研究领域,研究者经常与特定的理论观点联系在一起,这意味着他们会问特定类型的问题。例如,使用学习的信息处理模型的研究者可能会问一些与博物馆学习相关的、潜在认知机制,如记忆能力或类比推理的因素的问题。相比之下,采用社会文化理论视角的研究者可能会问这样的问题:什么样的条件会让参观者获得学习机会?这些机会可能包括群体中知识更渊博的成员为其他人提供某些支持,或者是学习新进成员的文化实践。从事基础研究的研究者(通常是学术界人士)经常专注于构建类似"世界是如何运转的"这种宏大主题的理论。正如比克曼和罗格(Bickman & Rog,2008)指出的那样,应用社会研究不同于基础研究,因为应用研究专门关注具体的问题,并试图找到该问题的解决方案;与基础研究相比,它更倾向于包含有关不明确因素的"大"问题(例如"如何改善学校团体在博物馆中的学习?");除了统计或发现意义之外,它还具有实践意义;它倾向于以一种综合的方式而非相对"纯粹"的方式利用理论。评估通常被视为一个调查项目,以解决特定背景下的问题,它的结论可以被用于改善相同情境下的结果(Hobson,2017)。本章将探讨不同的进行研究的方法和范式,之后再重点介绍博物馆学习研究中最常见的几种研究方法。

研究的哲学背景

正如我们在"理论与博物馆实践"那一章中所说，一些研究强调的是构建所进行研究的理论框架，另一些研究则强调指导研究原则的哲学。然而，大量的研究遗漏了这类信息。造成研究背景不明确的原因可能有很多。为了让读者能够理解我们在某些时候使用的一些术语，我们将在下文中陈述一些关于研究的重要观点。

将不同类型的研究区分开来的一个观点是方式和方法所基于的本体论。本体论指对研究现实感兴趣的人解释现实的方式（Ormston, Spencer, Barnard, & Snape, 2014）。如果某人认为有一个客观现实是可以衡量的，并且独立于研究它的人而存在，那这个人就会以"现实主义"的世界观开展研究。例如，研究者可能相信能够测量人的智力，即使智力每天或每周都在变化：它是真实的和可以量化的。相反，如果研究者认为现实是主观的，那么这种研究很可能将"理想主义"作为一种本体论来进行。还是以智力为例，理想主义者更倾向于认为一个人的智力不仅是可塑的和可变的，而且是基于阐释的，因此无法用任何可靠的方法衡量它。这两种情况中的任一种都可以做进一步的细分。但由于篇幅限制，我们不会在本章中做深入的探究。

源于本体论的不同世界观意味着有不同的背景来获得知识及认为何种知识被视为有效，即认识论（Morgan & Smircich, 1980）。极端现实主义的本体论将倾向于与在数据收集和分析中寻求客观性的认识论（即实证主义）相关联。另一方面，理想主义本体论倾向于和回避客观性的研究方法相对应,认为这一目标是不可能实现的,因为无论什么意图所有的研究都是主观的。因此,许多社会科学研究者努力寻找一种方法来确保主观类型研究的严谨性。在社会科学中,极端的现实主义者和实证主义者(或新实证主义者)、极端的理想主义者、主观主义者、解释主义者之间往往存在分歧。实际上,认为这个问题只是社会科学的问题而自然科学更客观的说法可能是一种错觉。厄舍(Usher)提出"库恩(1970)帮助我们发现自然科学中研究的方法并不遵循实证主义或经验主义的认识论。与此相反,存在着一个重要的诠释学或诠释性的维度(p.5)。改编自摩根和史密西奇(Morgan & Smircich, 1980)的表 3.1 可能有助于说明研究方法中涉及的选择要素,以及它们之间相互对应的方式。

表 3.1 描述社会科学研究中客观性/主观性区间的假设网络

(改编自 Morgan & Smircich, 1980)

	主观性途径					客观性途径
本体论假设	现实是思维的产物	现实是社会建构	现实是标志性对话的主体	现实是信息的情境领域	现实是具体的过程	现实是具体的结构
人性假设	人具有纯洁的灵魂	社会建构	角色/代表用户	信息处理	适应者	反应者
认识论立场	获得现象学的洞察	理解怎样创造社会现实	理解标志性对话的模式	地图情境	学习系统和过程	建构实证主义立场

研究方式

本体论和认识论的结合有时可以被称为一种"研究方式",

或是范式。也就是说,考虑到研究者思考现实本质的方式,以及人们发现这一点的方式,会使得人们认同特定的研究方法。

有一种比较简单的划分研究的方法,即分为定性研究,或是定量研究。使用数字方式来表示数据比例的方法被认为是定量的,通常应用推论统计学来处理来自问卷调查、结构化访谈或实验(见下面方法部分)的数据。如果并非如此的话,便是定性研究。定性研究倾向于从个体参与者的角度来研究问题,使用更难量化的方法,比如深度访谈、参与者观察和对"大量"数据的详细分析。这样划分的问题在于划分的是方法而不是方法论。尽管主要使用定性方法的研究者倾向于持有更多的主观认识论和理想主义本体论,但完全有可能进行实证式的访谈,并对其进行定量分析(甚至以相对实证主义的思维框架进行定性分析)。同样,那些更可能被归类为定量的数据(例如一项调查)可能会以一种更主观的方式进行探究,尽管从这个角度来说,真正了解参与者的感受可能会更加困难。研究方式和方法的结合比较常见,但并不意味着是好的实践(Bryman,1984)。

在倾向于使用特定方法和方式的研究者之间似乎也存在一些敌意。布莱曼(Bryman,1984)指出,那些可能被称为实证主义者或定量主义者的人往往不会觉得有必要撰写方法论。这种假设似乎意味着尝试保持研究者和研究对象之间的距离与客观性被默认是有益和有可能的。相反,大量关于定性研究的方法和方法论的文章出现在社会科学图书馆的书架上,这些文章似乎在谴责实证主义方法论的虚假优势,并花费大量精力来贬低那些采取定量或实证主义方法的人的研究方法和习惯。原因之一可能是学界似乎默认实证主义是进行研究的唯一或最好的方式。也许是因为这种默认立场，许多人，包括那些在教育机构工作的人，如学校或博物馆，认为为了保证研究的质量，必须以定量的方式进行研究。从最近一项关于博物馆从业者的研究中可以找到一个这种类型的很好的示例，该研究调查了参与者有关研究和评估的概念（Hobson，2017）。许多参与者都委婉地提到，为了获得足够的重视，研究需要以量化的方式来进行。有时候政策制定者和资助机构也会掉进这个陷阱，认为统计结果比定性结果提供了更好、更有用的信息。与此同时，在争取认可的斗争中，定性社会科学家需要建立一种不可忽视的话语权，因为许多定量社会科学家错误地认为定性研究缺乏严谨性，因而拒绝接受这种方法。话虽如此，定量研究不一定就比定性研究要好，如果假设定性研究比定量研究更容易进行（我们的一些学生也是这样认为的），那也错了。只以定性或定量作为研究基础可能不太有帮助：好的研究将使用适合研究问题的方法，而不是教条地固定使用特定类型的方法上。另外，定性和定量研究有可能以合作的方式来进行，在彼此结果的基础之上，一起对一个问题进行更深入的研究（Bryman，1984）。

在本节的其余部分中，我们将概述一些社会科学研究者笔下的研究方法。我们从克雷斯威尔（Creswell，2013）的文章中选取了这些特定的类别，尽管也有其他将研究方法分组的方法。

实证主义

实证主义反映了一种观点，即世界，包括社会世界，是在一系列要素组成的、可预测的规律下运行的，可以使用适当的观察和测量工具来发现所有的这些要素（Phillips & Burbules，2000）。最近出现一个较新的群体，被称为后实证主义者（post-positivists），他们基于世界是可以被观测的假设进行研究，但试着思考在可观察到现象的环境中所产生的复杂性。实证主义者和后实证主义者倾向于将观察或数据划分为不同的类别，因此被称为还原论者。例如，他们可能会通过分析对话，来确定某些单词或短语可作为对特定事物的信仰或态度的暗示（例如在物种起源的背景下谈论上帝暗示了创世论逻辑而非进化论逻辑）。虽然实证主义者认为存在"真理"，但他们也倾向认为这是永远找不到的。因此，他们更愿意对假设或理论"表示支持"，而非"证明"它们。实证主义者还倾向于使用演绎逻辑来证明或反驳某种理论，他们从一种理论或假设开始，产生数据，然后根据该假设对数据进行分析，从而有助于在该领域达成共识。根据这个观点，知识是由经验证据形成的，这种状况是理想的、没有偏见的和客观的。实证主义的目的是通过因果机制来解释变量之间的关系，从而促进理论的产生。从前面关于物种起源的例子中可以看出，如果一个研究人员想看看谈论上帝是否能使儿童成为关于物种起源的创造论支持者，他可能会开展一项研究，其中一组儿童被告知上帝对人类的仁慈，另一组儿童则是参与另一种不相关的活动。经过一段时间后，评估两个群体对物种起源的了解，以确定这两个群体在支持创造论方面是否存在差异。以这种方式，这项研究将有助于解释儿童中出现某些创造论推理的原因。虽然研究者本身并不能完全客观，但可采取一些措施如引入信度和效度的测量方来降低主观性（见信度和效度）。

建构主义

与实证主义相反,建构主义(有时被称为解释主义)认为,人们进行意义建构的活动,有助于促进他们对世界及其运作方式的理解(Lincoln & Guba,1985)。换句话说,所有的意义都是在社会情境中创造出来的。为了了解人们看待世界的各种方式,建构主义研究者倾向于进行旨在让参与者充分考虑并表达自己观点的研究。这个过程是归纳推理,而非演绎过程。尽管建构主义者不会忽视他们自己研究之前的理论,但他们的目标是将想法嵌入到已经产生的数据中,以便找到促进理论发展的模式。这种观点认为意义创造是一个社会过程,受个人生活中的文化和历史因素的影响(Crotty,1998)。因此,发展理论时应该考虑人们的阐释,包括研究者本人的确认。[1]

变革主义

变革主义观点认为研究中仅考虑参与者的观点是不够的。他们认为应该支持边缘群体的观点,以改善他们社会地位较低的情况。许多所谓的"批判性"学习理论恰好符合这种研究方法,尽管其他一些观点可能会被学习的各种理论的支持者所利用,但这种方法论观点似乎与批评理论特别接近(Kincheloe, McLaren, &

---

[1] 应该指出的是,建构主义学习理论和同名研究方法有一些共性,例如强调个体经验是意义建构的关键。无论如何,尽管可能令人困惑,但采取建构主义学习理论观点的研究不需要使用建构主义方法(反之亦然)。

Steinberg，2011）。其目的是减少不平等并促进社会公正（Mertens，2010）。这些被边缘化的各种各样的群体，包括妇女、有色人种、女同性恋、男同性恋、双性恋、跨性别者、残疾人和来自底层或工人阶级背景的人等，已成为这些方法的研究对象。在这些方法中，共同的主题之一就是反抗压迫、不对等的权力关系和导致相关问题的政治制度。

实用主义

正如其名称所暗示的那样，实用主义者对于研究问题使用的特定方法并不那么教条，并且更关注解决手头问题的最佳方法（Morgan，2007）。因此，实用主义与任何特定研究观点无关，而可能在解决不同问题的时候运用不同的观点（甚至可能同时使用多个观点）。重要的是，实用主义倾向于将真理看作在某个给定的时间段有效的东西（Morgan，2007），而真理究竟是依存还是独立于人的意识这个问题并不重要。但是，实用主义者认为真理具有情境性，并受到社会、文化和历史事件或情境的影响。最后，研究的目的或目标应该是解决问题，并可将其更好地用于应用性研究，即不可忽视研究在实践中的实用性。

在本节中，我们提出了四种不同的研究路径，其中任何一种方法都可以使用定性、定量或两者兼备的方法。这些方法的性质，因对真相的定位在观测者内心还是在外部现实中以及进行研究的潜在目的而有所不同。这些研究方法在知识产生的方式上也不同（归纳/演绎）。要注意，这些方法中的任何一种都不一定完全符合上面的描述。每种路径对应于任何特定方法或方法集合的程度也不同，我们将在下一节讨论。

研究方法

我们在上文提到了普遍存在的定性和定量的二分法（请参阅上文为什么这些方法不是真正的方式）。实际上，它们主要指的是分析，尽管在某种程度上收集数据的方法也可以这样分类。进行一项实验，控制变量和操纵一些"条件"或干预，几乎都会涉及定量方法。不管怎样，观察、访谈甚至问卷调查都可以使用定量或定性分析（或两者兼而有之）的研究方法。而一些方法似乎更像是"纯粹"的定性研究，如民族志。由于篇幅限制，在此不能详细完整地介绍所有的方法。不管怎样，本文将介绍一些在博物馆学习研究中较常见的研究方法。

实验和准实验

通常我们将实验认为是定量研究或后实证主义研究中的"黄金标准"，它包括改变一个自变量（通常可称之为干预），并测量由于这种改变对另一个因变量的影响（Coolican，1990）。举一个实验方法的例子，如观察不同形式的展品展示（自变量）是否对学习者记忆该主题的信息（因变量）有影响。这种类型的研究都经过精心设计，监测任何可能与因变量变化相关的可测因素，以便尽可能"控制"影响。对实验很重要的一个因素是随机分配参与者来控制不同的自变量（条件）。实验方法的支持者认为，有必要了解不受其他变量影响的情况下，"干预"如何影响因变量的结果。在自然环境中,有时不可能实现人员的随机分配,因此要使用其他方法。例如,如果你想看看改变展览陈列会如何影响参观者的学习行为,随机改变展览是非常困难的。不过有一种方法可以部分解决这个问题,就是在每星期的同一天对参观者进行抽样,但是每周都对展览作出一些改变这个准实验的对象可能是一群在月初的一个周六参观博物馆的人和下个周六的潜在参观者。

在这些设计中,最好的测量是在观众参与之前测量某因变量,在参与之后再次测量相同的因变量(前测-后测)。所以,如果研究者想知道通过参观一个以特定方式展示的、特定的展览参观者能有多少认知收获,他们可能会事先测量参观者关于这个主题的知识,然后在参与者看完这个展览后,再测量一次。当然,在博物馆环境中人们会发现这种严格的研究设计仍存在许多问题。有时参观者从单个展览中获得的知识类型可能无法通过测试来测量,而且有时人们也会争辩,认为影响博物馆学习的因素太多,故而无法进行这种类型的实验研究。尽管在博物馆中设计的实验存在着明显的问题,但它已经成为检验博物馆学习成果的一种流行方法(例如,Baum & Hughes, 2001; Doering, Bickford, Karns, & Kindlon, 1999; Pekarik, Doering, & Bickford, 1999; De Rojas & Camarero, 2006)。

行动研究

与实验一样,行动研究(action research,AR)也涉及干预的实施,以观察这些干预是否会对学习和/或行为产生影响。实验通常被实证主义者所使用，行动研究则更被实用主义者所青睐（Creswell，2013）。邓斯科姆（Denscombe，2010）指出，通常行动研究的目的是解决实际问题并形成最佳实践的指导方针。

行动研究最初由勒温（Lewin，1946）提出，其被视为通过反思和计划来改善或改变实际情境的一种手段，并以此促使在工作情境中发展出新的行为方式。这被运用在很多工作场所之中，并作为提高动力和绩效的工具（Pasmore，2006）。许多教育机构和项目积极地鼓励工作人员精通反思和干预的应用，以此来改善实践。因此，个人可以"修正"（tinker）实践的要素，以改善促进学习的方式。这类研究常被认为不够严谨，因而不能保证可在学术期刊上发表，但它是任何领域的实践者都可以接触到的研究方法。

基于设计的研究

基于设计的研究（design-based research，DBR）也建立在干预有助于学习（或其他）环境发生积极变化的想法之上。但与AR不同的是，DBR分析微观层面的变化，并持续监测迭代实施过程中的微小变化与某些测量结果之间的相互作用（Collins，1990；Brown，1992）。像AR一样，DBR也关注成果。不管怎样，鉴于AR被广泛用作职业发展的工具，DBR则被认为是改进教学手法的工具（Cobb，Confrey，diSessa，Lehrer，& Schauble，2003）。一些实验者试图在反复使用教育工具的过程中，不断对其进行微小调整的多轮迭代，最后开发出供博物馆教育使用的有效工具（例如，DeWitt & Osborne，2007），所以DBR背后的理念是看成果是否满足预期目标。因此，研究的目的是确定所设计的元素是否有效，以及如何使其变得更有效。

访谈

从表面看，访谈似乎是研究过程中相当直接的方法。一个人问另一个人一些问题。但其实，访谈有多种采访方式，其中一些采用实证主义的方式进行研究，而另一些则采用更偏向变革主义或建构主义的方式。简而言之，它是研究者为各种目的而广泛使用的研究方法之一。

结构化访谈

这是最受限制的访谈类型，按照相同的顺序、相同的问题和每个受访者访谈，而没有任何改变措辞的可能（Kvale & Brinkman, 2008）。为了尽量减少外部影响（即控制变量），以相同的方式对每个受访者进行结构化访谈。根据这些信息的呈现方式，很容易发现这种类型的访谈往往更倾向于实证主义的研究方案。

半结构化访谈

有时人们认为，当访谈者意识到信息确实有用的时候，从受访者那里收集更多的信息是可取的。在这种情况下，在访谈的过程中，访谈者可能会根据受访者的回答，再对其中感兴趣的观点进一步问一些"探究性"的问题，或者让访谈沿着两种不同的可能路径之一进行（Kvale & Brinkman, 2008）。这些形式和内容更灵活的访谈可以引导双方在研究环境中进行更自然的对话，但仍需遵循一定的学术要求。访谈者进行访谈时，合理脱离预定"轨道"的程度取决于研究目标和整个研究方法。因此，这种类型的访谈几乎可以与任何类型的研究方法或方法论一起使用。

非结构化访谈

非结构化访谈通常用于变革性类型的研究，正如其名字所暗示的那样，它没有结构（Fontana & Frey，1998）。有时使用这种访谈方法的研究者会在访谈前给受访者发送一份主题清单，以帮助受访者思考他们想要提出的问题。在这种访谈中，访谈者的的工作就是让受访者畅所欲言，因此可能获得特别丰富的数据，并且数据中充满了潜在的、如果受访者受到问题的引导反而可能得不到的信息比如态度。这种性质的访谈往往会持续很长时间，很多情况下超过一个小时。分析非结构化访谈收集的数据的困难在于受访者可能会偏离主题，或者他们提供的信息乍看之下与主题并不相关。因此，研究者可能很难解释他们所收集的意识流。但如果从一个相对长远的角度来看，这种不受限制的进入一个人思维的方式，可以为了解个体的思考方式和对某事的看法提供渠道，特别是在长期实行或与其他方法结合使用的情形中（参见下文的民族志）。

访谈工具

进行访谈的主要工具通常是访谈表或引导性的问题，然而有时也会使用其他形式的工具来帮助研究参与者思考感兴趣的话题。这些额外的工具可以促使参与者注意到之前可能没有意识到的行为，或者也创造一些使参与者在日常生活中生发更深层次的思考的机会。例如，福克、穆萨利和库尔森（Falk，Moussouri，and Coulson，1998）对参观者在博物馆中学习的行程感兴趣，于是要求他们研究中的参与者创建一个关于宝石和矿物主题的概念图，也被称为个人意义图（personal meaning map，PMM）。参观者在参观博物馆之前，他们的PMM中只有图纸中间的一个词组"宝石和矿物"，并被要求用一种方式来表明他们的理解和联系。应用简短的访谈来澄清和阐述这些要点。一旦他们完成参观，会被要求再次完成任务，访谈的问题聚焦于参观者构建自己的PMM的方式，以及在参观过程中从一个概念图到另一个概念图的变化。从此处可以看出，PMM为初步呈现参与者的想法而服务，这可以根据每个参与者创建的PMM的各个方面，用有针对性的问题对其进行阐述。

概念图用于鼓励参与者深入思考特定的研究主题，而刺激性回忆则尝试将参与者的注意力集中在他们被观察和通过照片和录像记录下来的那些方面的行为上。有时可能是参与者自己拍摄的照片，有时可能是外界观察者记录的他们的行动。每一种情况的目的都是帮助受访者记住或注意他们在参观期间的某个特定时刻所做的事情，这样他们就可以告诉研究者当时他们在想什么，或者是什么导致了他们的行为方式（Stevens & Hall，1997）。在这样的背景下，参观者能够反思自己的行为和想法，并且可能更好地理解他们当时在博物馆里观察的东西。

访谈方式

最后关于访谈还要注意一点，访谈不仅有多种类型和多种工具,还有多种访谈方式。典型的访谈类型是有一个访谈者者和一个被访者,他们在同一个物理空间中面对面相处,并且能实时互动。然而,随着技术的发展,现在还可以通过电话或视频(如Skype或FaceTime)与不在现场的人进行访谈。此外,在某些情况下,最合适的方式是通过即时消息的形式进行访谈,以避免获得受访者的姓名或面貌。最后,应该指出的是一对一的访谈并不总是可取的。相反,成对的受访者或群体小组有可能在彼此想法基础上,一起做出更多的回应(Willig,2013)。"典型"访谈中的每一个变量都可能在访谈数据的转录和分析中变得复杂。也就是说,使用的技术越复杂或访谈的人数越多,就越难以进行清晰的、可解释的对话。所以研究人员在设计研究时需要考虑这些问题。

问卷

在人们的生活中,问卷调查无处不在。似乎随着服务和社交媒体变得日益重要,越来越多的人希望能对服务的对象进行调查,以评估他们获得的体验。然而,这些绝不是问卷的唯一用途,通常这种问卷的应用也不被认为是研究。与访谈一样,调查问卷的问题能从更限制性的、固定的问题(多项选择,李克特量表)变化到非常开放的、能让人们阐述自己的想法和理由的问题(Krosnick & Presser,2010)。事实上,通过电子邮件进行的采访和开放式问卷之间似乎只有一条细微的界限。

研究中使用调查问卷的优点包括有易于处理的固定问答(Krosnick & Presser,2010)。此外,与坐在研究者面前相比,相对而言没有人情味的问卷可以让调查对象匿名参与。这样他们可能会更诚实地回答问题，甚至也更愿意回答问题。除此之外，问卷很容易分发，并且所需的成本很低，因此在相对较短的时间内能收集到大量数据。但是，问卷也存在一些问题：调查对象的客观感受可能意味着他们不会像亲自回答访谈问题那样花同样的时间填写问卷，这些简短的、封闭的问题答案往往也无法对调查对象的情感和行为提供丰富的见解。所以尽管问卷很容易实施，但回收率通常很低，因此样本对象可能不全面，只包括那些认为研究很重要而参与的人（参见下文的抽样部分）。

观察

在基于博物馆的研究中，另一种非常有用的方法是观察，帮助研究者了解人们在博物馆里做些什么。与访谈和问卷调查一样，"观察参观者"的方式也多种多样。研究者有很多方法进行观察，例如可以从科技含量最低的观察类型开始，观察者可以坐下来做笔记，记录人们在特定时间或地点的行为或说话内容。而正如预料的那样，当依赖于某人记录的笔记时，可能会出现很多错误。当观察对象做出大量的活动时，记笔记的方式很容易错过一些信息。这一点在思考谈话和记录人们所说的话时尤其如此；即使在最好的情况下谈话也可能进行得太快而无法记录下来；还有很多其他的因素阻碍准确听取对话。有一种方法可以缓解这种繁忙场景中记录所有事情所面临的压力，即用网格来记录给定时间（例如两分钟）内发生的事件类型。这种系统的观察可以帮助研究者了解人们参与展品或材料的方式，且不需要收集太多的细节（Wragg，2012）。

观察需要记录来作为辅助。录音是研究者的一种工具，让他们可以多次听到人们在博物馆中的言行，以便搞明白人们在做什么、说什么。当然，这些可以作为传统笔记的补充（或者以传统笔记为补充）。更多的的细节还可以通过现场拍摄的视频来获得（Ash, 2014; Callanan, Valle, & Azmitia, 2014）。与录音一样，研究者（和他们的团队）可以通过视频多次观察同一个事件，以了解人们的反应以及学习体验。当有更多可用的观察细节时，有必要聚焦分析其中的重点，因为我们不可能分析清楚研究对象的每一个细微行为。不管怎样，通过获取人们参观的细节，增加了分析的可能性。最后，在新技术的帮助下，博物馆（和其他地方）有了新的行为观察方法。例如，在获得参与者许可的前提下，通过他们的手机追踪他们，或者给他们一个携带设备，让研究者可以实时知道他们在参观博物馆时的参观地点（例如 Moussouri & Roussos, 2013）。获得的信息的类型很多，从参观者在博物馆中的路径，到参观的特定展厅或展览的次数，再到他们在每个感兴趣的地方花费的时间，都可能是有用的。

像其他类型的方法一样，也有许多研究可以使用观察。观察能提供大量关于人们参观博物馆的定性描述信息。作为另一种选择，还可以采用分类的形式对它们进行编码，这可能有助于对参观者的谈话或其他行为进行定量分析。该方法本身并不与特定的研究方法相关联。

民族志

对于不同的人而言，民族志是截然不同的东西。一些学者

(Willig, 2013)认为它是一种方法，而另一些学者（Brewer, 2000）认为它是一种方法论。无论它被认为是一种研究方法还是研究路径，都存在各种类型的民族志。如我们在本章介绍的其他方法一样，也没有足够的空间去深入讨论各种民族志。然而，可以这么说，民族志可能是最深入的研究形式之一，因为它试图了解研究对象的生活经验。这种方法起源于20世纪初的人类学和社会学，与生活在所谓的"异国"的人或者是在遥远地区或西方生活的"被压迫"地区（例如，从波兰移民到美国）的研究者（几乎总是西方人）有关，了解他们的日常生活，有时甚至参加各种仪式和活动，就像他们是群体的典型成员一样（例如Brewer，2000）。目前一些形式的民族志，特别是那些用于教育的，以及相关领域的研究，往往发生在更熟悉的环境里。克里斯汀·埃伦伯根（Kirsten Ellenbogen，2003）发表了关于博物馆的人种学研究，她通过采访家庭来了解他们对博物馆融入其学习活动的看法，同时还密切观察他们参观博物馆的体验和家庭生活。结合多种获取参与者体验的途径，可以丰富地了解人们对特定地点和体验的看法和理解。这样的研究通常只依赖于一小部分参与者，因为与更多的人一起工作是不切实际的，并且可能会导致无法获取足够的信息，因为它开始有一个定量的倾向（将个人和经验分组到可量化的类别，而不是以更全面的方式探索思想和感觉）。因此，参与研究的人数通常低于许多其他类型的方法。

案例研究

在这里介绍的最后一种研究方法，其研究对象的数量可能是最少的，因为它关注的个人（或机构）数量很小。案例研究也可以认为是一种方法或方法论（Hammersley & Gomm，2000），类似于民族志，是一种非常深入的、观察特定的人或地方的研究方法，至少能对相似的人或情况做深入的了解（Yin，2003）。案例研究不像民族志那样从更广泛的角度来看待问题，而是从个体的角度，尽可能多从个体的视角去收集个体经历的信息，来研究个体经历中的某些体验。收集到的信息类型通常包括关于个人经历的文档（例如，学校的成绩和课程），以及其他关于经历为何发生的政策性文档（例如，学校的课程计划及政策）。此外，可能还通过访谈和观察个体经历的某些要素来了解其观点（例如，课堂行为），并且可以通过其他人对这个人的经历的看法（例如，对老师的采访）来进行补充。

在收集所有这些信息的过程中，研究者可以将个体经历过的特殊经验结合在一起，从而得出一些有趣的结果。一些研究通过结合多个案例研究进一步发展了这种方法，以便能够在单个案例之间进行比较。

分析

此处我们只介绍一个关于已收集数据的分析的简短说明。分析有许多类型，一些更适用于特定的方法（例如，统计分析和实验），而另一些可以用于各种方法（例如，扎根理论和访谈、观察、民族志等）。分析与收集数据一样重要。本书中更突出数据收集的方法，因此我们将在数据收集那里进行更多的介绍。

信度和效度

学术界的研究试图提供一些指标,以表明它具有足够高的标准,从而人们可以相信它,通常称之为严谨性。不同的研究方法有自己的标准和确保严谨性的方法。在定量研究中经常使用的术语是"信度"和"效度"(Coolican,1990)。本书认为,如果研究是以一种客观的、没有偏见的方式进行的,那么使用同样的工具或方法来收集数据的人,应该能够得到与研究报告中发表的结果相同的结果。或者这么说,如果某人在一段合理的时间内给同样的人同样的问卷,结果应该不会有太大的不同,因为这些都是可靠的指标。同时,定量测量的概念应该与所测量的研究目的相符,否则这些结果无效。例如,如果研究者想知道儿童是否能在一个以游戏为基础的交互式博物馆展览中了解生物多样性,他们应当注意学生对于"如何玩游戏"的理解不应包含在对生物多样性理解的评估中。确定信度和效度的方法有很多种,但在研究中使用这些概念的一个必然结果是,如果研究没有信度就不可能具有效度,因为没有可靠的测量意味着至少某些时候研究者没有测量到他们预设要测量的东西。

定性研究者提出他们自己的方法来证明其结论可信和有用。首先,许多人都注意到无论设计多么完善,任何研究都不能完全客观而没有偏见。也就是说,与许多实验研究者声称他们的研究客观(不管他们是否做了)不同,研究不可能完全客观。因此,许多在定性框架内进行研究的人会承认他们的偏差,而不是试图控制别人的看法。然而,即便如此,如果研究仅仅依赖一个人的视角（例如他查看所有的数据），那么就有很大概率产生无意识的偏差。因此，减小分析的偏差的手段是必要的，例如成员检查，即研究参与者查看转录文本或分析，以确保研究者没有将参与者的想法重新定义成参与者未提到的东西（Creswell，2013）。此外，使用定性方法的研究者倾向于使用诸如数据的三角测量等方法，在这种方法中，收集所选择的数据类型以便更好地了解情况。这种数据收集方法的优点在于，它能从多种角度来证明研究结果的可信度，并且相比单一数据来源，还能更详细完整地展示研究结果。另外，一项研究还可能依赖于调查者三角测量（多个研究者测量相同的数据或情境）或理论三角测量（使用多个理论框架来解释数据）。

样本

实证研究另一个值得研究者关注的方面是样本，即为了得出结论而被选为研究对象的人或"物"。一般来说，样本的大小很重要。在进行定量研究时，有一个足够大（但也不能太大）的样本可以允许研究者将从样本得到的结论推广到更广泛的人群（Creswell，2013）。对于定性研究来说，也有关于样本大小的考虑，但通常是出于不同的原因。人们通常不太希望得到能够普遍适用于大众的研究结果（Miles & Huberman，1994；Lincoln & Guba，1985）。但是，还是应该有足够大的样本使分析有意义，一些分析方法表明在收集了一定量的数据之后，通常会出现数据饱和的现象（此时收集的数据无法得到更新的见解）。这种情况下，研究者感兴趣的通常不是泛化性，而是可复制性，即期望可能得到相似规律的情境类型。

无论研究使用的样本大小如何,还需要考虑样本的组成结构。由研究者朋友组成的样本进行的研究在广泛情境的可复制性上更可能弱于由更符合研究目标人群代表性的样本实施的研究。如果研究者想知道通常情况下女性对某一特定展览的反应,最好是对来自不同背景的女性进行研究,包括年龄、教育背景、种族、出生地等。当然,这样的考虑并不能使研究完美无缺,但有助于确定这些结论能在多大程度上得到推广或复制。

伦理

最后需要注意的是现在,几乎所有的研究都必须考虑让参与者费尽周折参与一项研究的成本和收益。所有学术团体(如英国心理学会、英国教育研究协会)都有行为准则,强调有必要确保研究参与者遵守道德行为标准。参与者应该是自愿参与,而非被迫参与。需要告知他们作为参与者的所有权利,包括他们对个人资料有保密的权利。也就是说,即使研究者知道参与者的真实姓名,通常也不应该将这些姓名写在调查结果中。希望这些伦理标准的存在,能让参与者不会感到是在被研究者利用。

总结

这种方法和方法论的综述必然很简略。我们自己也不是方法和方法论方面的专家。不管怎样,我们认为重要的是知道如何找到不同的研究方法来使用,并且至少能够遵循本书或其他地方使用的研究"语言"来进行研究。

把这一点与理论联系起来，很多时候，当研究是由持有特定理论观点的人进行的，他们会选择一种在认识论和本体论上与他们的理论观点一致的方法。因此，会有很多人同时使用社会文化理论和建构主义方法论；或者其他人使用更多的信息处理理论观点和实证主义方法。重要的是要记住，无论怎样，这些研究方法和理论的组合不是确定不变的，也不是强制性的。因此即使在特定的理论观点下，不同研究者采用的研究方法也具有一定的灵活性。

人们在开始一项研究时提出的问题类型，将会对他们进行研究的方式产生很大的影响。但是，对某一特定话题提出的问题并没有固定的正确解法。重要的是理论、研究问题、研究方法、数据收集方式和分析类型之间的联系。这些联系越合理，该领域的其他人就越可能在评估中认同这项研究符合高标准。

本章参考文献

Ash, D. (2014). Using video data to capture discontinuous science meaning making in nonschool settings. In R. Goldman, R. Pea, B. Barron, & S. Denny (Eds.), *Video research in the learning sciences* (pp. 207-226). London: Routledge.

Baum, L. & Hughes, C. (2001). Ten years of evaluating science theater at the Museum of Science, Boston. *Curator: The Museum Journal*, 44, 355-369.

Bickman, L. & Rog, D. (2008). Introduction: Why a handbook of applied social research methods?. In L. Bickman & D.

Rog (Eds.), *The SAGE handbook of applied social research methods* (pp. viii-xviii). London: Sage Publications.

Brewer, J. (2000). *Ethnography*. Buckingham: Open University Press.

Brown, A. L. (1992). Design experiments: Theoretical and methodological challenges in creating complex interventions in classroom settings. *The Journal of the Learning Sciences*, 2, 141-178.

Bryman, A. (1984). The debate about qualitative and quantitative research: A question of method or epistemology? *The British Journal of Sociology*, 35, 75-92.

Callanan, M., Valle, A., & Azmitia, M. (2014). Expanding studies of family conversations about science through video analysis. In R. Goldman, R. Pea, B. Barron, & S. Denny (Eds.), *Video research in the learning sciences* (pp. 227-238). London: Routledge.

Cobb, P., Confrey, J. diSessa, A., Lehrer, R., & Schauble, L. (2003). Design experiments in educational research. *Educational Researcher*. 32, 9-13.

Collins, A. (1990). *Toward a design science of education*. New York: Center for Technology in Education.

Coolican, H. (1990). *Research methods and statistics in psychology*. London: Hodder & Stoughton.

Creswell, R. (2013). *Research design: Qualitative, quantitative, and mixed methods approaches*. London: Sage Publications.

Crotty, M. (1998). *The foundations of social research: Meanings and perspective in the research process*. London: Sage Publications.

Denscombe M. (2010). *Good research guide: For small-scale social research projects* (4th edition). London: Open University Press.

De Rojas, M. & Camarero, M. (2006). Experience and satisfaction of visitors to museums and cultural exhibitions. *International Review on Public and Non-Profit Marketing*, 3, 49-65.

DeWitt, J. & Osborne, J. (2007). Supporting teachers on science-focused school trips: Toward an integrated framework of theory and practice. *International Journal of Science Education*, 29, 685-710.

Doering, Z., Bickford, A., Karns, D., & Kindlon, A. (1999). Communication and persuasion in a didactic exhibition: The 'Power of Maps' study. *Curator: The Museum Journal*, 42, 88-107.

Ellenbogen, K. (2003). From dioramas to the dinner table: An ethnographic case study of the role of science museums in family life. Unpublished doctoral thesis.

Falk, J., Moussouri, T., & Coulson, D. (1998). The effect of visitors' agendas on museum learning. *Curator: The Museum Journal*, 41, 107-120.

Fontana, A. & Frey, J. (1998). Interviewing: The art of science. In N. Denzin & Y. Lincoln (Eds.), *Collecting and interpreting qualitative materials* (pp. 47-78). London: Sage Publications.

Hammersley, M. & Gomm, R. (2000). Introduction. In R. Gomm, M. Hammersley, & P. Foster (Eds.), *Case study method: Key issues, key texts* (pp. 1-16). London: Sage Publications.

Hobson, M. (2017). Conceptions of research and evaluation amongst practitioners at the NHM, London. Unpublished EdD project, King's College London.

Kincheloe, J., McLaren, P., & Steinberg, S. (2011). Critical pedagogy and qualitative research: Moving to the bricolage. In N. Denzin & Y. Lincoln (Eds.), *Sage Handbook of Qualitative Research* (4th edition). Thousand Oaks, CA: Sage Publishing.

Krosnick, J. & Presser, S. (2010). Question and questionnaire design. In P. Marsden & J. Wright (Eds.), *Handbook of survey research* (pp. 263-313). Bradford: Emerald Group Publishing.

Kvale, S. & Brinkman, S. (2008). *InterViews: Learning the craft of qualitative research interviewing* (3rd edition). London: Sage Publications.

Lewin, K. (1946) Action research and minority problems. *Journal of Social Issues*, 2, 34-46.

Lincoln, Y. & Guba, E. (1985). *Naturalistic inquiry*. London: Sage Publications.

Mays, N. & Pope, C. (1995). Qualitative research: Rigour and qualitative research. *British Medical Journal*, 311, 109-112.

Mertens, D. (2010). Transformative mixed methods research. *Qualitative Inquiry*, 16, 469-474.

Miles, M. and Huberman, M. (1994) *An expanded sourcebook: Qualitative data analysis* (2nd edition). London: Sage Publications.

Morgan, G. (2007). Paradigms lost and pragmatism regained: Methodological implications of combining qualitative and quantitative methods. *Journal of Mixed Methods Research*, 1, 48-76.

Morgan, G. & Smircich, L. (1980). The case for qualitative research. *Academy of Management Review*, 5, 491-500.

Moussouri, T. & Roussos, G. (2013). Examining the effect of visitor motivation on observed visit strategies using mobile computer technologies. *Visitor Studies*, 16, 21-38.

Ormston, R., Spencer, L., Barnard, M., & Snape, D. (2014). Foundations of qualitative research. In J. Ritchie, J. Lewis, C. McNoughton Nicholls, & R. Ormston (Eds.), *Qualitative research practice: A guide for social science students and researchers* (pp. 1-25). London: Sage Publications.

Pasmore, W. (2006). Action research in the workplace: The socio-technical perspective. In P. Reason & H. Bradbury (Eds.), *Handbook of action research*. London: Sage

Publications.

Pekarik, A., Doering, Z., & Bickford, A. (1999). Visitors' role in an exhibition debate: 'Science in American Life'. *Curator: The Museum Journal*, 42, 117-129.

Phillips, D. & Burbules, N. (2000). *Postpositivism and educational research*. Oxford: Roman & Littlefield Publishers, Inc.

Stevens, R. & Hall, R. (1997). Seeing tornado: How video traces mediate visitor understandings of (natural?) phenomena in a science museum. *Science Education*, 81, 735-747.

Usher, R. (1997). Introduction. In G. McKenzie, J. Powell, & R. Usher (Eds.), *Understanding social research: Perspectives on methodology and practice* (pp. 1-7). London: The Falmer Press.

Willig, C. (2013). *Introducing qualitative research in psychology* (3rd edition). Maidenhead: McGraw-Hill Education.

Wragg, T. (2012). *An introduction to classroom observation* (*Classic edition*). Oxford: Routledge.

Yin, R. (2003). *Case study research: Design and methods*. London: Sage Publications.

主 题 章 节

后续七章涉及博物馆学习中的特定主题：意义创造、叙事与对话、真实性、记忆、身份、动机、文化与权力。每章都遵循相似的结构，都是从一个由博物馆从业者所贡献的场景开始的。每章还介绍了在该主题的研究中特别相关或大量使用的理论，一些理论在不同的主题章节中被多次引用，一些只出现在某一章里。在介绍了主题的理论或基础之后，我们将回顾一些与博物馆学习相关的实证研究。然后我们返回场景中，使用一组虚构的"角色"来帮助举例说明每章中讨论的一些理论和研究。最后，在每章末尾提出一系列与该主题相关的问题，以帮助理论和研究情境化，特别是一些读者不觉得这种情况会与他们的情况相关的时候，因为它来自不同类型的博物馆或者似乎与不同类型的节目或展览有关，而这些节目或展览往往与读者的体验不同。

引出每个主题的场景并不是专门为这个主题而写的。因此，除了与场景配对的主题之外，还可能将场景与其他主题匹配起来。仅说明特定情境中的一个原则并不是我们的意图。这只是有助于我们确定与之相关的话题。这些场景代表了可以在整个主题章节中引用的一个例子，特别是在理论的介绍中。鉴于我们不可能为每一种具体的情境或机构都举出一个具体的案例，所以我们会在每章结尾用问题来帮助读者将有关的理论和研究的想法与他们自己的实践联系起来。当然，原则可以跨越机构，但有时，如果不进行一定的反思，很难看出它们是如何被应用的。希望这些问题可以作为指南，指导个人结合自身实际思考这些原则。同时也希望，对这些问题、理论和研究的介绍，可以促进博物馆和学者之间产生合作研究的想法，这个话题我们将会在最后的"总结"一章中加以陈述。

最后，在实证研究部分，每个主题章节都包含一系列的边注。它们是一系列"一目了然"的结果。然而我们还是要谨慎行事。研究结果总是存在细微差别的。有些研究会以高度专业化的参与者为样本或运用特定材料。与其说这些标题可以被理解为对某一特定主题的博物馆学习功能的一揽子陈述，不如说这些标题可以作为快速检索词，让读者更深入地研究某一特定的项目。也就是说，通常情况下，研究——甚至是高度严谨的研究——并不能提供一个适用于所有问题的解决方案。

4 博物馆和意义的创造

犹太人是否有反对男同性恋或女同性恋的规定？
博物馆在匿名问题调查的场所中所扮演的角色①

伦敦犹太博物馆（Jewish Museum London）是一个学习中心，每年有超过1.6万名从幼儿到18岁的学生参观。虽然非正式学习项目包括家庭、年轻人和社区课程，但学习团队主要与学校进行合作，来参观的大部分是来自不同种族背景的青少年学生，同时让他们参加一些博物馆主导的教育课程。该博物馆收藏了许多代表犹太教和犹太社会历史的物品，包括仪式艺术、印刷品和素描、反映家庭日常和工作生活的物品，以及摄影和口述之类的历史档案。学习的总体理念是以探究为基础，这意味着工作坊有足够灵活的课程结构，可以在一天的进程中纳入学生提出的问题。学校团体的学习课程倾向于讨论宗教和政治，这些通常被视为禁忌话题。因此，教育者要有充分的准备来与各个年龄段的学生谈论这些困难的话题。

虽然博物馆通常会试着鼓励学生公开讨论他们对犹太人和犹

---

① 此案例是伦敦犹太人博物馆的学习主管弗朗西斯·吉恩斯（Frances Jeens）的贡献，其以笔记和访谈的形式提供信息，然后由提交人按当前的状况撰写详情。

太教的看法,但他们也意识到,虽然有学生经常想问问题,但在同学面前这样做会感到不自在。因此,2016年4月学习团队决定试行一套"问题特赦"卡,鼓励学生将博物馆视为提问的安全场所。持有这些卡片的学生可以提出任何有关犹太人和犹太教的问题。完成提问后,在午餐时间将卡片匿名邮寄到邮箱里。在为期一天的工作坊结束时,活动主持者会尽可能多地回答这些问题。学习团队认为这种类型的讨论为学生提供了一个机会,能让他们认识到许多宗教除了外在展现出来的能被认知到的差异之外,也有相似之处。

图 4.1 一个参加伦敦犹太博物馆学校实地考察活动的孩子正在填写答题卡

©犹太博物馆伦敦

为了创造一个能激发学生诚实回答问题的活动,帮助学生了解社会问题,并确保提问的安全范围,学习团队认为有必要适当限制在活动结束时回答的问题数量。他们不可能回答学生写的每一个问题。因此，团队将在学生提出的大约三十个问题中，回答五到十个问题（因为其中一些问题是重复的）。该团队提出了一些担忧：在被允许匿名后学生是否会开始问一些粗鲁的或反犹太的问题；没有回答学生的问题会让他们有什么感觉；教育者是否有回答有关宗教和政治的复杂问题的信心；以及这些答案是否真的有助于学生参与和讨论这些话题，从而得出他们自己的结论。

在活动试点期间，每个学生都会在午餐期间收到一张卡片，卡片的一面写着"问我们一个问题"，另一面则提醒他们提问的安全范围，并留出了提问空间。一旦这些问题被提交，教育者就仔细研究这些问题，最多挑选出十个问题来回答，从中挑选出一系列问题并确保一些看似隐藏在简单问题之下的复杂问题能够得到解决。

学生所问的每一个问题都会被记录下来，以便团队将来可以作参考，并以其他方式利用这些问题。学习团队收到的 400 多张问题卡片中，有各种各样的问题。这些问题展示了学生处理来自工作坊的信息的方式，从而将其有意义的连接到自己的生活经历，这些问题类别包括：

1. 与自己宗教的异同（例如，"耶稣是犹太人之王，为什么耶稣是基督教的重要组成部分？"）；

2. 政治（例如，"什么是犹太复国主义者？"）；

3. 犹太人的外表和行为如何（例如，"为什么犹太教如此严格？他们为何不同于常人？"）；

4. 个人问题（例如，"此处每个工作人员都是犹太人教民吗？"）；

5. 生命周期问题（例如，"外邦人能否皈依犹太教，这是否被犹太信仰的所有分支所接受？"）；

6. 平等问题（例如，"犹太人是否有针对男同性恋或女同性恋的规则？"）。

团队查看每组的问题后意识到，有许多复杂的问题不可能在一整天的活动（3.5 小时）中得到解决。

此外，该项目成功地让学生匿名提出真实、深刻和深思熟虑的问题，这也揭示了一个新问题：教育者还需要一个安全的空间来回答这些问题。工作者并不总是有信心，有时是因为他们是初入行业者，另一些时候是因为一些非犹太教工作者不知道如何回答关于那些犹太教教徒的问题。

其中一个主要目标是找出能回答所有问题的方法，以显示社区的广度。对于更复杂的问题，团队决定将共同努力进行解答。另外，团队还认为有必要获得更深入和更复杂的学科知识，以便能够充分解决一些问题。在咨询了一位建立了一系列 CPD 会议的正统犹太教学者（rabbi）之后，团队发现了一系列更广泛的、可以在一系列犹太教信仰和实践中使用的例子。团队还设立了一系列周五下午的律法学习课程，由学习负责人带领，指导团队成员如何在宗教书籍中找到与某些问题相关的信息。还设立了审查，以形成一个有关于如何回答问题的团队视角，以确保工作人员回答相似，从而任何参与活动的人都能得到类似的答复。

团队重视这些能让人们通过经历去思考意义如何形成的机会。这些经历同时发生在工作人员和参与提问的学生身上。一个由此而生的想法是，他们对一个既有历史又有当代收藏的博物馆中的中性空间的概念提出了质疑。

引言

> "教育体验的本质就是意义的创造。"
>
> (Roberts,1997,p. 133)

"意义创造"(meaning making)一词的现代用法,至少在一定程度上源于维克托·弗兰克(Viktor Frankl)于 1946 年出版的《寻求意义:意义疗法导论》(*The Search of Meaning: A Introduction of Logotherapy*)一书。在这本书中,弗兰克讲述了他自己在纳粹集中营里被囚禁的故事,并分析了那些能够克服集中营恐怖经历的人与遭受巨大心理影响的人之间的区别(Frankl,1959)。弗兰克指出,即使在暴行和压迫的情况下,人总有办法找到生存的意义。像许多其他心理学作者一样,波斯曼和魏因加特纳(Postman and Weingartner,1969)受到弗兰克作品的启发,在教育意义上创造了"意义创造"这个术语。波斯曼和魏因加特纳认为,传统的学习观念认为个体是静止的,而教师是在填充一个空容器,或考虑容器中已经包含什么,而与建构主义相一致的"意义创造"比这种传统的学习观念更可取。他们认为通过意义创造来学习的的个体不仅能够掌握将要获得的东西,而且在成长过程中这种能力也不会受到限制。因此,意义创造似乎意味着学习者的个性、无休止的学习能力,以及适应学习环境的能力(Postman & Weingartner,1969)。

博物馆对这种无组织的学习有天然的吸引力(Silverman,1995),不可避免的,参观者具有不同的性格特点及博物馆中具有不同的参观方式,使得很难确切地确定博物馆中的学习是如何或何时发生的。当然,我们很难发现学习是否发生在博物馆中,但并不意味着它不存在(或者是在其他地方受到启发而在博物馆中具体实施,反之亦然)。学习是循序渐进的(Spock,1999;Siegler,1995)且零碎的观点,与许多人观察博物馆中发生的学习的经验一致。另外,在博物馆和其他地方,意义创造最终是一种解释形式(Silverman,1993)。在教育和基于博物馆的文献中,学习者自己的解释应该在多大程度上受到博物馆和其他"权威人物"的指导,一直是一个颇有争议的问题(详见第10章)。

博物馆之所以青睐于使用"意义创造"这一术语,还有一个原因是它不仅能获取学习的认知方面信息,还能获取情感信息,甚至可能是身体方面的信息。也就是说,鉴于某些更正式的情况下会优先考虑认知学习(例如,了解事实或计算正确),那么在博物馆中这不一定是学习的主要重点。态度和灵感也同样重要(Schauble,Leinhardt,& Martin,1997),并且亲身体验(hands-on)体验可能会进一步强化参观者的相关运动(Hein,1998)。因此,学习者对其参观的解释是包括情感、认知、感觉和反思的丰富的结合体。

本章中我们回顾了一些与博物馆意义创造相关的理论,从偏向心理学到偏向社会学学科基础的都有。我们更关注强调学习者的理论,而不是关于权力关系的理论,这些理论我们将在第10章中进行更深入的介绍。与这种对学习者的关注相一致的是,我们倾向于不去讨论博物馆对意义创造的观点,以及博物馆如何创造意义。我们还介绍了一些研究解决与博物馆中意义创造有关的问题的方法,关注似乎可以借鉴的理论观点。

意义创造的基础

海因（Hein, 1999）明确指出，虽然建构主义和意义创造可以联系在一起，但意义创造和建构主义并不是一回事。他认为建构主义包含意义创造，在其他学习理论（如发现学习）中也可以选择性地考虑意义创造，但行为主义理论则忽视意义创造。海因的研究高度关注建构主义，将其视为博物馆应该利用的学习理论。而近年来社会文化理论越来越受欢迎，为博物馆参与研究提供了新的视角。在这一节中，我们将介绍一些关于学习的理论观点，这些观点涵盖了更个人或个体的观点，以及更多关于学习共享或社交的观点，同时我们还强调了认知、情感和其他理论视角之间的差异。

意义创造的认知理论

如上所述，建构主义是博物馆中思考学习和意义创造的重要理论。这一点已经在第二章中讨论过了。不过，再次提醒，建构主义的主要观点为学习者是主动者，必须准备好且愿意参与学习（von Glaserfeld, 1995）。也就是说，学习者是在任何给定环境下通过构建而获得知识的人。在自由选择学习领域，这是一个非常吸引人的概念，因为那些能够独立思考自己想知道什么的学习者会积极地追求这种学习兴趣。在上文的示例场景中，学生们有机会问一些对他们来说真正有意义的问题，而不是仅仅依靠任何工作人员的指示或者博物馆中的物品来获取知识。根据海因（Hein, 1998）的观点，博物馆中建构主义的重要方面之一是，学习者并不是像行为主义者认为的那样是被动的。重要的是，建构主义还可以与发现学习相比较，在发现学习中，人们期望学习者在没有指导的情况下获取知识（Lefrancois，1997）。越来越多的研究指出，即使学习行为的动力来源于学习者自身，但如果在学习过程中给予其一些帮助，学习者在各种任务上的表现会更好（Klahr & Nigam，2004；Mayer，2004）。换句话说，有时建构主义可被认为是发现学习的一种形式，因为发现学习认为，不应该给予学习者答案，而是鼓励他们自己找到答案，但大多数建构主义者并不认为提供信息后学习者不能学习——只不过是他们必须有兴趣获取信息并能够理解它。

一些从建构主义相关概念中发展出来的教学工具涉及探究（enquiry）的使用（美式英语中的 inquiry），以引导学习者思考问题解决并进行科学的解释（Bell, Urhahne, Schanze, & Ploetzner, 2010）。这种在科学学习过程中使用探究的观点，允许学习者在知识渊博者的指导之下，通过提出可解决的问题以及寻找解决方法来引导实践。这种观点鼓励学习者把自己想象成科学家，并充分利用与科学家做过的实践相类似的实践以获取知识。在这种学习方式中，学习经验是以学习者为中心和建构的。这种教授科学的方法在过去 20 年里非常流行，但这并非没有争议：基施纳、斯威勒和克拉克（Kirschner, Sweller and Clark, 2006）注意到建构主义教学只对有足够背景信息的学习者有效，因此，教育工作者需要注意，不要在没有有效指导的情况下给学习者提供开放式的任务。

体验学习（Kolb，1984）是一种博采众长的理论，它从杜威、皮亚杰、维果茨基、库尔特·列文（Kurt Lewin）、威廉·

詹姆斯（William James）、保罗·弗莱瓦尔（Paolo Freire）等人的著名理论观点中提取而来。它关注人们通过与学习活动相关的四个过程即体验、反思、思考和行动获得意义的方式。从这一理论的名称可以发现，体验应该是学习过程的重要组成部分，学习者应调动各种感官的参与以深入了解一些信息或想法。但如果没有对这些经历进行一定程度的反思，学习者也不会取得长远的进步。与建构主义一样，体验学习认为学习者会尝试去解决他们所理解的事物与他们在客观世界所经历的事物之间的冲突。思考的过程有助于识别存在冲突的地方。根据这个模型，思考涉及反思，并将其应用于先前持有的观点，以便能够改进先前的理解（即抽象化）。最后，根据这一理论，行为是一种过程，在这个过程中，个体在新情境下运用个人理解，甚至试图改造该情境。科尔布（Kolb，1984）提出了学习螺旋（learning spiral）的概念，他认为学习过程中的每一个元素都会以循环的方式出现，当它再次出现的时候这个元素已经较先前发生了变化。也就是说，体验会随着反思、思考和行动而改变，所以下一次经历发生的时候，它会被其他三个学习过程所改变。从这个角度看，这显然和博物馆学习有一定的联系。博物馆吸引参观者注意力的方式之一便是推广人们对各种物品或事件的真实或亲身的体验（关于真实性学习的更多细节可以在第6章中找到）。因此，体验元素在博物馆的游客活动计划中可以发挥很大的作用。找到使学习螺旋的其他三个部分参与进来的方法可能会有所帮助，这样能使体验名副其实地成为催化理解改变的的元素。上文举例说明的犹太博物馆问答项目，孩子们收到博物馆教育工作者对问题的回答后，可能会让他们有机会反思和思考他们的经历。换句话说，这种留有时间来思考与他们生活中的知识有关的回答的方式，可以帮助他们形成关于这些主题的抽象概念，同时也可以让他们意识到社会和文化讨论的复杂性。

体验式学习理论还有一个重要的方面需要注意，就是学习方式（learning style）。科尔布（Kolb，1984）指出人们通常在学习周期的某个特定部分，甚至不止一个部分（如思考和行动）更适合自己。他认为这种模式是一种学习方式。当然还有已提出的其他类型的学习方式，如 VAK（Visual/Auditory/Kinaesthetic），即视觉、听觉、动觉（Rundle & Dunn, 2007）。在许多教育环境中，如果某人有一种首选的"学习方式"，他们会在接受与其学习方式相匹配的教学方式时学得最好（International Learning Styles Network, 2006）。现在大量已发表的研究表明这可能是不真实的（例如 Pashler, McDaniel, Rohrer, & Bjork, 2008）。个体，尤其是儿童，若在学习时能接触多种材料的话，往往学习效果最好（Goswami & Bryant, 2007）。因此，根据特定的学习方式来"区别"选取学习材料，可能导致现有的资源不能很好地被利用。另一方面，考虑展览的现实生活相关或手动操作的性质，博物馆可能已经使用多种方式传达思想，这似乎可以增强认知学习能力，并可能提高情感学习能力。

让我们转向另一个相对个人主义的认知学习视角：信息处理或认知科学。这些概念并不是等同的，但认知科学①的跨学科领

---

① 可以肯定的是，认知科学是一种领域而非理论。不管怎样，通过思考人们处理想法和情感来学习的观念，可以理解一些有用的观点。因此，我们将其视为与此处理论相同的视角。在许多方面使用"认知"这个词并非为了产生误导或混淆。不管怎样，重要的是要理解认知心理学与认知科学的不同（认知心理学的某些部分可以被视为认知科学的一个子集，认知科学还包括其他学科）。并非所有的认知方法都来自认知心理学甚至认知科学。

域更依赖于这样一个观点,即个人处理信息是为了理解信息并据此采取行动(Bender, Hutchins, & Medin, 2010)。尽管建构主义和认知科学观点都受到皮亚杰(Piaget & Inhelder, 1969)等人的理论影响,但与认知科学相比,建构主义更倾向于关注学习的主动性。与建构主义相比,认知科学通常更详细地研究学习过程中的机制。研究这些过程的测试和实验往往包括基于实验室的实验、神经成像和/或学习的计算机模型。与建构主义相似的是,认知科学视角下的学习模式通常关注个体使用可用信息的方式,而非其他人在传达信息时所扮演的角色。因此,聚焦点是相对个人主义的。例如,一些研究认为,可将类比作为博物馆中的一个学习过程(Afonso & Gilbert, 2006; Gentner et al., 2016),另一些研究则检测了在参观博物馆几年后,记忆可以通过什么方式被激发出来(例如,Hudson & Fivush, 1991),或者如何使用图片来重新激活和增强参观博物馆的记忆(St. Jacques & Schacter, 2013)。根据本章开头介绍的博物馆案例可见,人们可以研究儿童提出问题的过程,或者如何回答如何融入他们的长时记忆中。虽然这些研究有时会考虑借助其他人或事物来促进理解,但最终还是需要从个体的表现来判断成果。

这让我们想到了一些关于认知学习更偏重社会方面的理论。尽管断定所有形式的建构理论全都认为学习是在没有其他人的帮助下进行,这种观点是错误的,建构理论的确强调学习过程中个人及个人如何利用环境所提供的资源的方面。其他的理论倾向于强调学习者之间或学习者和教师之间的关系。这些理论关注的重点,开始从个人如何通过获取学习领域的一些指导而找到正确的学习方向,转向人与人之间的联系,以帮助学习者成为某个群体的正式成员。我们可以把对社会责任和个人责任的强调放在一个光谱上展示，第二章中的图 2.1 就说明了这点。当然，并不是所有的作者都会以同样的方式对这些理论作出解释。但一般来说，从个人到社会的光谱上，分别或多或少都会受到来自学习情境中的他人的影响。

接下来，下一个关于意义创造的理论——社会建构主义理论——似乎结合了建构主义和社会文化理论的各个方面。人们认识到，尽管独立的个人是学习研究的重点，但他们肯定不会孤立地进行学习。也就是说，根据这个理论，个体会受到社会环境的影响，它为学习提供了便利（或阻碍）。这套理论（以及社会文化理论）源自维果斯基（Vygotsky，1978）关于学习和发展的观点。研究尤其集中在同伴和教师使用的语言方式上，这些语言方式能通过促进（或抑制）学习者的最近发展区（Vygotsky，1978）来帮助（或阻碍）学习者提高他们的理解（例如，Mercer & Littleton，2007）。通常采用这种方法的研究人员认为可通过非正式情境下的共同活动来共同构建知识（例如，Tenenbaum & Hohenstein，2016；Luce，Callanan，& Smilovic，2013；Valle & Callanan，2006）。此处明显重视学习的社会文化因素，但重点仍然放在与学习环境相关的广泛而非深刻的个人和/或研究焦点之上。例如，社会建构主义研究可以在有限的背景下测量父母和孩子之间对话的具体要素（例如，一起阅读书籍超过 45 分钟），而不是考虑其他对学习者童年阶段意义建构也很重要的因素，后者可能适用于嵌入更多社会文化的项目。一些研究者关注个人主义时会提到社会文化理论，这可能会令人困惑（参见 Mercer & Littleton，2007）。尽管使用了社会文化理论的语言，但由于学习者位于学习情境的中心，许多研究仍被视为遵循社会建构主义原则。有时候，社会文化理论的语言似乎对某些研究者有用，因为他们会考虑到学习的社会方面（在某些学科中可能被视为"边缘"），同时还能够与这些学科的主流研究进行交流，如心理学或认知科学。但这对在实践中如何使用这些结论没有影响。我们指出它，只是以防万一大家在阅读时，会对理论的一些倾向性和定义感到困惑。这种观点既考虑到犹太博物馆中儿童提出特定问题的背景，又考虑到答案的形成方式，以指导儿童围绕文化和社会认同进行意义建构。所有这些思考都关注作为个体的儿童本身，而不是强调作为一个或多个群体中作为成员角色的儿童。

最后，我们来看看社会文化理论。这种关于意义创造的观点以民族志研究为指导，旨在了解群体参与实践的方式，以及新成员如何适应这些实践从而成为被完全认可的群体成员。社会文化理论有几个不同的分支，如实践共同体（communities of practice, Lave & Wenger, 1991）、意向参与和引导参与（intent participation and guided participation, Rogoff, 1990, 2003）、生态视角（ecological perspectives, Barron, 2006, 2015）、文化历史活动理论（cultural historical activity theory, Engström, 1987）；所有这些研究的重点是与群体相关的发展，而不仅仅是基于个人的。虽然个人对于维持群体而言也是重要的，但群体的动力推动了所有个体的发展。正如芭芭拉·罗戈夫（Barbara Rogoff）所说，"学习是……个体在参与社会文化活动中持续转变角色和理解的过程"（1994, p.210）。在这里，人们可以看到活动及参与活动的方式如何主导学习的思考。斯特尔（Stahl,

2003)认同并进一步扩展了这一观点,指出人工制品有益于解释和意义创造的情境,"可以更广泛地看待人工制品意义创造的调节,而不仅仅是将其视为通过技术制品的沟通渠道传播个人意见"(p.523)。因此,这种意义创造的理论视角更关注处于一个团队或一个环境中的过程,这需要参与到该团体的实践中去(实践本身并不是静态的,而是随时间推移而变化的)。借此来思考本章开篇时提到的问答活动,通过尊重、诚实和真诚的提问鼓励公开讨论的做法可以被视为一种方式,以帮助来到博物馆的年轻人变得考虑周全,成为关注他人文化观点的社会成员。

关于情感学习和意义创造的理论

研究者和实践者都开始呼吁对除了认知之外的博物馆体验结果进行研究(例如,Rennie & Johnston,2004)。这些步骤包含学习的情感方面,情感(affect)通常指情绪(emotion)。学习的情感方面究竟应该包含哪些内容,几乎没有一致意见。不管怎样,西尔维亚(Silvia,2008)指出,兴趣[①]应该被视为一种情绪,因为根据拉撒路(Lazarus,1991)的观点,兴趣具有构成情绪的特质:生理反应、面部和声音的表达、主观感受、从认知角度评价感觉的方式,以及终生的适应性变化。西尔维亚(Silvia,2008)认为"兴趣"的功能是激发学习和探索(p.57)。毫无疑问,兴趣为人们提供了对特定话题进行更深入理解的意愿。能够利用或促进兴趣是许多教育机构的愿望。这是因为,虽然兴趣不

---

① 第8章和第9章也思考了兴趣的问题。

一定会让个体准确获得信息,但如果没有兴趣,他们很可能一开始就不会去尝试创造意义。因此,博物馆和其他机构也有自己的兴趣,即如何使参观者对其项目和展览产生兴趣。犹太博物馆中儿童的问题似乎就源于他们对大众媒体犹太人形象的好奇和兴趣,以及他们如何将这种兴趣和他们的世界观联系起来。

兴趣,有时被概念化为好恶。有些人认为可以通过一系列的评价来激发兴趣。在评价条件(evaluative conditioning,巴甫洛夫或行为主义学习的一种形式)中,对象、事件或想法可以与其他具有积极或消极评价(例如,"免费午餐"或一种令人厌恶的气味,分别为积极和消极)的对象、事件或想法相配对。通过这样的联系,个体学会将评价与新事物联系起来并形成好恶(de Houwer,Thomas,& Bayens,2001)。许多心理学实验已经研究了这些配对能在多大程度上保持持久联系。当配对一个消极的情感环境时,学习的态度似乎比配对积极环境时更强烈。另外,与触觉相关的联系通常不如与视觉或气味配对的联系有效(de Houwer et al.,2001)。当然,这些研究中大部分都是在实验室而不是在自然情境中进行的。似乎即使评价条件在形成好恶时发挥了部分作用,也不可能仅是发生了简单的关联。根据这种观点,如果犹太博物馆给儿童的回答使儿童感到不舒服,或者让他们受到负面影响,儿童的态度和兴趣可能会被削弱,甚至变得对立。因此,在处理有关敏感问题的事件时保持积极的环境,在这种理论看来特别重要。

关于学习的另一个理论涉及建模和行为的概念。社会学习理论假设人们能通过观察他人在特定情境下的行为和互动来学习各种事物,包括态度(Bandura,1971)。班杜拉(Bandura)认为行为主义对行为的描述不完整；相反，心理学是"行为及其控制力量之间的持续交互作用"（1971，p.2）。换句话说，根据这种观点，行为被直接或间接地强化（通过关注他人的行为和反应），然后它可以根据个人产生的感觉重复或调整。这一系列的评估可以产生效能感，即一个人在某项活动中表现好或坏的自我评估。许多研究已经证实，自我效能感与人们在给定情况下的表现能力有关（见 Pajares，1996）。因此，能够"办一个博物馆"将与一个人对如何办一个博物馆的看法有关。尽管众所周知，奥本海默（Oppenheimer）明确说过"没有人会不爱博物馆"（Semper，1990，p.52），但并不一定每个游客一开始就这样认为。因此，在博物馆这样的非正式学习场所，保持一定程度的舒适度有助于参观者与机构和所展示的材料建立积极联系。按照这种思路，犹太博物馆对如何最好地解决儿童的问题的考虑是非常重要的。如果这个活动的目标之一是开拓思维，那么对儿童的问题做出有助于培养开放性而非封闭性的回答至关重要。

回归兴趣，希迪和伦宁格（Hidi and Renninger，2006）提出了一个兴趣发展模型。在这方面，他们认为培养一个充满激情的追求有四个主要阶段，如下所示：

1. 激发情境性兴趣，即环境中的某种刺激吸引了个体的关注，激发个体的这种兴趣可能有助于激发其在其他领域的兴趣。

2. 维持情境性兴趣，其特点是长期投入其中，但这仍然是以任务为中心驱动的，而不是由个体追求学习的内在愿望驱动。

3. 新兴的个人兴趣，是指个体将某一主题作为某个想要长期关注的焦点的起始阶段。这一阶段比前一个阶段更具有自我生成能力，并且以好奇心促使个体在较长时间内进一步投入为特征。

4. 良好发展的个人兴趣可以通过个体相对大量地存储关于某一主题的信息来识别。虽然在这个阶段主要关注的是自我产生的兴趣，但仍然需要环境支持来维持兴趣。在这个阶段，学习者的学习毅力和对挫折的适应能力是显而易见的。

如果这个模型是准确的，那么博物馆和其他教育机构的角色就是找到合适的情景触发器，帮助学习者找到最初参与重要问题（如气候变化或历史解释等）的兴趣点。但是，博物馆和其他教育机构进一步要扮演的角色可能是为那些已经有这种兴趣也许是在新兴的个人兴趣阶段的人提供一种途径，以满足他们获得更多知识和理解的需要。考虑到这些角色后，人们可能会认为有必要满足所有的人，但这是不可能的。以及，这样似乎存在一个恶性循环：一旦参观者看到博物馆的展品，可能会促使他们对相关解释更感兴趣；那么如何吸引观众去看这些展品这一问题会变得更加困难。作为一种可供参观者自由选择的机构，博物馆往往建立在自己的优势之上，即它是一种与人们利益相关的机构——毕竟，人们找到这个地方大概是因为他们觉得可能会发现一些有趣的东西。另外，就学校旅行而言，虽然学生们可能会在博物馆里找到感兴趣的东西，但这次旅行并不是由他们主导的。因此，通过利用回答他们提出的问题来提高其参与度，可以为他们在这一领域产生进一步的好奇心提供有益的基础。

理论主要倾向于从认知或情感的角度来关注解释和意义创造。很少有人试图用一种更全面的方式来涵盖意义创造。有些理论可能跨越了认知和情感的界限，即使它们没有用这些术语来表达。下面我们来看看这种整体立场的一些可能的前景。

情感与认知融合的理论

有些人可能会质疑，专注于情感或认知是否有助对意义创造的思考。毕竟，当一个人试图在考试中取得好成绩时，他不会关闭自己的情绪；一个人也不会将自己的思想完全集中在成功运用自己的智力来解决某个问题所带来的幸福状态中。因此，以研究术语进行的划分可能是人为的。一些理论有意识或无意识地跨越了情感和认知之间的鸿沟。由弗莱雷（Freire，1970）倡导、吉鲁（Giroux，2011）等人发展的批判教育学对许多研究和实践者都有启发意义。虽然如批判教育学、某种程度上基于场所的学习（Greunewald，2003）和本土教学法（Yunkaporta，2009）等理论没有针对学习的情感或认知方面，但采用这些理论观点的研究通常关注包括认知和情感两方面的结论。当然，上文犹太博物馆的例子涉及儿童引发的令人难以置信的情感话题，意味着他们的自主性已得到承认和鼓励，但他们也希望从这些问题的答案中获得某些概念性的理解。因此，许多与批判教育学相关的标准都出现在了这个案例研究中。批判教育学将在第 10 章有更详细的描述。不过，为了本章的写作目的，似乎也有必要提请注意它超越了可能是人为造成的、认知和情感的界限。

当然，描述以博物馆为中心的学习时，学习的情境模型（Falk & Dierking，2000；2012）不仅要研究认知，还要研究学习的情感方面。该模型倾向于借鉴之前提出的一些理论，如建构主义、社会文化理论和经验学习，以突出发生在博物馆环境中的学习。福克和迪尔金指出，学习者在每种学习环境中都会涉及个人、社会文化和物理空间三类要素。最近,他们还在模型中加入了时间要素,强调学习不仅发生在某一次参观博物馆的过程中,而是渐进的、碎片化的;只有经过多年的研究,研究者才能真正开始了解任何一个主题的学习特点。这些个人因素(例如,兴趣和动机等)、社会文化因素(例如,家庭和社会的文化背景等)和物理环境因素(例如,建筑的大小、空间的感觉、与之相关的人等)相结合,形成个体独特的体验,这些体验对学习者来说可能有,也可能没有特别的意义。但当体验有意义时,它将更难忘(Anderson,2003)并促使认知、情感和行为的改变(Epstein,1994)。值得指出的是,学习的情境模型实际上并不是一种理论,因为它几乎不试图解释学习在各种学习情境中是如何发生的,无论是非正式的还是其他的。它所做的是描述可以体验到的学习,特别是在博物馆环境中所涉及的物理、社会和个人环境等各种观点。因此,思考博物馆中可观察的学习类型发生的可能性时,情境模型非常有用。但它所基于的某些理论能更有效地研究学习是如何发生的,以及为什么会发生。

回顾我们进行的所有关于意义创造的理论探讨,我们可以看到,关于意义生成的思考方式并不单一。重要的是,博物馆研究利用了所介绍的这些方法。接下来,我们将看看一些与意义创造有关的结论,以便我们对意义是如何产生的有所了解,并引起大家关注博物馆所使用的理论视角和意义创造或解释的类型。

博物馆中的意义创造

本节我们将关注在不同博物馆情境中调查意义创造的研究采

用了哪些方式。为了组织这部分内容,我们从儿童、成人和家庭团体的角度分析研究。这一过程看起来有些人为,因为用这种方式来分析结果或研究并不总是容易。当然还有其他方法可以分解研究主体。然而,考虑到有一些理论认为学习是具有阶段性的(例如 Piaget & Inhelder, 1969),以及研究倾向认为学习会因学习者处于不同年龄段而发生变化,所以这似乎是一个有用的组织方式。

儿童

我们首先关注为调查儿童的博物馆体验而进行的研究。为了进一步了解儿童在博物馆环境中建构意义的方式,我们将儿童分成幼童(通常为幼儿园到 10 岁左右)和大童。我们往往通过对学校旅行的研究来了解大童在博物馆中的体验,而关于幼童的知识,虽然有时也来自学校旅行,但更多来自儿童单独或与其父母一起的实验或观察型研究。相比之下,通常大童被认为能够更好地判断自己的理解,关于他们的研究可能有访谈或问卷调查。因此,在对年龄较大和较小的儿童的研究中,除了年龄差异之外,可能还有一些方法上的差异值得注意。

幼儿

研究者有目的地从不同的角度对幼儿进行研究,在很多情况下,他们的目标是了解幼儿通常是如何学习和思考的。对于其他人来说,这个想法是为了创造一个环境,帮助父母和其他成年人促进儿童的学习行为,以便提升儿童在学校或更多其他正式环境中的学习。有时学习发生在特定领域,其他时候,它更多地是关于一般的学习机制。

在一系列旨在了解儿童游戏如何与其理解科学内容的能力相关的研究中,万·斯海恩德尔(van Schijndel)和他的同事(van Schijndel, Singer, van der Masse, & Raijmakers, 2010; van Schijndel, Franse, & Raijmakers, 2010; van Schijndel, Visser, van Bers, & Raijmakers, 2015),以社会建构主义理论的立场,在博物馆和其他地方揭示了许多有助于儿童早期学习的环境的特性。这些研究旨在评估探究性游戏,以及这种游戏与其他因素相互作用的方式,比如口头鼓励或他们建构完整实验的能力。万·斯海恩德尔与其同事利用他们开发的探索性游戏量表发现,可以训练两到三岁的儿童进行更具探究性的游戏,包括对思维的测试而非只操纵物体(van Schijndel, Franse, & Raijmakers, 2010; van Schijndel, Singer, et al., 2010)。作为实验组的儿童在听取了解释之后,更有可能参与到有集中注意力要求的各种元素组成的活动中,而作为对照组或是仅得到支持条件(scaffolding)的儿童,倾向于只是操纵物体而不是系统地探索它们。此外,当他们观察到一组事件呈现出明显相互矛盾的"证据"时,与那些只有一致经验的儿童相比,学龄前儿童更有可能设计出一个含有较少干扰因子的实验(van Schijndel et al., 2015)。举一个有矛盾证据的例子,将不同大小的玩偶放置在与光源不同距离的位置,并预测其阴影的大小。比较一致的情况是大玩偶产生的影子大,但将小玩偶放在距光源更近的位置产生的影子可能比大玩偶的影子大。这样,证据就会与期望发生冲突。总的来说,研究结果表明环境、博物馆和其他地方都包含诸如解释之类的元素,这些元素为儿童提供了探究的机会,这有助于未来他们从科学基础知识的解释中受益，当然还包括实验设计。

幼儿的科学学习得益于成年人的针对性指导

博物馆中的体验可以提供各种各样的机会来发展孩子们对内容及过程的理解。例如，儿童对浮力和水流的理解可能会受到博物馆引导体验的影响（Tenenbaum, Rappolt-Schlictmann, & Zanger, 2004）。在另一项旨在以社会建构主义方式考察学习的研究中，幼儿园教师在参观博物馆之前和之后，以实验的方式开设了课程。对照组参观了博物馆里的其他展厅，没有参加教室里的科学课。与对照组的孩子相比，实验干预组的儿童获得了一些技能，这些技能帮助他们能清晰地表达关于水流和浮力更复杂的概念。

安德森（Anderson）、潘达礼（Piscitelli）、威尔（Weier）、埃弗雷特（Everett）、泰勒（Tayler）（Anderson et al, 2002），以及潘达礼和安德森（Piscitelli and Anderson, 2001）研究了儿童在一年的时间里参观几个博物馆（艺术、社会史、科学、自然历史）的方式，更多的是从他们自己的角度来观察儿童是如何创造意义的。他们主要关注4到6岁的、三次都参观一个机构的儿童群体。在参观博物馆的过程中，孩子们四人一组一起合作；有两组人作为研究观察和访谈的对象。研究者分析评估孩子们对参观经历的回忆，以及他们的偏好和与过去其他经历的联系。用各种理论视角（建构主义、社会文化、内在动机）分析数据，值得注意的是，儿童的记忆和偏好都极其多样化，这表明他们以前的经历在他们解释博物馆展品的方式中发挥了重要作用。另外，在所有场景中，儿童似乎都被大型展品所吸引，这些展品既令人难忘,也很受欢迎。也许更重要的是,儿童的回忆包括大量的触觉和动觉信息,这表明这些因素在他们的经历中有很大的影响。

> **幼儿对不同博物馆有不同反应,但对大型展品的印象最为深刻**

一项研究调查了美国六年级学生在参观动物园或参观博物馆自然历史博物馆时对动物的认知和讨论(Birney,1995)。研究主要调查这次参观的认知结果,没有提及学习的理论观点。尽管这两个机构展出了许多相同的物种,但儿童在两个地点往往会挑选出不同的动物,并在参观后的采访中强调关于它们的不同类型的信息。相比之下,儿童在动物园更注意动物的行为,在博物馆中更经常地提到结构性适应和背景风光。这个研究重点介绍了儿童在不同机构环境中容易收集到的信息类型。

> **学习类似的材料时,不同类型场所提供的体验对比鲜明**

调查儿童对动物的兴趣、动机和理解是有用的,有助于评估哪些类型的经历能更有益地促进学习。在一项比较三种动物的学校旅行研究中,金布尔(Kimble,2014)调查了8到9岁儿童在自然对话和活动后访谈中使用的表达方式。这三个活动分别是自然历史标本馆、活体动物展及公园(户外)的探索。研究结果表明,在能够让孩子们自发地而不是有计划地看到动物的公园环境中,他们表现出更高的自主性和更高水平的情感投入。另一方面,儿童在自然历史标本馆中更多谈论物种的名称,在活体动物表演中更多谈论动物的行为。这个研究提出一个概念框架,即技能(Skills)、场所(Place)、情感(Emotion)、态度(Attitudes)和知识（Knowledge）（SPEAK），将收集到的实验数据按照这些维度分类，结果显示，来自公园探索的数据落入框架的 S、P 和 E 部分，而来自活体动物表演的数据集中在 K 区域，自然历史参观数据均匀分布在不同维度上。因此，对于实践者来说，要么利用他们工作领域的优势，要么寻找方法增加他们认为理应优先考虑的领域，以最大化低龄儿童应该体验的结果类型。这可能是有用的。

年幼的儿童往往被认为不够成熟，无法反思学习。大卫·索贝尔（David Sobel）和他的同事们已经找到了方法，即认知科学的观点，来衡量儿童对自己学习的理解；这些研究的目的是了解儿童对自己学习的看法，有时会挑战幼儿还无法形成这种理解的观念。重要的是，元认知和自我调节学习（即思考思维）已被证明对学校和其他场所的学习产生了积极的影响（Schunk & Zimmerman，1997）。最近有一项研究要求 4 至 10 岁的儿童定义学习（Sobel & Letourneau，2015）。与年龄较小的儿童相比，年龄较大的儿童更可能提供定义，并且这些定义更能描述过程而非内容（例如，它是关于阅读）或重言式（例如，学习是学习），后者更多出现在年龄较小的儿童身上。之前的一系列调查结果表明，儿童在 4 岁时倾向于使用基于欲望的思维模式（例如，他们想学习），但在 6 岁时能更好地将欲望与能力和环境结合起来（Sobel，Li & Corriveau，2007）。为了解儿童在游戏情境中所表现的学习方式，普罗维登斯儿童博物馆（Providence Children's Museum）的一个研究小组发现，儿童在某些情况下表现出强烈的专注力，这些情况下儿童可以重复或明确地掌握一项任务。与此同时，与同伴玩耍时，儿童会通过大声说话来思考，这可能有助于让他们和其他人交流和自我调节（Sobel，Letourneau，& Meisner，2016）。

> **幼儿的理解相当复杂——可能比预期的要复杂得多。但儿童理解复杂思想的能力可能会在 6 到 7 岁之间发生变化**

人们对于儿童对自然历史的理解越来越感兴趣，因此很多研究对博物馆和其他非正式场所中的进化概念进行了调查。幼儿已被证明能够了解进化概念；但学习效果取决于用于构建信息的语言（Legare，Lane，& Evans，2012）。尽管通常情况下大家认为要小学学龄儿童理解进化概念是十分困难的，因为他们可能对世界的本质存在概念上的偏见（Evans & Lane，2011），但勒伽（Legare）及其同事从认知科学的角度，证明了若能为儿童提供详细描述物种变异和差异繁殖的信息，就可以让儿童认可进化的概念。相比之下，儿童获得基于欲望或需求的语言解释，会支持与这些语言模式一致的概念（例如，动物想要改变或必须改变才能生存）。另外，在解释动物的故事时，儿童所用的语言与他们所听到的叙事语言是一致的。这种模式在 8—12 岁的儿童中比在 5—7 岁的儿童中更明显，这表明即使两组孩子都能从呈现的语言中获益，大一点的孩子会比小一点的孩子收获更多。

特南鲍姆（Tenenbaum）和海因斯坦（Tenenbaum and Hohenstein，2016）从社会建构主义的角度探讨了儿童学习物种起源的问题，认为父母和孩子共同构建关于物种如何在地球上存在的想法是很重要的。在我们的研究中，父母和他们的孩子（7 岁和 10 岁）讨论了人类、植物和动物在地球上的生存方式。从提及上帝和进化两方面来对亲子间的对话进行编写，然后将父母和儿童分别赞同物种起源的神创论和进化论观点的方式进行比较。7岁的儿童比10岁的儿童更有可能赞同神创论；10岁的孩子一半赞同创造论，一半赞同进化论，特别是在人类起源的问题上。然而，即使考虑父母的信仰，对话中上帝或进化的提及也能预测孩子们在访谈中的反应。换句话说，与父母的信仰相比，对话更好地预测了两个年龄段的儿童对人类出现在地球上的看法。除了仅在实验室中听一段叙事外，儿童参与对话（如父母和孩子将上帝或进化论平等地引入到对话中）比勒伽等人的研究中仅呈现一个想法更有力。幼儿从他们自己的解释中获得意义的事物类型可能不同于年长儿童期望从中受益的事物。我们接下来讨论的是青少年意义创造的经历。

青少年

如上所述，许多关于青少年的研究调查了学校到博物馆旅行的情况。其中一些研究者尝试研究博物馆中的体验，另一些则将博物馆体验与课堂体验相比较。以前者为例，塔尔和莫拉格（Tal and Morag，2007）详细研究了学生们参与学校组织的自然历史馆参观活动。基于社会文化理论角度，作者特别关注学生和博物馆从业者之间的互动。他们指出，导览员向学生提出的问题可以用"是"或"不是"来回答，这对学生认知需求方面的要求相对较低。通过让学生将内容与自身经历相联系以吸引学生参与的问题相对较少。此外，博物馆的课程包含了大量没有向学生解释的术语，这给缺乏经验的参观者造成了潜在的困惑。研究教师和博物馆导览员的合作方式时，塔尔和莫拉格发现最初导览员与教师互动的主要目的是组织学生群体。然而，如果是教师开始主动(他们很少这样做),他们更有可能是想要共同授课,对导览员的观点进行解释。因此,在某些情况下,博物馆工作者可能会从与教师的互动中获益,他们可以在师生参观前或到达前做好计划,以启发青少年参观者的意义创造。

> 教师和博物馆教育者之间的互动会对学校旅行体验产生影响

戴维森、帕斯莫和安德森(Davidson,Passmore and Anderson,2010)以相对全面的视角研究了 11 岁至 12 岁的儿童去新西兰动物园的经历。这项研究采用了布迪厄(Bourdieuian)的框架①,该框架强调了影响每个人(老师、学生、家长、动物园工作人员等)与体验中其他利益相关者关系的文化辩证法,这一观点也与社会文化理论框架高度兼容。他们采用案例研究的方法,从调查、采访、观察和收集在课堂上和参观过程中的数据,来评估动物园之旅影响学习的方式,以及是否满足各方利益相关者的期望。这项案例研究比较了两种课程:一种是威权的、基于传播的学习方法,另一种是更具建构主义性质的、以学生为中心的学习方法。戴维森等人发现学生学习事物的类型似乎与参观动物园的方式相一致。威权教师较少向学生传达此次旅行的目的,学生们表示他们学到了一些浅显的事实和有趣的琐事。相比之下,建构主义教师对和学生们一起旅行表达了很高的期望,她的学生们能够清晰地表达出他们所学到的大量信息,包括因果关系和个体与动物的联系。动物园教育者似乎对学生们的学习没有什么影响。

---

① 在第 8 章和第 10 章更详细的介绍布迪厄框架。

学生们的主要成果之一是社交，因为他们喜欢在旅途中与朋友分享经验。该案例研究表明解释的方式取决于教育者课堂上对学校旅行的期望和目标所持有的态度。当然，这种差异可能不仅存在于学校旅行的经历中，这虽然不是戴维森等人研究的重点，但教师们的课堂教学方法无疑是不同的。无论怎样，值得注意的是，帮助教师创造一个最佳的学习环境可能会给学生、教师和博物馆都带来积极的结果。

> **学校旅行开始于学校！**

许多博物馆教育者的最终目标是帮助学习者获得认知和情感上的理解，从而培养他们在生活中做出明智决定的能力。一些研究旨在发现博物馆是否对学生的学习体验有促进作用。在一项准实验中，斯特姆和伯格纳（Sturm & Bogner，2010）研究了在课堂中动手操作或博物馆中工作的中学生群体（年龄12.5岁）的学习情况。每个小组都参与了基于建构主义理论、以学生为中心设计的鸟类学习活动。当然，参加博物馆活动的学生们也可以在"外出日"外出。与在课堂学习的学生相比，参加博物馆工作的学生在测试前后的知识水平有了更大的提高，并且他们保留知识的时间更长。此外，博物馆小组在感知能力方面得分更高，这可能是因为他们学习鸟类主题的动机增强了。

> **博物馆参观可以为学校学习体验提供其他背景，丰富学习内容**

斯彼格等人（Spiegal et al.，2012）评估了年龄较大的儿童（10至11岁）、青少年（12至14岁）和成年人在参观自然历史馆之前和之后对进化的思考,这个自然历史馆的展品强调进化具有长期性,包括自然选择、变异和遗传的适应性。通过开放式问题和问卷调查,斯彼格等人发现三个年龄组所有的参观者在体验后使用的解释都比参观前的解释更有进步。这并不意味着他们已经放弃了参观前有关物种变化的观念,包括那些源自宗教的解释。但这次参观对他们概念的影响是的显而易见的。因此,参观场馆似乎提高了学习者以更科学合理的方式来理解进化的能力。

在两项调查青少年在博物馆和教室的经历的研究中,德威特和海因斯坦(DeWitt & Hohenstein, 2010a, 2010b)发现,相较于在教室中,学生在博物馆中表现出更大的自主性和情感投入。这些研究跟踪调查学生和教师进行一个相对结构化的项目,该项目鼓励学生就他们在科技馆或科学中心研究过的主题进行演讲。其中一项研究比较了儿童和教师在这两种情境下的对话(2010a),我们注意到与在课堂上相比,中小学生在参观博物馆时,更倾向于主动提供信息,较少受到来自老师权威言论的影响。这可能是由于博物馆体验具有相对自由的选择性,允许学生们在课堂上按照自己制定的计划行动。当他们相互交谈时(2010b),博物馆和教室中的合作对话级别相似。但是,研究结果表明,与在课堂上观察到的对话相比,在博物馆里的学生表现出更高水平的认知和情感投入。因此,博物馆体验,尤其是在具有结构性和一系列有明确目标的指导下,在博物馆中的参观能为学生提供更多以他们为中心的解释和学习机会。

成年人

通常认为成年人在博物馆中是学习者,确实如此。有时候这是因为他们被"默认"为参观者。一些研究会有目的地去从成人角度来了解博物馆参观体验的价值。对于博物馆如何设计他们的项目和展览来创造有价值的、促进意义建构的成人体验和儿童体验，似乎存在种种影响因素。对于成人学习者，研究通常关注参观者认为在参观的特定方面应该发生些什么（例如，技术）。或者，他们可能突出相对不寻常的、表达思想的方式，而不是通过带有解释标签的物品展示。

一些可能源于麦克马纳斯（McManus，1988）的研究，试图更多地了解参观者谈论的内容，以阐明个体在参观博物馆时所创造的意义。例如，在一个关于青蛙的展览中，艾伦（Allen，2002）利用成对的参观者的互动记录视频来调查人们是如何在对话中创造意义的。通过研究她发现了一些有趣的事实，人们的谈话内容中很大一部分是与学习相关且与展览相关的（83%）。她指出，概念性对话（37%）以及她所谓的策略性对话所占比例很高，策略性对话包括流程的各个方面和理解的元表征。也许令人惊讶的是，很少有对话显示参观者在展品之间建立了联系。与可动手做的科学展品相比，活蛙展品似乎引发了参观者更多的情感对话，这表明与非生命类型的科学体验相比，他们对这些（活）物体具有更多积极和消极的情绪反应。这是博物馆情境中首次将认知和情感学习相结合的研究之一，至少是通过博物馆情境中的对话测量得到结论。

参观者的学习对话是概念性的和相关的，但不是跨展品的

斯密斯（Smith，2014）以表演性（参见第9章）为框架，探讨了人们参观博物馆和文化遗址的动机。许多人在接受采访时

4 博物馆和意义的创造

指出，他们并非一定要获取某个主题的新信息，而是希望在这些地方增强归属感。在这些语境中，归属感可以指一种民族感或一种特定的亚文化。正是在这方面，表演性可能发挥一定的作用，参观者会发现他们的博物馆体验有助于他们践行自己的身份。一些参观者提到参观博物馆是出于特殊的情感原因，因为他们可以通过其他方式（例如互联网或书籍）轻松获得有关某主题的信息。因此，对于许多参观者而言，情感方面可能比认知方面更重要。参观行为本身，就是意义创造体验的一部分。意识到这种非事实的学习对于意义创造的重要性，就引起大家重视起了参观过程中的其他情感因素。因此，有一点很重要，即不仅要关注展览或场馆提供的信息，还要关注这些机构作为整体设置参观行为中，访客身份形成这一性质的方式。

与展示内容有关的个人身份的情感联系，通常与参观有关

伯纳姆和卡伊-凯（Burnham & Kai-Kee，2005）写了一篇文章，内容是他们在一家美术博物馆里当博物馆教育者的经历。这与参观本身就是一种意义创造的体验的观点一致。他们利用体验学习（Dewey，1938）来帮助理解教学如何在博物馆环境中发生，他们认为这本身就是一种艺术形式。作者将（艺术）博物馆教育者的角色看作有计划的、具有目标导向的体验的促进者，将激励参观者运用他们的想象力来体验和解释场馆中展示的艺术。他们指出，情感对参观者的体验至关重要，"尤其是通过情感来吸引观众；我们利用与艺术作品相遇时产生的情感推动力——兴趣、喜欢、厌恶、困惑、好奇、激情——并努力维持情感作为我们进一步探索作品时的动力"（p.74）。尽管他们没有依赖任何实证研

究来支持他们的观点,但他们与许多提倡使用开放式问题来激发参观者兴趣和真正参与的研究产生了共鸣(例如,Hohenstein & Tran,2007)。伯纳姆和卡伊-凯在反思是什么造就了优秀的教育工作者时指出,博物馆教育工作者必须非常了解他们的材料,这样才能在不妨碍参观者自身对作品解读的情况下,为参观者指导方向。这需要他们对每件艺术品所涉及的历史以及技术都有所了解。

胡珀-格林希尔(Hooper-Greenhill)、穆萨莉(Moussouri)、霍桑(Hawthorne)和赖利(Riley)(Hooper-Greenhill et al.,2001)也通过一个有声思考协议调查了某艺术博物馆中参观者的意义创造活动。在这个协议中,独自参观者被要求在观看展品时出声表达他们的想法。然后研究者通过对这些录音进行分析,以确定参观者解释意义的模式。胡珀-格林希尔等人在他们的研究中发现,成年人倾向于直接与艺术品互动,并且他们的解读依赖于博物馆所提供的信息。在解读所见到的艺术作品时,参观者会参考作品的视觉效果、创作作品时所处的社会历史环境,以及用于制作成品的材料和制作方法。所有的参与者用来解释艺术的策略在性别或社会经济地位方面没有太大差异。总的来说,参观者表现出一种自我导向的行为方式,他们在展厅里感到很舒适,故可以用自己的方式寻找信息和进行体验。在塞雷尔、西科拉和亚当斯(Serrell,Sikora and Adams,2013)的研究中,另一种方法被用来收集参观者对艺术品解读的信息。他们要求参观者到几个不同的展厅拍摄展品。对于他们拍摄的每一张照片,参观者都被要求说出他们在这件展品中发现了什么,如果参观者最初的回答中没有提到博物馆的解释性说明牌,就会让他们去查阅这些说明牌。研究者用多种方式对参观者的回答进行分类:根据个人经历的记忆、对时代或信息的概念性理解，以及对美学的投入。塞雷尔等人分析后发现参观者经常从说明牌上的信息中汲取意义，但随后他们会将自己的生活与这些材料关联起来。例如，当谈及一件描绘哺乳母亲的非洲雕塑时，一些参观者要么注意到人类经验的普遍性，要么由于婴儿呈现的所有潜在特质而注意到母亲的重要性。参观者经常自发地参考说明牌中的资料，这一事实表明，他们在积极地寻找信息，以增强他们对艺术品视觉方面的最初反应。

参观者倾向于寻找与其个人经历建立联系的方法

在这个科技日新月异的时代，人们似乎常常觉得博物馆应该"跟上"最新的电子产品和数码展示的潮流。但是，并非所有人都认为让博物馆参与技术进步的竞赛是可行的，甚至是可取的。从成年参观者的角度来看，这种对技术的关注会分散他们对展品本身的关注，以及对这些展品的解读。具有旅游研究背景的麦金太尔（McIntyre，2009）采用焦点小组的方法进行研究，实验小组主要由参观英国博物馆的成年人组成。目的是研究人们认为博物馆应该在多大程度上更新自己的技术以变得更有吸引力。研究结果表明，这些参观者往往认为这些有趣的展览和展示虽然对孩子们有好处，但通常会让人觉得杂乱，使他们的注意力无法集中在思考材料上。此外，人们认为娱乐产业比博物馆更具娱乐性；因此，对优质学习的注重将更有利于吸引和维持成年参观者。总的来说，人们呼吁应进一步简化展览的呈现方式，同时应对博物馆内的物品本身多加关注。

华丽的演示并不总是等于增强学习体验

相反，梅森尔等人（Meisner et al.，2007）指出，数字技术可以促进而不是阻碍观众的参与的各种方式。他们的研究聚焦于展品中的电子互动如何吸引参观者投入一个展示与能量相关的科技的、社会科学发展过程的展厅，根据展览设计的内容和所提供的空间，评估个体在这个展厅中的表现。研究者对参观者行为的微观分析表明，某些类型的展品和参观者的参与可以邀请其他人有意识地或潜意识地前来围观。这通常是因为有一个大型行动或一个与展览有关的非常公开的活动。此外，参观者还可以利用他们的能力来"吸引观众"，创造有趣的场景，供他人观看或参与。研究者认为参观者可以通过他们的行动来分享参观这些展览的体验，而这种方式是仅谈论想法或经验的方式所达不到的。换言之，通过分享解释的潜力，他们的参与所创造的意义，可能比在互动较少的环境中更深刻。他们参考有意参与（intent participation）的社会文化理论框架（Rogoff，2003；Rogoff, Paradise, Arauz, Correa-Chavez, & Angellilo, 2003）来表明，通过密切关注其他人在展览中的所作所为，参观者不仅可以理解在展览中能够如何行动，还可以理解展览本身的性质。

但如果设计提供共享参与，某些技术可能会增强用户体验

与大量关于成人和儿童的文献提倡增加经验分享以加强学习和解释不同，帕克和巴兰坦（Packer and Ballantyne，2005）在他们的研究中指出，这种强调分享意义创造的观点可能有些言过其实。他们的研究认可社会文化理论的观点，即人们之间可以通过策展人和展品设计者的想法和解释进行对话，即使没有其他人在场的情况下也是如此（见 Bakhtin，1981）。他们在一个社会历史和地理博物馆中的研究中对比了单个的参观者和成对的参观者。成对参观的两人在年龄、性别和其他与博物馆参观习惯有关的因素上都相近。他们在参观期间观察参与者，在参观之后立即与之进行访谈，并在几周之后（通过电话）再次对他们进行访谈。他们的研究结果表明，无论是在即时访谈还是延迟访谈中，单独的参观者和成对的参观者在阅读展示或自我学习报告的时间方面几乎没有差异。单独的参观者更有可能把他们所学到的东西与自己过去的经历联系起来。但每个小组同样可能与朋友或家人讨论展览的内容，并指出他们都学到了新东西，让他们回想起了一些他们已经知道的事情。因此，在参观博物馆的过程中，社交互动可能并不一定会带来额外的益处。

许多博物馆已经尝试了不同类型的替代形式。埃文斯（Evans，2013）详细介绍了一种有趣的方式来传达历史解释的细微差别。该项目加入了一个演员，扮演了一个有争议的历史人物，并邀请观众与他互动，这让观众有机会从历史背景的视角来思考这个人物。这篇文章显然与集体记忆以及文化和权力有关，因为通过参观者的反应可以明显看出他们在参观博物馆之前并不一定从角色的视角了解过相关事件。这很大程度是由于教科书和其他传统媒体倾向于认为历史是静态的、真实的。然而博物馆利用这种方案来吸引参观者进行诠释的选择，展现了它的一种特殊能力，即创造性地利用文化和权力，以突出社会记忆方面的各种议题和历史背景下的情境复杂性。埃文斯指出，博物馆的这种创新符合这样的观点：传递式的学习模式已经不再时髦，让学习者参与进来，帮助他们自己思考是博物馆更理想的目标。

创新的形式可以提供一种以反思促进体验学习的新方法

一些研究探讨了其他替代形式，包括21世纪初期至中期发起的一些对话活动（dialogue events）：主要是让参观者与社会科学问题专家能一起参与的夜间活动。这些活动往往以辩论的形式进行，介绍某个话题中不同角色的专家的观点（例如，在关于禁烟的活动中，可能会有一名烟草公司的代表、一名医学专业人员、一名肺癌研究者，以及一家将受到禁烟影响的机构的所有者共同参与）。在博物馆举行这种活动的目的，通常是为了发挥博物馆的教育功能，同时使公众参与有关社会问题的讨论，并且赋予他们权力。麦科利（Mccallie，2009）调查了个体在这些活动中是如何合作的，以及这将如何对辩论做出贡献。在辩论过程中，个体（也许不经意间）经常围绕一个问题形成一个完整的论点。换句话说，一个参与者表达一个观点，得到（连续的或者不连续的）证据的支持，从而得出结论。这些证据呈现的顺序可能会有所不同。有趣的是论证构建的分布式本质。也就是说，单独来看，每个人的讲话似乎是支离破碎的，但是若与其他参与者的话语合在一起时，辩论会变得更加连贯。戴维斯、麦科利、西蒙森（Simonson）、莱尔（Lehr）和丁辛（Duensing）（Davies，McCallie，Simonson et al.，2009）认为这样的辩论活动可以让个人以一种公平的、相对安全的、但真实的方式表达自己的观点，并同时学习其他人的观点。他们认为在这些类型的活动中发生的社会学习特别有价值，因为在这样的情境中发生了构建意义的协商。正如莱尔等人（Lehr et al.，2007）所阐述的那样，这种类型的对话活动也在一定程度上超越了学习的传递模式，即博物馆为学习者提供可以吸收的信息。也就是这些活动可能会让参观者在接下来的活动中能真正表达自己的解释。

成年人是参观博物馆的主要人群（尽管他们的兴趣和态度各不相同），从他们的视角考虑展厅和展览中意义的形成方式非常重要。许多研究将对话和交谈作为了解成人学习和体验的分析依据。普遍认为成年人有很多经验和知识可以带到博物馆展览里来，例如，这从他们创建有意义的分布式参数的能力就可看出（McCallie，2009）。但是当成年人独自参观博物馆时，他们也热衷于学习新事物。研究表明会利用艺术作品的各种元素来帮助解释展览和单个作品（Hoopero-Greenhill et al.，2001）。但他们也可能会考虑让其他人互动，尤其是与家人一起参观的时候，这是我们接下来要讨论的参观者群体。

家庭团体

除了学校团体，家庭当然也是参观博物馆的主要团体之一。现在已经有许多研究调查家庭参观博物馆时的学习性质。可以公平地说，大多数研究都集中于家庭单位中的儿童学习。当然，也有一些研究关注家庭整体。这些类型的研究往往采用不同的理论观点，导致它们使用了不同的研究方法。有一些研究关注孩子在家庭环境中的学习，有一些则关注父母和孩子使用的语言。

其中一项研究调查了父母和孩子之间的指导及对话方式对他们在博物馆中行为，以及孩子对展览原则的记忆的影响（Benjamin，Haden，& Wilkerson，2010）。在这个研究中，本杰明（Benjamin）等人采用五种实验处理，观察监护者和他们6岁的孩子参观一个关于建筑设计的展览的情况。该研究将设计教学与精致化对话教学（比如通过"为什么"和"如何"之类的问题鼓励孩子反思的对话）相交叉。接受建筑指导的两人组（dyads）比其他组的人更有可能建造出更坚固的建筑。当两人组接受关于对话的指导（包括使用以"为什么"或"如何"开头的问题）而不是建筑方面时，表现出成年人和儿童之间有更多应答的对话，成年人会问更多问题，儿童也会回答这些问题。参与建筑指导小组的儿童比其他小组的儿童更能识别稳定结构。相比之下，当要求孩子们在参观博物馆两周后回忆这些概念时，建筑和对话指导的结合更有助于他们记住这些概念。

指导和对话风格的结合可以更好地促进儿童学习展览内容

金特纳等（Gentner et al., 2016）进行了一项与本杰明等人相似的研究，他们都涉及在博物馆中学习如何建造稳定的建筑。但这个研究的指导前提是使用类比的方法来让他们理解支撑可以使建筑更坚固。因此，儿童（6岁至8岁）和他们的监护人，要么以高水平合作，要么以低水平合作，或者在没有接受任何培训的情况下来参加活动。这些情况都使两人组（dyads）能够看到稳定建筑中的支撑有助于加固它；但是两个示例在其他方面看起来相似的程度不同。在后来关于如何建造建筑物的测试中，处于高水平合作条件下的儿童比处于低水平合作和控制条件下的儿童表现得更好。然而，当父母使用交流力度更强的语言时，孩子在所有条件下的表现都比他们的父母不使用这类语言时要好。

威莱和卡拉男（Valle & Callanan, 2006）还调查了父母是如何帮助孩子使用类比推理的文化工具的。他们的社会文化知情研究调查了父母和孩子在博物馆和类似家庭作业的任务中谈论科学的方式。结果发现在这两种情境中父母使用相似性对比来帮助孩子建立想法之间联系，并且在这些比较中，关系类比的比例相对较高（约为一半）。父母经常明确地表达类比中的元素，以便孩子能看到它们之间的关系。反过来，在家庭作业中听到类比的一年级学生，物质知识测试得分要高于没有听到类比的一年级学生。父母为孩子提供帮助，让他们会应用类比法。类比是一种工具，当人们对一个主题的了解越多，它就变得越有用。海恩斯坦因（Hohenstein）和阿什（Ash）在他们的案例研究方法中表明，一个具有大量生物学背景的家庭，往往比另一个缺乏生物学经验的家庭，更可能对海洋科学中心的动物进行类比。例如，生物学背景家庭的父母为8岁的孩子描述海洋雪的概念时，会将海洋雪（海洋中可以滋养临近海底的生物的动植物碎屑）与森林中落下的、可以变成土壤肥料的树叶进行类比，而对生物知识储备较少的家庭则无法采用这种精确形象的类比方法。

除类比之外，解释一直是许多研究中更常见的焦点。考虑到解释对科学推理的重要性（Crowley et al.，2001），使用解释作为理解的工具似乎是学习对话研究中一个有用的语言元素。塔尔、弗伦奇、弗雷泽、戴尔蒙德和埃文斯（Tare, French, Frazier, Diamond, & Evans, 2011）的研究旨在了解父母和孩子在一个关于进化的博物馆展览中是如何互动的。他们特别想调查父母的对话是否可以帮助孩子解释展览的内容。结果发现对话包含大量来自标签文本的信息，这表明他们在很大程度上利用了标签所传达的信息。父母的对话体现了进化的推理和直觉的推理，这与人们利用多种框架推理进化的观点一致。在对话中父母和孩子的使用解释比例高度相关，这表明父母对解释的使用在某种程度上影响了孩子或者亲子因为某种其他原因以相似的频率使用解释，该原因可能在参观博物馆之前就已牢固建立。

> **可以通过提供视频材料、标签文本和其他低技术含量的支持措施来促进家庭学习对话**

如上所述，有关儿童学习探究行为的研究已在博物馆中进行。万·斯海恩德尔（van Schijndel）、弗兰斯（Franse）和莱美格希（Raijmakers）（van Schijndel et al.，2010）已经证明了在科学相关的博物馆展览中父母会影响儿童的探究行为。这项研究观察了学龄前儿童在体验几个不同的手动展品时与父母的互动。体验一项展品（旋压力）时，当父母提出开放性问题和引导孩子的注意力时，孩子们表现得比他们解释时更积极。相反，在体验关于滚动的展品时并没有显示出这些差异性。另外，当孩子们在滚动展品中互动最少时，他们表现出更多的探究性行为；而在旋转力展品中，当他们的父母向他们解释时，他们表现出更多的探究性行为。因此，展品本身不能给孩子们提供同样类型的参与，同样类型的家长互动也不能激发更多的探究。这与各年龄段的研究结果一致，即博物馆的标签质疑展示物品的原因，会导致不同类型的对话，其对话类型取决于物品的性质（Hohenstein & Tran，2007）。重要的是，通过提供关于特定展品的指导短视频，可以激发更高水平的探索性行为（van Schijndel, Franse, & Raijmakers，2010）。

进一步的研究调查了博物馆对家庭提供的资源，以确定特定类型的材料是否更适合促进儿童学习。特南鲍姆（Tenenbaum）、普赖尔（Prior）、道林（Dowling）以及弗罗斯特（Frost）（Tenenbaum et al., 2010）为参观历史博物馆的家庭提供了一本关于展览的小册子、一个装有促进家庭参与材料的背包，或者根本不提供这些材料（控制条件）。小册子鼓励儿童在展厅中寻找和描述一些物品；背包除了包含物品的信息外，还包含需要动手的活动资料，目的是鼓励孩子们进行运动体验来助其理解展品。研究者指出，与对照组家庭相比，两个干预组在展览上花费的时间更多，还询问了父母更多与历史相关的问题。与此同时，和其他两种情况的儿童相比，使用小册子的儿童进行了更多有关历史的对话。因此，家庭与展品互动的方式可能会受到他们所用的、旨在帮助其理解展品的材料类型的影响。

克罗利和雅各布（Crowley & Jacobs, 2002）根据实践群体和认知科学框架介绍了一种观点，即人们可以通过利用现有的机会、对某一主题新产生的兴趣和支持网络，来发展专业知识的岛屿。儿童与父母及其周围的人的对话有助于培养他们在特定兴趣领域获得技能组合，使他们成为"专家"，而不仅仅是一个有着非常不同的经历和对话的孩子。然后帕姆奎斯特和克罗利（Palmquist & Crowley, 2007）通过研究亲子谈论恐龙的案例进一步探讨了这种现象是否取决于儿童已经是相关专家或还是这个话题的初学者。他们在博物馆观察了 6 岁儿童和父母之间的对话。用一个恐龙名字的简短测试来确定孩子们的专业水平，基于孩子成绩结果的中位数将他们分成两个组。分析博物馆里的家庭对话时发现，在亲子对话中儿童是专家的家长们比儿童是初学者的家长们说话少。这表明那些成为专家的孩子能够主导更多的对话时间，而且（或者）与那些成为专家型孩子的父母相比，初学者的父母认为他们应该为儿童提供更多的学习支持。在这两种情况下，儿童的发展是整个对话的指南。或许，让两种类型的儿童或家庭参观者都参与的方式，能够帮助所有家庭参与进来，即使他们的专业水平不同。

父母对孩子的专业知识很敏感

与关注儿童学习的研究相比，关注整个家庭为博物馆学习单元的研究往往从社会文化理论的视角进行（尽管情况并非总是如此）。桃瑞丝·阿什（Doris Ash）运用社会文化理论视角来思考与提问（Ash，2004a）有关最近发展区间（Vygotsky，1978）、对话性探究（Ash，2003）、共同生产活动（Ash，2004b；Mai & Ash，2012）、以语言作为意义创造的标志（Ash，1978）等方面的议题。这些研究突出不同背景的家庭（如美国白人和墨西哥裔美国人）中亲子是如何合作的，以发现兴趣、发现奇妙属性、创造新的意义，并加强旧意义的理解。阿什的研究注意到，不同语言和种族出身的家庭常常使用相似的机制运用非正式环境中所接触的生物科学材料，即使这些材料为非正式学习带来了不同层次的正规科学背景的资源。例如，一般来说，一个说英语的家庭可能在博物馆有更多的经验，也可能对博物馆中展出的材料有更多的了解；说西班牙语的家庭通常会应用材料的日常经验（例如，在海洋科学中心捕鱼）；但是工薪阶层中说西班牙语的父母和说英语的父母都会努力为他们的孩子的学习提供帮助，通过引导注意力和提问某种类型的问题，帮助孩子获得新的认知和情感体验，此处提到的某种类型的问题旨在达到一个适合孩子在心理上和经验上领悟思想的理解水平，以促进他们的理解。

> **所有背景的家庭都利用脚手架帮助初学者获得理解**

与阿什一样,埃伦博根(Ellenbogen)关注更长远的学习观。她采用民族志研究方法来研究家庭是如何参与学习活动的,这项研究调查了与科学有关的家庭和博物馆体验模式(Ellenbogen,2002,2003)。她跟踪调研的家庭都是博物馆的常客,但他们以不同的方式利用博物馆,对什么是教育和什么可视为学习环境有着不同的看法。在一段关于在家教育孩子的家庭的详细描述中,埃伦博根(Ellenbogen,2002)提出博物馆可以被视为非正式或正式学习场所的见解,这取决于使用博物馆的方式。如果个体认真记录一段经历,这可能会被认为更加正式,即使该机构认为自己提供的是非正式学习机会。但同时,正式和非正式并不一定要分开来形成鲜明的对比,这再次取决于学习者对待经验的态度和方法。在她的研究中,重要的似乎是个体对学习活动的兴趣及其获取经验的活力。

> **不同家庭参观博物馆的目的各不相同,其"形式"也各不相同**

另一项研究深入调查了家庭成员在博物馆中进行解释和理解概念的互动方式,结果发现家庭成员都能对讨论做出贡献,共同创建了一个可以利用的分布式专家网络(Zimmerman, Reeve, & Bell, 2008)。齐默尔曼(Zimmerman)等人的研究强调了有助于对正在思考的观点形成共同理解的方法,研究对象有时是孩子,有时是父母,有时是提供信息的博物馆,这能帮助家庭成员共同理解正在思考的观点。例如,某个时候,孩子介绍了其对恐龙（名称和属性）的了解，然后母亲进一步提供信息，这些信息可能从博物馆标签中获得，也可能不是。在这个案例中，家庭成员不仅接受了博物馆传递的信息，而且对材料进行了批判性的处理，有时甚至会产生异议。该研究的重点是家庭可以被视作一个集体学习的单位，而非单独的多个参观者。这种观点与社会文化观点一致，即学习不是一项个人活动，而总是以受社会和物质环境影响的特定形式而发生的。

> **家庭也可以参与集体学习**

虽然上文提到的关注整个家庭学习的研究倾向于采用社会文化理论来研究学习机制，瑟谢尔和凯里（Szechter and Carey, 2009）也关注整个家庭，但他们的研究会采用更多认知方面的方法。他们将家庭参观展品时的学习对话和时间绘制成图，对比以延长参与度（APE）为设计目的的展品（Allen & Gutwill, 2004）和没有这种设计功能的展品。他们指出，情感对话促使家庭参观展览的时间更长和参观展品的数量更多。家长的教育水平和参观博物馆的频率，与对话中儿童的先前经验正相关，证明这对儿童的学习体验很重要。此外，家长对科学的态度与家庭在博物馆中参观展品的比例正相关。最后，APE 展品似乎更能吸引家庭成员的注意力，这可以从他们与展品互动的时间更长、学习对话更多这两方面得到证明。

> **因教育水平不同、博物馆经历不同以及展览类型不同，学习对话也不相同**

大多数关于家庭学习的研究倾向于调查家庭在科学类博物馆

的经历。研究经费的分配方式是原因之一。因为 STEM（Science，Technology，Engineering，and Mathematics，即科学、技术、工程和数学）学习领域的研究人员相对于艺术或历史领域的研究人员来说，能获得更多的经费。尽管如此，所有的博物馆其实都可以从这些与家庭有关的研究中吸取经验。例如，就像瑟谢尔和凯里发现的那样，通过让家庭投入活动来延长他们的参与时间，不仅能延长他们与展品的互动，还能促进更多的情感交流。那些对历史产生兴趣的孩子很可能在历史上有专长，使其父母以不同于对待历史初学者的方式与他们互动。因此，根据父母和儿童的经验水平规划展览有助于提高整体的参与度。这可以通过标签文本和/或展览及展厅的总体设计，来帮助家庭成员注意到相同和不同之处。

回到犹太博物馆

犹太博物馆试用他们的问题卡片已有一段时间。这是一种新的学校小组工作坊的运营经验。这群人比大多数参与伦敦犹太博物馆试运行问题卡的人要小 5 岁。但它也是一个多元化的群体，孩子们具有不同的种族和宗教背景，主要来自中产阶级和工人阶级。小组成员到达博物馆，并热情地参与早晨的活动。与大多数群体一样，鼓励这些儿童积极思考与犹太文化和宗教有关的主题，以及这与他们自己对社会的理解之间的关系。工作坊利用了博物馆中的许多物品，而且各种工作人员都参与了讨论。

随着午餐时间临近，孩子们被告知这些问题卡的情况，并且他们要在卡片上写下自己提出的、关于正在学习的主题的问题。

还告知这些 10 岁的孩子,他们的一些问题将在下午离开博物馆前得到解答。

由于儿童的背景和经历各不相同,他们可能具有不同水平的犹太文化和犹太教相关知识;如果他们来自犹太家庭,兄弟姐妹或其他家庭成员受过戒礼,那么他们可能具有此领域的专业知识。相比之下,其他儿童可能没有任何有关犹太文化的认识,因为他们来自其他种族或宗教团体。因此,问题的类型可能从缺乏相关知识背景的问题到更尖锐的、个人的或政治的问题。正像本章开头提出的案例中所陈述的那样,解决这一广泛的问题对工作者来说可能是一项挑战。

两个穆斯林男孩比拉(Bilal)和安瓦尔(Anwar),对犹太人的习俗感到好奇,想知道这些习俗与自己的习俗有何不同、犹太人庆祝哪些节日,以及节日代表的意义。在这方面,他们尝试将自己的经历和那些不同宗教的人的经历进行类比。科学学习中关于这一主题的研究表明,将不同的观点进行类比对学习者的理解很有帮助,可以为其深入了解某些原则或观点提供有用的视角。在其他领域已经证明了当个体参观博物馆时,他们会在参观体验与自己的生活经验之间产生情感联系。因此,这些类型的问题能显示出孩子们是如何将他们遇到的信息情境化,以帮助他们获得更多的意义。

汉娜(Hannah)的背景是英国国教(Anglican),她会观察邻居的长相,并想知道人们的着装和发型等习惯是如何形成的。她觉得在学校或"发声"问这类问题,可能会因为大家对差异和多样性的敏感而被劝阻。但是在博物馆里,人们能拥有更大的自主权,并且由于问题是匿名的,能增加提问者的安全感,于是她可以鼓起勇气去问为什么一些犹太人"不能变得正常"。

博物馆工作人员接受的培训能很好地帮助他们回答所有学生的问题。能够根据来自犹太文化和宗教的多种观点协商出合适的方法，也有助于培养工作人员的信心，并使他们确信自己能够以建构主义的方法，通过问答的方式继续促进儿童的学习，同时让儿童了解环境中所涉及的社会关系。也就是说，凭借他们参与的培训和越来越多的信心，工作团队能够利用午餐时间来调节回答的方式，确保犹太和非犹太工作者都能够以舒适且深思熟虑和完整的方式，回答孩子们提出的问题，以帮助他们获得理解。工作者不但要解决"事实"的答案，还要能够使用恰当的语言来表达对他人的尊重。例如，在回答上面关于习惯的问题时，团队会倾向于就什么是"正常"进行小组讨论，允许学生自愿表达自己的观点，然后让小组决定正常这个词是否是最合适的。另外，有一个更广泛的问题，即为什么有些犹太人选择的生活方式明显不同于大多数人（甚至被视为极端或过时），也可以被解释为这些犹太人尊重他们的宗教，意味着他们将宗教作为生活的焦点，相信一切都应该围绕着宗教而展开。因此，在很多人看来不正常的事可能是一些群体在践行他们的信仰，并以他们感到舒适的方式参与社会活动。

幸运的是，陪同这个团体的老师苏珊娜（Susanna），通过给孩子们一些关于博物馆和工作坊的背景知识，帮助他们为这次旅行做好准备。她和同行人员询问博物馆工作者，在研讨会期间她们可以帮忙做什么。博物馆工作者对此表示感谢，因为这有助于学生们整天专心致志地完成任务。此外，因为在旅行前苏珊娜就已被告知会使用问题卡片，所以她能够管理孩子们对自己经历相似和差异的期望。第二天回到教室后，苏珊娜通过带领大家围绕这一周的主题（犹太人如何表达他们的信仰）进行了讨论，以帮助孩子们反思工作坊的情况以及他们的提问经历，这有助于小组成员更好地将想法与自己的经历联系起来。通过这种方式，通过促进孩子们的最近发展区（她比博物馆工作人员更熟悉这方面），她能强化孩子们的意义创造，并继续培养他们在当天的工作坊中表达出的兴趣。

情境化的意义创造

想想你如果正在博物馆设计一个展览，你将有非常多的问题需要考虑。展览内容中的什么要素对于不同年龄参观者的意义构建具有重要意义？如何使用文本来增强不同群体（例如年龄、学校、家庭、单独参观者和社交参观者）的理解？是否有一种设计方案可以同时服务单独参观者和社交参观者群体？对于不同类型的群体（如家庭、学校、成人群体）又如何呢？什么类型的物品最有助于参观者创造意义？是特别大的物品还是较小的？无论是单独参观者还是集体参观者，他们如何感受博物馆的解释？谁的解释可被视为最有特权？是否有可以用来加强参观者与博物馆工作者（或不同参观者之间）沟通的材料？在参观者创造意义的过程中，是否可以同时进行认知体验和情感体验？

可以开发什么类型的项目，让参观者参与你的博物馆兴趣课题？什么意义建构的观点对开发这个项目最有用？方案的设计是否取决于从博物馆现有的收藏品？有方法让不同类型的参观者（例如种族或宗教背景、年龄组别、博物馆参观经验丰富或不丰富）参加吗？该项目应该设计得不同以适应特定群体吗？工作人员需要什么类型的信息来促进参观者进行最好的意义创造？

对于学习者来说，能够在你们机构的展览中监控自身的学习有多重要？就群体和单独参观者而言，技术、意义和解释的概念之间有什么关系？考虑不同类型的群体监控自己学习的方式时，哪些差异可能有用？如何在年轻和年长的参观者中倡导学习者自主？有没有学习工具，比如解释、提问和类比之类，如何让认知和情感学习更有意义？参观者的专业领域是否可以同时满足所有年龄的新手？什么类型的支持，物理的、文本性的和基于对象的，能帮助参观者理解展览的主要信息？

本章参考文献

Afonso, A. & Gilbert, J. (2006). The use of memories in understanding interactive science and technology exhibits. *International Journal of Science Education*, 28, 1523-1544.

Allen, S. (2002). Looking for learning in visitor talk: A methodological exploration. In G. Leinhardt, K. Crowley, & K. Knutson (Eds.), *Learning conversations in museums* (pp. 259-303). Mahwah, NJ: Lawrence Erlbaum Associates.

Allen, S. & Gutwill, J. (2004). Designing with multiple interactives: Five common pitfalls. *Curator: The Museum Journal*, 47, 199-212.

Anderson, D. (2003). Visitors' long-term memories of World Expositions. *Curator: The Museum Journal*, 46, 401-421.

Anderson, D. , Piscitelli, B. , Weier, K. , Everett, M. , & Tayler, C. (2002). Children's museum experiences: Identifying powerful mediators of learning. *Curator*, 45, 213-231.

Ash, D. (2003). Dialogic inquiry in life science conversations of family groups in a museum. *Journal of Research in Science Teaching*, 40, 138-162.

Ash, D. (2004a). How families use questions at dioramas: Ideas for exhibit design. *Curator*, 47, 84-100.

Ash, D. (2004b). Reflective scientific sense-making dialogue in two languages: The science in the dialogue and the dialogue in the science. *Science Education*, 88, 855-884.

Ash, D. , Crain, R. , Brandt, C. , Loomis, M. , Wheaton, M. , & Bennett, C. (2007). Talk, tools, and tensions: Observing biological talk over time. *International Journal of Science Education*, 29, 1581-1602.

Bakhtin, M. (1981). *The dialogic imagination: Four essays* (Ed. M. Holquist). Austin, TX: University of Texas Press.

Bandura, A. (1971). *Social learning theory*. New York: General Learning Press.

Barron, B. (2006). Interest and self-sustained learning as catalysts of development: A learning ecology perspective. *Human Development*, 49, 193-244.

Barron, B. (2015). Learning across setting and time: Catalysts for synergy. *Monograph Series II: British Journal of Educational Psychology*, 11, 7-21.

Bell, T. , Urhahne, D. , Schanze, S. , & Ploetzner, R. (2010). Collaborative inquiry learning: Models, tools, and challenges. *International Journal of Science Education*, 32, 349-377.

Bender, A. , Hutchins, E. , & Medin, D. (2010). Anthropology in cognitive science. *Topics in Cognitive Science*, 2, 374-385.

Benjamin, N. , Haden, C. , & Wilkerson, E. (2010). Enhancing building, conversation, and learning through caregiver-child interactions in a children's museum. *Developmental Psychology*, 46, 502-515.

Birney, B. (1995). Children, animals, and leisure settings. *Society and Animals*, 3, 171-187.

Burnham, R. & Kai-Kee, E. (2005). The art of teaching in the museum. *The Journal of Aesthetic Education*, 39, 65-76.

Crowley, K. , Callanan, M. , Jipson, J. , Galco, J. , Topping, K. , & Shrager, J. (2001). Shared scientific thinking in everyday parent-child activity. *Science Education*, 85, 712-732.

Crowley, K. & Jacobs, M. (2002). Building islands of expertise in everyday family activity. In G. Leinhardt, K. Crowley, & K. Knutson (Eds.), *Learning conversations in museums* (pp. 333-356). Mahwah, NJ: Lawrence Erlbaum Associates.

Davidson, S. , Passmore, C. & Anderson, D. (2010). Learning on zoo field trips: The interaction of the agendas and practices of students, teachers, and zoo educators. *Science Education*, 94, 122-141.

Davies, S., McCallie, E., Simonson, E., Lehr, J., & Duensing, S. (2009). Discussing dialogue: perspectives on the value of science dialogue events that do not inform policy. *Public Understanding of Science*, 18, 338-353.

De Houwer, J., Thomas, S., & Bayens, F. (2001). Associative learning of likes and dislikes: A review of 25 years of research on human evaluative conditioning. *Psychological Bulletin*, 127, 853-869.

Dewey, J. (1938). *Experience and education*. West Lafayette, IN: Kappa Delta Pi.

DeWitt, J. & Hohenstein, J. (2010a). School trips and classroom lessons: An investigation into teacher-student talk in two settings. *Journal of Research in Science Teaching*, 47, 454-473.

DeWitt, J. & Hohenstein, J. (2010b). Supporting student learning: A comparison of student discussion in museums and classrooms. *Visitor Studies*, 13, 41-66.

Ellenbogen, K. (2002). Museums in family life: An ethnographic case study. In G. Leinhardt, K. Crowley, & K. Knutson (Eds.), *Learning conversations in museums* (pp. 81-102). Mahwah, NJ: Lawrence Erlbaum Associates.

Ellenbogen, K. (2003). From dioramas to the dinner table: An ethnographic case study of the role of science museums in family life. Unpublished doctoral thesis.

Engström, Y. (1987). *Learning by expanding: And activity-*

theoretical approach to developmental research. Helsinki: Orienta-Konsultit Oy.

Epstein, S. (1994). Integration of the cognitive and psychodynamic unconscious. *American Psychologist*, 49, 709-724.

Evans, E. M. & Lane, J. (2011). Contradictory or complementary? Creationist and evolutionist explanations of the origin(s) of species. *Human Development*, 54, 144-159.

Evans, S. (2013). Personal beliefs and national stories: Theater in museums as a tool for exploring historical memory. *Curator: The Museum Journal*, 56, 189-197.

Falk, J. & Dierking, L. (2000). *Learning from museums: Visitor experiences and the making of meaning*. Lanham, MD: Altamira Press.

Falk, J. & Dierking, L. (2012). *The museum experience revisited*. Walnut Creek, CA: Left Coast Press.

Frankl, V. (1959). *Man's search for meaning: An introduction to logotherapy*. Boston, MA: Beacon Press.

Freire, P. (1970). *Pedagogy of the oppressed*. New York: Herder & Herder.

Gentner, D., Levine, S., Ping, R., Isala, A., Dhillon, S., Bradley, C., & Honke, G. (2016). Rapid learning in a children's museum via analogical comparison. *Cognitive Science*, 40, 224-240.

Gilmore A., & Rentschler R. (2002). Changes in museum management: A custodial or marketing emphasis? *Journal* of *Management Development*, 21, 745-760.

Giroux, H. (2011). *On critical pedagogy*. London: Bloomsbury.

Goswami, U. & Bryant, P. (2007). *Children's cognitive development and learning (Primary Review Research Survey 2/1a)*, Cambridge: University of Cambridge Faculty of Education.

Greunewald, D. (2003). The best of both worlds: A critical pedagogy of place. *Educational Researcher*, 32, 3-12.

Hein, G. (1998). *Learning in the museum*. London: Routledge.

Hein, G. (1999). Is meaning making constructivism? Is constructivism meaning making? *The Exhibitionist*, 18(2), 15-18.

Hidi, S. & Renninger, K. (2006). The four-phase model of interest development. *Educational Psychologist*, 41, 111-127.

Hohenstein, J. & Ash, D. (in preparation). A window on relational shift: Families' use of analogy and comparison as a tool for learning in a museum setting.

Hohenstein, J. & Tran, L. (2007). Use of questions in exhibit labels to generate explanatory conversation among science museum visitors. *International Journal of Science Education*, 29, 1557-1580.

Hooper-Greenhill, E., Moussouri, T., Hawthorne, E., & Riley, R. (2001). *Making meaning in art museums 1: Visitors' interpretive strategies at Wolverhampton Art*

Gallery [*West Midlands Regional Museums Council & Research Centre for Museums and Galleries report*]. Leicester: University of Leicester.

Hudson, J. & Fivush, R. (1991). As time goes by: Sixth graders remember a kindergarten experience. *Applied Cognitive Psychology*, 5, 347-360.

International Learning Styles Network. (2008). About learning styles. Retrieved 21 September, 2016, from www.learningstyles.net/en/why-join

Kimble, G. (2014). Children learning about biodiversity at an environment centre, a museum and at live animal shows. *Studies in Educational Evaluation*, 41, 48-57.

Kirschner, P., Sweller, J., & Clark, R. (2006). Why minimal guidance during instruction does not work: An analysis of the failure of constructivist, discovery, problem-based, experiential, and inquiry-based teaching. *Educational Psychologist*, 41, 75-86.

Klahr, D. & Nigam, M. (2004). The equivalence of learning paths in early science instruction: Effects of direct instruction and discovery learning. *Psychological Science*, 15, 661-667.

Kolb, D. (1984). *Experiential learning*. Englewood Cliffs, NJ: Prentice-Hall.

Lave, J. & Wenger, E. (1991). *Situated learning: Legitimate peripheral participation*. Cambridge: Cambridge University

Press.

Lazarus, R. (1991). *Emotion and adaptation*. Oxford: Oxford University Press.

Lefrancois, G. (1997). *Psychology for teachers* (9th edition). Belmont, CA: Wadsworth.

Legare, C., Lane, J., & Evans, E. M. (2012). Anthropomorphizing science: How does it affect the development of evolutionary concepts? *Merrill-Palmer Quarterly*, 59, 168-197.

Lehr, J., McCallie, E., Davies, S., Caron, B., Gammon, B., & Duensing, S. (2007). The value of 'Dialogue Events' as sites of learning: An exploration of research and evaluation frameworks. *International Journal of Science Education*, 29, 1467-1487.

Luce, M., Callanan, M., & Smilovic, S. (2013). Links between parents' epistemological stance and children's evidence talk. *Developmental Psychology*, 49, 454-461.

Mai, T. & Ash, D. (2012). Tracing our methodological steps: Making meaning of diverse families' hybrid 'Figuring out' practices at science museum exhibits. In D. Ash, J. Rahm, & L. Melber (Eds.), *Putting theory into practice* (pp. 97-118). Rotterdam: Sense Publications.

Matthews, S. (2013). 'The trophies of their wars': affect and encounter at the Canadian War Museum. *Museum Management and Curatorship*, 28, 272-287.

Mayer, R. (2004). Should there be a three-strikes rule against pure Discovery Learning? The case for guided methods of instruction. *American Psychologist*, 59, 14-19.

McCallie, E. (2009). *Argumentation among publics and scientists: A study of dialogue events on socio-scientific issues*. Unpublished doctoral thesis. King's College London.

McIntyre, C. (2009). Museum and art gallery experience space characteristics: An entertaining show or a contemplative bathe? *International Journal of Tourism Research*, 11, 155-170.

McManus, P. (1988). Good companions: More on the social determination of learning-related behaviour in a science museum. *International Journal of Museum Management and Curatorship*, 7, 37-44.

Meisner, R., vom Lehn, D., Heath, C., Burch, A., Gammon, B., & Reisman, M. (2007). Exhibiting performance: Co-participation in science centres and museums. *International Journal of Science Education*, 29, 1531-1555.

Mercer, N. & Littleton, K. (2007). *Dialogue and the development of children's thinking: A sociocultural approach*. London: Routledge.

Packer, J. & Ballantyne, R. (2005). Shared vs. solitary: Exploring the social dimension of museum learning. *Curator*, 48, 177-192.

Pajares, F. (1996). Self-efficacy beliefs in academic settings. *Review of Educational Research*, 66, 543-578.

Palmquist, S. & Crowley, K. (2007). From teachers to testers: How parents talk to novice and expert children in a natural history museum. *Science Education*, 91, 783-804.

Pashler, H., McDaniel, M., Rohrer, D., & Bjork, R. (2008). Learning styles: Concepts and evidence. *Psychological Science in the Public Interest*, 9, 105-119.

Piaget, J. & Inhelder, B. (1969). *The psychology of the child.* New York: Basic Books.

Piscitelli, B. & Anderson, D. (2001). Young children's perspectives of museum settings and experiences. *Museum Management and Curatorship*, 19, 269-282.

Postman, N. & Weingartner, C. (1969). *Teaching as a subversive activity.* New York: Delacorte Press.

Rennie, L. & Johnston, D. (2004). The nature of learning and its implications for research on learning in museums. *Science Education*, 88, S4-S16.

Roberts, L. C. (1997). *From knowledge to narrative: Educators and the changing museum.* Washington, DC: Smithsonian Institution Press.

Rogoff, B. (1990). *Apprenticeship in thinking.* Oxford: Oxford University Press.

Rogoff, B. (1994). Developing understanding of the idea of communities of learners. *Mind, Culture, and Activity*, 1, 209-229.

Rogoff, B. (2003). *The cultural nature of human development.*

Oxford: Oxford University Press.

Rogoff, B., Paradise, R., Arauz, R. M., Correa-Chavez, M., & Angellilo, C. (2003). Firsthand learning through intent participation. *Annual Review of Psychology*, 54, 175-203.

Rowe, S. (2002). The role of objects in active, distributed meaning-making. In S. Paris (Ed.), *Perspectives on object-centred learning in museums* (pp. 19-35). Mahwah, NJ: Lawrence Erlbaum Associates.

Rundle, S. & Dunn, R. (2007). The Building Excellence Survey [selfdirected learning tool]. Retrieved 21 September 2016, from www.learningstyles.net/index.php?option=com_content&task=view&id=25&Itemid=78&lang=en

Schauble, L., Leinhardt, G., & Martin, L. (1997). A framework for organizing a cumulative research agenda in informal learning contexts. *Journal of Museum Education*, 22, 3-8.

Schunk, D. H. & Zimmerman, B. J. (1997). Social origins of self-regulatory competence. *Educational Psychologist*, 32, 195-208.

Semper, R. (1990). Science museums as environments for learning. *Physics Today*, 43, 50-56.

Serrell, B., Sikora, M., & Adams, M. (2013). What do *visitors* mean by 'meaning'? *The Exhibitionist*, 33, 8-15.

Shore, L. & Stokes, L. (2006). The Exploratorium Leadership program in science education: Inquiry into discipline-specific teacher education. In B. Achinstein & S. Athanases (Eds.), *Mentors in the making* (96-108). New York: Teachers College Press.

Siegler, R. S. (1995). How does cognitive change occur? A microgenetic study of number conservation. *Cognitive Psychology*, 25, 225-273.

Silverman, L. (1993). Making meaning together. *Journal of Museum Education*, 18, 7-11.

Silverman, L. (1995). Visitor meaning-making in museums for a new age. *Curator: The Museum Journal*, 38, 161-169.

Silvia, P. (2008). Interest — The curious emotion. *Current Directions in Psychological Science*, 17, 57-60.

Smith, L. (2014). Visitor emotion, affect and registers of engagement at museums and heritage sites. *Conservation Science in Cultural Heritage*, 14, 125-132.

Sobel, D. & Letourneau, S. (2015). Children's developing understanding of what and how they learn. *Journal of Experimental Child Psychology*, 132, 221-229.

Sobel, D., Letourneau, S., & Meisner, R. (2016). Developing Mind Lab: A university-museum partnership. In D. Sobel & J. Jipson (Eds.), *Cognitive development in museums: Relating research and practice* (pp. 120-137). London: Routledge.

Sobel, D., Li, J., & Corriveau, K. (2007). 'They danced around in my head and I learned them': Children's developing conceptions of learning. *Journal of Cognition & Development*, 8, 345-369.

Spiegal, A., Evans, E. M., Frazier, B., Hazel, A., Tare, M., Gram, W., & Diamond, J. (2012). Changing museum visitors' concepts of evolution. *Evolution: Education and Outreach*, 5, 43-61.

Spock, M. (1999). The stories we tell about meaning making. *Exhibitionist*, 18, 30-34.

Stahl, G. (2003). Meaning and interpretation in collaboration. In B. Wasson, S. Ludvigsen, & U. Hoppe (Eds.), *Designing for change in networked learning environments*. New York: Springer.

Starn, R. (2005). A Historian's brief guide to new museum studies, *The American Historical Review*, 110, 68-98.

St. Jacques, P. & Schacter, D. (2013). Modifying memory: selectively enhancing and updating personal memories for a museum tour by reactivating them. *Psychological Science*, 24, 537-543.

Sturm, H. & Bogner, F. (2010). Learning at workstations in two different environments: A museum and a classroom. *Studies in Educational Evaluation*, 36, 14-19.

Szechter, L. & Carey, E. (2009). Gravitating toward science: Parent-child interactions at a gravitational-wave observatory. *Science Education*, 93, 846-858.

Tal, T. & Morag, O. (2007). School visits to natural history museums: Teaching or enriching? *Journal of Research in Science Teaching*, 44, 747-769.

Tare, M., French, J., Frazier, B., Diamond, J., & Evans, E. M. (2011). Explanatory parent-child conversation predominates at an evolution exhibit. *Science Education*, 95, 720-744.

Tenenbaum, H. & Hohenstein, J. (2016). Parent-child talk about the origins of living things. *Journal of Experimental Child Psychology*, 150, 314-329.

Tenenbaum, H., Prior, J., Dowling, C., & Frost, R. (2010). Supporting parent-child conversations in a history museum. *British Journal of Educational Psychology*, 80, 241-254.

Tenenbaum, H., Rappolt-Schlictmann, G., & Zanger, V. (2004). Children's learning about water in a museum and in the classroom. *Early Childhood Research Quarterly*, 19, 40-58.

Valle, A. & Callanan, M. (2006). Similarity comparisons and relational analogies in parent-child conversations about science topics. *Merrill-Palmer Quarterly*, 52, 96-124.

van Schijndel, T., Franse, R., & Raijmakers, M. (2010). The Exploratory Behavior Scale: Assessing young visitors' hands-on behavior in science museums. *Science Education*, 94, 794-809.

van Schijndel, T., Singer, E., van der Masse, H., & Raijmakers, M. (2010). A sciencing programme and young children's exploratory play in the sandpit. *European Journal of*

Developmental Psychology, 7, 603-617.

van Schijndel, T., Visser, I., van Bers, B., & Raijmakers, M. (2015). Preschoolers perform more informative experiments after observing theory-violating evidence. *Journal of Experimental Child Psychology*, 131, 104-119.

von Glaserfeld, E. (1995). *Radical constructivism: A way of knowing and learning*. London: Routledge.

Vygotsky, L. (1978). *Mind in society: The development of higher psychological processes*. Cambridge, MA: Harvard University Press.

Yunkaporta, T. (2009). Aboriginal pedagogies at the cultural interface. Unpublished PhD thesis, James Cook University.

Zimmerman, H. Reeve, S., & Bell, P. (2008). Distributed expertise in a science center. *Journal of Museum Education*, 33, 143-152.

5　叙事、对话与沟通的关键

41 号展厅中的实践[①]

41 号展厅是大英博物馆收藏中世纪早期欧洲藏品的常设展览。其中主要陈列三类收藏品：古代晚期文物和拜占庭文物、大陆文物和岛屿文物。这些藏品加在一起，在范围上是无与伦比的，覆盖了整个中世纪早期（公元 300—1100）和西至大西洋、东至黑海、北至北极圈、南至北非的整个欧洲。这些藏品能让我们有机会对这一迷人的充满变化与转型的时期，有一个全面的了解。

藏品之丰富令人惊叹，但是在调动如此丰富的材料和信息的同时，又令参观者不至于望而却步，这显然为藏品阐释带来了挑战。坦率地说，这里的东西很多，而关于这些东西可以说也很多。之前的展厅设计在这方面就失败过。展柜里满是文物和信息，墙壁上还有额外的嵌板——尤其是展厅的萨顿胡（Sutton Hoo）展区，那里有一整面墙都铺满文字嵌板。观众调查显示他

[①] 此案例是由大英博物馆的苏·布鲁宁博士撰写并贡献的。她是中世纪早期岛屿收藏和萨顿胡策展人。本书几乎未对此案例进行编辑。

们往往对此不知所措。面对这么多的材料，他们只能走马观花，而没有动力去参观和探索展览。

此外，在展厅中展出了许多民族——有一些大家可能较为熟悉（盎格鲁-撒克逊人、维京人、罗马人），但许多可能不熟悉（汪达尔人、西哥特人、草原游牧民族），在之前的展览中似乎彼此孤立。没能展示出这一时期所具有的强烈文化交流、影响和运动的特点。参观者必须仔细阅读标签，才能发现其中的联系。这种布展方案未能呈现整个展厅的统一"愿景"，只能展示大厅中的各种文化"岛"（island）。这种布展方式导致展览各部分之间缺乏连接性。

图 5.1　大英博物馆 41 号厅的新展厅
ⓒ大英博物馆理事会

我们期望在新展厅的布置能让观众清晰地一览整个展厅和藏品，通过更加连贯的叙事，呈现这些民族是如何跨越时间和空间建立联系的。展厅里将用一条"红线"来帮助参观者思考和理解这个复杂的时期。我们需要一个强大的概念来作为繁多的藏品中物理和叙事层面的核心。幸运的是，有一件藏品可以完美地胜任这一角色：萨顿胡船葬（the Sutton Hoo ship burial）。

萨顿胡船葬是一个早期盎格鲁-撒克逊人的坟墓，其历史可以追溯到 7 世纪早期，于 1939 年在萨福克郡萨顿胡的土墩下被发现。这是盎格鲁-撒克逊时期的墓葬地，在 6 世纪到 7 世纪之间有许多土丘墓葬，其中只有大船墓葬完好无损。墓葬由一艘 27 米长的船组成，船中央的墓室里装满了著名的珍宝，其中包括一顶头盔，这构成了展览的核心部分。这些陪葬品的质量和数量，再加上壮观的葬礼性质，强烈地暗示着这是一场皇室墓葬，甚至可能是东安格利亚（当时的盎格鲁-撒克逊王国）国王的墓葬。因此，萨顿胡是一个合适的核心概念，因为它壮观且具有历史意义。同时它也是通往中世纪早期欧洲展厅概念的理想途径，因为展厅中的文物来自中世纪早期的欧洲（例如拜占庭帝国的银器、法兰克王国的硬币、凯尔特大不列颠的悬碗）。通过这种设置，可以让参观者与展厅中代表其他区域和文化的文物建立联系。

我们的思路是将萨顿胡作为展厅的物理中心及概念中心。然后将其余的文物按照地理和文化区域分布在其周围，以便相关的萨顿胡文物与相关周边的文物保持紧密联系（和对话）。参观者在中央展柜中能看到的勺子和碗与展厅里相邻的拜占庭区域中的那些勺子、碗非常相似，诸如此类的设计遍布整个展厅。

墓葬还包含了这一时期的关键主题，我们用它来指导叙事和在解释中使用信息。这些主题是：

- 罗马帝国的持续影响和遗产。
- 人、物和思想的交流碰撞出有意义的文化、社会和艺术互动火花。
- 考古学对于理解这一时期的重要性。

总而言之，我们希望以萨顿胡和选定的主题作为纽带，能把这些庞大的藏品编织在一起，使整个展厅更加连贯、更易于浏览，且让参观者感到愉悦。这样布展的理念是，即使参观者仅停留在萨顿胡，他们也能对展厅的整体内容有所了解；即使他们只停留在一两个独立展柜前，也能大致理解展览的其他部分。我们支持这种更吸引人的诠释方式，运用不再拥挤的展柜和更合理的布光与设置来吸引参观者进行更深入的探索。

引言

许多证据表明无论是在博物馆还是在其他地方，话语和叙述都与学习密切相关（例如，Leinhardt & Knutson，2004；Browning & Hohenstein，2015；Vygotsky，1978）。若要从学习者和教育者的角度来理解叙事和对话，则我们需要一个有用的视角来了解人们是如何运用博物馆等场所来学习的。根据布鲁纳的说法：

> 我们主要以叙事的形式组织我们对人类事件的体验和记忆——故事、理由、神话、许可和禁忌，等等。叙事是一种传统形式，通过文化传播，并受到每个人的掌握程度及其辅助工具、同事和导师的集合所限制。
>
> （1991，p.4）

与此同时，对话是发言者之间、读者和作者之间或者其他类型的对话者之间的谈判，通过这种谈判，人们可以在互动中找到意义（Brown & Levinson，1987）。用怀特（White，1981）的话说，"我们认为叙事和叙事性是一种工具，借助这种工具，虚构或真实的对立主张在对话中得到调解、仲裁或解决"（p.4）。这表明，对话是一种交流叙事的方式，以某种形式存在于人（或地方）之中。关于在博物馆环境中使用语言和叙事的思考有很多，往往借鉴了关于对话的各种理论和研究（例如 Roberts，1997；Leinhardt & Knutson，2004）。

对话可以有几种不同的理解方式。从最基本的意义上说，它是人们相互交流的方式，这种交流可能是长期的，也可能是短暂的。通常，叙事可以被看作是一个相对较长的故事，可能与其他故事交织在一起，形成一个复杂的故事，以讲述某人或某事（Bruner，1990；Roberts，1997）。例如，上文萨顿胡案例中提及的联系，指的是来自不同地理区域的多个故事通过各种人工制品来呈现文化实践的相互关系。但人们也可以把叙事看作是嵌入在对话中的较小语言片段，共同形成了一个更大的整体（Bruner，1990；Ochs，1993）。如果单独来看，两个人对话中的不同转折可能显得突兀，但这些转折加在一起可以形成一组有意义的情节。因此，人们可能会认为沟通涉及的范围十分广泛，从用含蓄而又明确的叙事进行宏大陈述的整体表达思想的方式，到群体对话的最小元素，甚至是个人与文本之间的对话，各种形式都有。本章将从博物馆的角度和参观者的角度，论述博物馆中用于传达信息的语言和其他修辞手段（如图片、符号、肢体语言、展品设计）。

我们有必要提一下，叙事和话语与本书所涉及的其他一些主题之间存在广泛的重叠，这一点很重要。在某种程度上，这源于叙事或对话作为研究其他主题的方法论。但人们用来讲述故事的叙事方式与他们建构身份、建构意义和形成记忆的方式之间，也存在着明确的理论联系——这些内容在其他章节中也有涉及。因此，尽管本章试图关注对话，但毫无疑问，它也将涉及很多本书其他章节的观点。当存在重叠时，我们会尽量做到简洁易懂。

对话和叙事的基础

目前流行的一种方法是通过社会文化理论来理解个体是如何应用对话了解世界的。社会文化理论有许多分支；我们不可能对每一个分支都做深入的介绍。然而，思考社会建构主义与实践社区和情境学习等方面之间的对比，对本章的目的可能有所帮助。此外，从认知发展的角度考虑语言如何促进或阻碍认知科学或信息处理视角的理解也大有裨益。然而，我们从布鲁纳的观点开始，观察人们如何使用故事或叙事来理解生活中发生事件的构造本质。在实践中，可以从叙事的角度来思考博物馆要如何在其空间中讲述关于物品和概念的故事。

叙事理论

本节的大部分讨论将集中在心理学和社会语言学理论中所述的叙事。值得注意的是，其他学科也有一些围绕叙事而发展出的观点，包括但不限于英语、历史、哲学和人类学。

根据布鲁纳（Bruner, 1991）的研究，叙事有助于人们理解和沟通随着时间推移而发生的事件。这些事件是相关的，因为他们借鉴了人们熟知的脚本（Scripts）[1]（Nelson, 1996; Schank &

---

[1] 脚本可以与图形世界（figured worlds）进行比较（Holland, Lachicotte, Skinner, & Cain, 1998——见第8章）。然而图形世界是作为身份及自我的结构而发展的，当他们拥有某些社会地位时，会产生"人们如何"的感觉，而脚本是一组可以填充事件元素的插槽。因此，与图形世界相比，脚本可能更具体，尽管仍然是相对潜意识的。

Abelson，1977）。例如，因为人们对博物馆中发生的事情有着类似脚本的预期，如何展开关于博物馆参观的叙事或者在这种环境下人们的期望，参观者会对即将知道什么做出某些假设，并且能联想到普遍行为，如在进入博物馆前买票或者不碰艺术品。但叙事也可以利用人们的知识来创造令人难忘的时刻和脱颖而出的有趣故事：当人们偏离了预期的行为时就有理由记住这些事件。例如，如果某人伸手触摸一个雕塑引发警报时，就可能会发现自己引起别人的注意。这些类型的叙事都有别于人们以往经历的脚本。

事实上，布鲁纳（Bruner，1990）的建议指出，"故事的功能是特意制造一种状态，这种状态可以帮助人们理解偏离传统脚本的模式"（pp.49-50）。在上述萨顿胡展览的案例中，观众可能没期望自己需要理解不同群体之间的联系，所以展览通过将这些联系呈现至观众面前，突出了这种令人意想不到的关系，使人们能将展览当作一个有趣的故事。

另外，叙事由一系列有助于创造整体的部分组成。这些隐含的（可能来自一个著名的脚本）或明显的部分，在共同构成整体的故事后，比单纯各部分的累加要更为精彩。这在博物馆里尤其具有挑战性，因为参观者的行为选择是自由的（例如，Falk & Dierking，2000）。参观者不可能像任何策展人或博物馆教育工作者希望的那样，遵循某种特定的计划来参观展览中的所有展品。因此，找到一种传达叙事的方式，使参观者能构建足够多的故事，即使他们以一种意想不到的顺序参观，或只看到展品的一部分便是策展人所面临的挑战。布鲁纳（Bruner，1991）关于叙事的元素有助于理解叙事在日常生活意义创造中的使用，这可能是缓解这一问题的理论之一。他指出叙事不仅被嵌入在行动者和叙事者的意向中，而且还被嵌入在"听者"的意向中，听者会用自己的理解去解释听到的故事。因此，有必要协调叙事的各种意图元素，这可能超出了任何参与者的控制！这些问题变得越来越重要，因为博物馆在创建项目和设计空间时会考虑一些传统上不那么突出的群体故事（见第 10 章）。在这种情况下，假设每个人对一件物品、一篇文章或一个展览都有相同的反应，那么相比历史上当文化考虑不那么普遍的时候，这种假设可能会带来更多的问题。布鲁纳（Bruner, 1991）也提到了叙事中指称的必要性。也就是说，必须有一部分故事可以让解读这个故事的人坚持下去，以奠定故事的基础。在博物馆中，这些元素可以是物品（不论真实与否，见第 6 章）、共同的思想、历史事件，或其他可以被视为展览或活动基础的社会共识。布鲁纳认为，人们主要是通过解读叙事来学习，要么是通过自身的体验行为，并将这些行为转化为故事；要么是将自己代入他人的现实生活体验，因为他人通过讲故事的方式提供了情境。个人经历的故事和他人的故事这两种类型的学习，都可以从其他的理论视角来解释，有些密切相关，有些则不是；下面几节将进行详细介绍。

奥克斯和卡普（Ochs & Capp, 1996）指出，人们经常面临所谓的叙事不对称，即两个或两个以上的叙事在对某个想法或事件的解释中发生冲突。也就是说，有时叙事讲述的故事彼此之间并不一致（例如，宗教对地球的认识还不到一万年，而地质学家认为地球的历史时期始于数十亿年前）。当这种情况发生时，人们必须以某种方式解决这些差异——他们可能倾向于以相对主义或原教旨主义的观点来行动。相对主义的观点认为没有绝对的

"真理"。也就是说，不同的叙事可能适用于不同的个人；那么，人们的解决办法就是找到理解的方法，或围绕各自的叙事中所描述的事实开展行动。相反，持原教旨主义观点的人可能会否认另一个人所认可的叙事有效性，有时会导致敌对的互动。和布鲁纳（Bruner，1990）一样，奥克斯和卡普认为人们会用叙事来解决他们对世界的期望和经验之间的差异，试图在自己内心和外部群体之间保持一致。当人们遇到与他们的期望或核心信念相悖的新想法或信息时，如在"有争议的"博物馆展览中，他们将需要找到一种方法来处理这种差异｛参看下面关于入口叙事（entrance narratives）的讨论｝。这是一些社会人士、参观者、教育者、文本（作者），以及展览中呈现的各种"声音"一起发挥作用并共同努力的过程。我们现在转向另一种构建学习的社会层面方法。

社会文化理论

正如第 4 章已经提到的，维果茨基（Vygotsky，1978）提出了一个理论，思考学习者在社交层面上与他人互动的方式。正是这种反复的参与，使学习者在一个特定的最近发展区取得进展，从而使智力成就和能力得到提高：如果学习者在某个时间点能够在别人的帮助下做某件事情，那么在将来的某个时间点，通过指导和练习，学习者也能够独立完成任务。最近发展区指的是个体在任何时候都可以在某一特定学习任务中得到帮助的区域。也就是说，可以通过与他人交流产生想法和信息的惯常经验，将产生于社会层面（人际层面）的概念转化为个人层面（个人内心层面）的概念。维果茨基提出，语言是人们在社交中进行交流的主要文化工具之一。还有其他传递信息的工具，包括地图、数学公式、艺术和音乐，但到目前为止，研究最多的文化工具还是人们日常使用的语言，这里说的语言通常没有考虑对话或叙事。巴赫金（Bakhtin, 1981）认为，所有的思想都是对话的，包括像阅读这样独白的思想，阅读就好像是在与别人讨论，或者准备与别人讨论一样。从这个角度来看，人们不断地参与对话互动，可能会影响他们对概念的理解。因此，个人或团体参观者的博物馆体验包含于个人的大量学习对话中，因为参观者与博物馆中的物品、空间或文本之间存在着相互作用。

许多研究都以维果斯基和社会文化理论为灵感。如第 2 章所述，社会建构主义方法通常被认为是借鉴了皮亚杰的个人主义发展理论和建构主义以及维果茨基的社会文化理论（如 Mercer, 2000；Haden, 2010）。虽然这种方法不像通常的社会文化观点那样以群体的功能、接纳新成员和适应环境的新发展为基础，但它仍然十分强调学习者被周围的人和环境塑造（以及反过来塑造他人和环境）的方式。也就是说，社会建构主义倾向于从个体学习者的角度出发，同时承认学习者不是一个孤立的个体，不是在独自进行理解和体验。根据这种观点，社会环境对个人发展的结果极为重要。这类研究倾向于关注语言和对话的细节，以及它们如何与儿童（或学习者）认知中的特定学习成就相关联。例如，这种传统研究可能会密切观察解释在对话中的应用，以及儿童对物体或事实的记忆如何与这些解释相关联。

与此相反，实践社群理论（Lave & Wenger, 1991）认为传统的群体为学习者提供了一种路径，用以理解与特定社群或文化相关联的存在或思维方式。从这一理论的角度来看，人们行为方式的变化与对形成社群基础的实践熟悉程度有关。社群

(community）指的是任何一群定期一起参加活动的人。一个人可能属于各种各样的社群：核心家庭、工作场所、爱好团体、购物圈子，甚至博物馆的参观者。个体可以通过参加这些群体提供的机会来确立自己作为此社群成员的身份，例如参观特别展览、与其他博物馆参观者建立友谊、参加博物馆的社交活动或讲座。个体在这些网络中感觉越舒服，就越有可能参与这些群体特有的语言实践（Heath，1983）。反之，根据这个理论，那些不习惯博物馆特有语言实践的人，在参观博物馆时，可能会觉得自己被边缘化，或者不受欢迎（Dawson，2014）。萨顿胡展厅的设计理念是帮助参观者看到中心元素、墓葬遗址和周边元素之间的联系，并让他们在参观展览的时候感到舒适。

还有一系列的研究，强调特定方面的对话有助于概念发展。许多人注意到解释对于自己和他人都存在好处（如 Chi et al.，1994）。部分这类研究的文献是用社会文化术语来表述的。但是，这些研究对一系列可测量的事实或观点的关注，让它相比一些基于传统的社会文化研究更具社会认知理论或科学理论的特性。

在接下来的内容中，我们将介绍与观众研究的两个不同领域相关的研究。第一部分研究了博物馆如何开发有助于参观者学习的叙事；第二部分从参观者的角度分析博物馆中与对话相关的学习类型和机制。这些研究主体互相关联，但是某些时候，他们确实对学习的意义有着截然不同的理解。

叙事和博物馆视角

在涉及直接面向参观者的实践中，博物馆使用的叙事方式有很多种。其中一些是为了吸引参观者进入博物馆；另一些是为了促进博物馆教育者和参观者群体之间的交流；还有一些关于展品和展厅的叙事，有助于讲述旨在教育、娱乐和吸引参观者的故事。正如我们在大英博物馆的案例中所看到的，他们的团队在重新构思展厅空间的过程中，致力于让各个历史时期、地理区域、种族，乃至物品之间相互交流。我们将在这里讨论不同类型的以博物馆为基础的对话。

入口叙事①

1996年，多林（Doering）和佩卡里克（Pekarik）写了一篇评论，内容是关于参观者在面对与个人认知结构相冲突的叙事时可能产生的反应。他们认为个体所受的正规教育程度是预测他是否会去参观博物馆的最好指标。与此同时，他们认为参观者在博物馆中只是想确认他们先前对世界的观念，如果博物馆试图讲述偏离参观者期望的故事，就会受到强烈的批评。因此，如果博物馆打算进行相关的教育活动，而不仅仅是迎合参观者的期望，那么博物馆将面临既要增加参观人数，又要远非迎合观众世界观的挑战。

博物馆在寻找扩大观众类型的方法上已经做了大量的努力（Goulding，2000；MacDonald & Fyfe，1996；McPherson，2006；Hayes & Slater，2002）。正如多林和佩卡里克（Doering & Pekarik，1996）所提到的那样，只为受过高等教育的人服务已不

---

① 在第9章中，入口叙事（entrance narratives）也被作为了解博物馆参观动机的一种方式。

再是博物馆的目的。因此,研究者需要去理解参观者与博物馆之间的关系。埃弗雷特和巴雷特(Everett and Barrett,2009)的一项研究就证明了这一点。他们采用一种叙事方法,试图了解参观者是如何创造一个故事来助其构建身份的。在这个叙事研究中,他们借鉴了源于杜威(Dewey,1938)体验式学习思想的框架:关注个体经验,这些经验是基于当下的语境和时间,并在叙事中表现出来的。他们分析了一个非典型的、59岁的参观艺术博物馆的女性,她没有受过高等教育,小时候也没有参观过博物馆。这个案例研究表明个人不同经验之间的联系,可以引导个体更好地了解博物馆,逐渐让他们将博物馆的体验与自身兴趣相联系,并由此感到舒适,从而成为博物馆的终身参观者。研究对象所传达的故事暗示了她与一个博物馆持续保持的关系,即在生命的不同阶段,她以不同的方式参观过博物馆:作为年轻而有抱负的艺术家、作为陪伴孩子的母亲、作为独立生活的离异女性,她有更多的时间以一种充分思考的方式参观展览。随着时间的推移,参观者可能与博物馆相关机构建立不同的关系,对博物馆来说,可能是有启发的。例如,随意通过一种项目形式,利用前期评估来了解不同年龄和背景的参观者,就可能促进其与博物馆的关系。在这个案例中,研究对象依据不同阶段的人生需求,对艺术感兴趣的原因也有所不同。如果博物馆能通过预测不同类型人群的需求来帮助他们形成社群意识,那么就有可能打造这种终生相伴的关系。同时,欢迎更多潜在的群体前来参观,促进博物馆成为构建更复杂叙事体系的机构。

丰富的叙事帮助不同的参观者以多种方式与博物馆相联系

博物馆将叙事作为一种工具以提高其市场地位，这种做法并不陌生（Wells，Butler，& Koke，2016）。问题可能在于，对于那些正考虑以某种方式参观博物馆的人来说，要想说服他们参观，需要准确地提供叙事的内容，或者如何向他们传达一个复杂但又能够让人理解的故事。在克罗尼斯（Chronis，2012）的市场营销研究中，有一个研究对象参观某文化遗址的个案，他借鉴了参观者叙事的理论观点来帮助博物馆简化故事，让参观者离开时能直接反思自身参观体验。这种观点来源于海德格尔（Heidegger，1949）的哲学，其主张人类的存在是以说话者和倾听者对话的形式而呈现的，这类似于布鲁纳（Bruner，1990）通过讲故事来学习的概念，即一个人不断地将其周围的事物与自己和他人联系起来。

流线型叙事能帮助参观者更容易地反思参观

根据克罗尼斯（Chronis，2012）的观点，在参观者投入到循环的学习过程时，可以通过提问和批判展品的方式来促使参观者进行更积极的学习。也就是说，他提倡在展览中使用叙事来讲故事，但同时也主张故事的讲述方式应有助于参观者主动参与，而非被动参与。克罗尼斯（Chronis，2012）还建议帮助参观者形成并保持连贯一致的叙事，这将有助于为博物馆本身建立一个叙事形象，最终吸引更多的参观者。虽然这些理论观点与很多关于学习的理论（例如建构主义、体验学习）是一致的，但应该注意的是，还需要沿着这些思路做进一步的研究，以确认叙事环（narrative cycle），特别是此处所提到的博物馆叙事环。克罗尼斯所采用的个案研究，可能难以推广至其他参加者，或博物馆以外的场馆。虽然说前文的萨顿胡展览中,这些文物本身能够创造出一个特别具有故事性的、关于那个时代和地区的事件与人的叙事。但展厅布局的方式,以及图片和文字的内容,有助于参观者填补文物故事中留下的空白,包括了解与其他文化的关系,以及实际的墓葬遗址。这些方法使得整个展厅保持了连贯的叙事。

规划、对话及叙事

自多林和佩卡里克的研究成果(Doering & Pekarik,1996)发表后,在讨论故事和叙事的这二十年间,越来越多的研究试图吸引参观者走出他们的舒适区。在呈现遗产和历史时尤其如此,因为历史中时常有需要当今社会成员的祖先承担责任的事件(如奴隶制)(Macdonald,2009;Rose,2016)。邦内尔和西蒙(Bonnell & Simon,2007)指出,一些展览或展品会引发争议,并且他们从准确性或情感角度对某物的呈现方式进行了激烈的讨论;这让人想起了关于转基因食品和伊诺拉·盖伊(Enola Gay)的展览。他们认为,由于参观者可能产生内疚或羞耻等令人不安的情绪,面对有争议的话题时会更容易引起情绪起伏,这种往往会令人不安,因为人们对一个事件会有多种解释或看法。在这种情况下,叙事起到了重要作用,因为这类型展览往往是开放式的,"这种展览可能确实需要参观者参与到某一过程中来,直面和打破他们的期望,并使他们对某种特定'讲述方式'的故事的态度变得更复杂"(Bonnell & Simon,2007,p. 67)。这种矛盾发生在许多类型的博物馆中,涉及社会公平、环境、医疗问题,以及主流历史观点等一系列主题(例如社会公平问题案例可参见 http://sjam.org/case-studies/using-objects/)。值得注意的是，第 8 章和第 10 章将会以略微不同的方式处理这些问题。

一些研究已经尝试调查参观者参与这些新项目的方式。例如当某特定主题的专家和博物馆的参观者进行一系列对话时，他们会在彼此的陈述基础上进行协作式辩论，以创建连贯一致的观点，这可能与另一位专家的观点相反（McCallie, 2009）。麦卡利（McCallie）的结论是基于学习的社会文化理论（Lave & Wenger, 1991），该研究表明，尽管通常专家的观点被认为是理性论证的，而"外行人"的观点则不那么一致，但参与者也能共同参与制定符合理性标准的论证（Toulmin, 1958）。然而，关于博物馆叙事如何与参观者的先前知识和先前叙事相互作用，以及当参观者遇到挑战其先前观念的信息时，这些叙事具有什么样的弹性或可塑性，人们知之甚少。

参观者可以参与协作辩论来理解观点

越来越多的研究利用书面反馈来调查参观者对展览和博物馆的反应，有时以留言簿的形式，最近则更多使用"便利贴"的形式。通过这些形式，参观者可以无拘束地直接与博物馆对话，而不是与其他人一起或以一种间接的方式与博物馆接触。然而，它们提供的交互性程度有所不同。诺伊（Noy, 2015）指出，参观者在留言簿手册上写下的文字，多是对博物馆的庆祝或祝贺，尽管并非总是如此。但它们也是一种展现在公共论坛上的表演，供其他参观者去阅读。这样说来，诺伊（Noy）的研究应该与巴赫金（Bakhtinian, 1981）的研究有关，巴赫金认为，沟通总是在某人期望其他人可以对其做出反应的情境下发生的。

当然，参观者所写的内容也有所不同，这往往取决于留言簿的摆放位置和展示方式（例如，放在提供导读信息的出口处，或者是邀请参观者思考他们在展览所呈现的类似情况下会如何行动。从参观者对展览的反应来看，这些留言往往包含更强烈的情绪，也因此可能更真实）。

> 对话是否增加了真实的互动？

莫拉托尼奥（Mauratonio，2015）对美国一家内战博物馆的参观者留言便利贴进行了分析，结果表明，参观者不会通过评论他们在博物馆的体验来进行互动，而这些评论反而呈现了一种参观者对内战理解的统一感。也就是说，研究者认为这错失了与历史时期对话的机会。因此，尽管参观者似乎参与了一种互动的、无拘束的活动，但实际上，这种做法只是将博物馆自身的故事具体化，强化了它对传达的叙事内容的权威性。此处以及本章的其他地方，将与第 10 章的内容有所联系。

博物馆教育者对话

其他关于博物馆叙事的研究调查了工作人员如何使用语言来创作关于博物馆体验的故事，以帮助参观者建构意义（Bruner，1990）。例如，博物馆为儿童讲故事常被用来帮助儿童理解展出的文物及其背后的意义（Frykman，2009）。伦（Lwin，2012）研究了新加坡一家历史博物馆中的叙述者如何利用叙事性表演，使年轻观众了解展厅中展品的背景。她利用文化经验来帮助学习者根据文物的来源来进行意义创造，用孩子们熟悉的名字来命名故事中虚构但具有现实意义的人物，突出人物的角色，用手势表现他们在叙事中提到的、历史时期里将会发生的活动。因此，讲故事的人能够借助提问和背诵传达大量的信息，帮助孩子们理解将会看到的展品。这样的叙事特别有助于为缺乏经验的参观者提供理解的情境（Lwin，2012）。

> **以讲故事为媒介可以增强儿童的体验**

博物馆中其他关于故事叙述的研究则聚焦于讲解员讲述以自身经历为中心的故事来表达身份意识的方式。罗伯茨（Roberts，1997）认为讲故事可以让参观者采取不同于自身的另一种观点，来探索解释和感受，以便日后进行反思。博德尔斯基、川岛和山崎（Burdelski，Kawashima and Yamazaki，2014）在研究历史博物馆的日裔美国人讲解员时，以一种叙事理论为背景，揭示了博物馆讲解员所使用的、帮助参观者在博物馆中创造意义的语言和非语言技巧。讲解员在讲解中通过手势和语调的变化，帮助参观者获得有关战争时期的丰富细节，这是参观者单独浏览文物和标签时较难获得的体验。另一个对讲解员叙事技巧的研究调查了呈现种植园住宅的方式（Modlin，Alderman，& Gentry，2011）。这项研究的结果强调，以白人为主的讲解员也具有带动参观者共情的能力，但共情的对象是针对房子的主人，而非在种植园工作的奴隶。使用研究者情感不平等的概念来指出这些故事中，历史上的主要人物群体之一在展览中的失语。

> **讲解员身份和非语言线索影响参观者的体验**

依托物品讲述故事

这种说法也许会引起争议，苏·艾伦（Sue Allen）认为科学展览（特别是那些需要亲身实践的，以及以科学原理而非科学史为导向的展览）可能无法像其他类型的博物馆那样利用叙事手法（Sue Allen，2004）。她表明在她的社会认知研究中，博物馆本身也许能够创造一个包罗万象的故事，但是科学展品却很难创造一个容易理解的故事。艾伦的前期研究（Allen，2002）指出，参观者很难通过对话建立起展品之间的联系；使用物理警戒线分隔展品有助于参观者注意到展品之间的主题，但这仍然只发生在半数观众之中（Allen，2003）。这种分析与弗艾克曼（Frykman，2009）的研究结果相一致，即历史博物馆中有十一分之十的文本包含了叙事，而在与科学相关的博物馆（自然历史和科学中心）中，只有三分之二的文本包含了叙事。因此，我们可能会发现，在科学博物馆中更难（或没有必要）构建连贯的、能让观众参观后还能回想起来的叙事。

> 有些材料可能更有利于叙事

目前，视觉呈现的叙事方式已被尝试用在科学博物馆的情境中（Dyehouse，2011）。戴豪斯（Dyehouse）的研究主要集中在自然史和借助图表展示进化的展览中。基于实用主义理论（Dewey，1938），作者建议博物馆不应依赖于线性或阶梯式的展示来传达物种间长期以来的进化遗传，而应更好地整合利用非线性的、可视化的呈现方式来展示进化的过程。

值得注意的是，作者坚持认为这些变化纯粹是视觉叙事上的，当它们出现时，需要伴随大量的标签文本来辅助参观者的理解。因此，不仅要考虑借助语言来阐述的叙事，而且要考虑通过其他媒介阐述的叙事，需要注意的是，通过视觉、语言和其他媒介整体地考虑叙事也很重要。

相比之下，斯科特（Scott，2007，2014）注意到一些博物馆会利用其通常具备的崇敬氛围，来增强藏品所传达的重要信息。他调研了神创论者博物馆和摩门教寺庙的展览，通过将"参观者置于教育环境中"来评估这些机构使用的叙事（2007，p.202）。这种情况下，斯科特认为采用"博物馆性"的身份有助于在某些环境中缓解观众对信息的抵制。神创论者博物馆甚至通过博物馆的仪式体验来强化宗教信息，以置疑"世俗"的自然科学方法。这也许证实了多林和佩卡里克（Doering & Pekarik，1996）的观点，部分参观者的评论表明他们相信博物馆关于世俗主义者和进化论者的叙事是不正确的。尽管参观者很可能在参观前就已经持有这种观点，而不是因为参观了博物馆而转变为这种观点的（更多有关博物馆被视为权威的讨论，可参见第10章）；不管怎样，挪用博物馆身份可能会强化参观者在这些场景中获得的信息，而这种可能性在更传统的博物馆场域中似乎很少被探讨。

总结

这部分引用的研究成果表明，当博物馆关注自身使用的叙事方式时，可能会以创新的方式来扩展讲述故事的方式，他们可能会在生活的各个方面与潜在的参观者建立联系。与此同时，有必要记住的一点是，参观者也会带着自己的叙事前来参观，其中许多叙事很难通过一次短暂的博物馆参观经历而改变（Doering & Pekarik，1996；Scott，2007，2014）。通过多重感官方式，利用各机构现有的材料，能让其都能充分发挥讲故事的潜能，从而进一步提升工作人员叙述故事的能力（现场叙述或以虚拟形式叙述），这对展览及项目的发展来说无疑是重大挑战。然而，听取各机构参观者的意见（通过公众的反馈或评价），以及更多有关观众研究的一般性结论，可以增加博物馆提供的学习机会。下文将从博物馆的叙事转向参观者在博物馆中的对话体验。

从参观者的角度进行博物馆研究

有很多方法可以对观众对话研究进行分类。对话被认为是构成叙事的要素之一，或者说它是一种表达叙事的方式。有时候对话的不完整性和单线性意味着叙事在对话中只显现了一部分。然而，在某种程度上，对话很可能与个人和群体用来讲述他们生活的故事相对应。此处，我们将这些工作归纳为关于参观者相互对话的研究，标签对参观者对话的影响，空间和话语，物体和对话，以及项目或设施。毫无疑问，这些类别具有很大的重叠性，因为它们很可能与前文的部分内容相关。当然，除了这里介绍的方式，还有其他方式能用来思考博物馆中的对话。

参观者交谈与学习

博物馆领域最早关注参观者对话的研究来自波莱特·麦克马

纳斯（Paulette McManus，1987，1988）。在一项大规模的博物馆参观者行为调查中，麦克马纳斯概述了参观者群体在探索伦敦自然历史博物馆展览时，在相互交谈的过程中出现的一系列行为。这些行为展示了不同类型的参观者群体（例如，家庭、成人群体）有关提问和回答的表达方式。虽然这项研究没有明确借鉴任何学习理论，但为未来的研究铺平了道路，并让日后的研究能更好地了解参观者是如何在博物馆环境中交谈的。这里有一点需要注意，莱因哈特和克努森（Leinhardt & Knutson，2004）提到，要将博物馆对话等同于学习存在三个潜在风险：（1）学习是一个持续的过程，但博物馆中可见到的对话只是一时的事件（可能是这种持续学习经历的一部分）；（2）当参观者知道他们被观察记录时，他们可能会故意以某种方式说话，尽管如此，许多有经验的研究人员也证实这其中的差异不可能太极端；（3）出于分析目的而进行的对话分隔，会人为地分割说话人的意图和思想。不同研究者将以不同的方式处理以上三个风险。但读者在考虑以下与博物馆环境中的对话有关的研究时，不妨记住它们。这些关于参观者互动的研究被分为许多不同类别的主题，包括以家庭为单位创造意义、学校参观、解释、自主性和自我反思。

以家庭为单位创造意义

最近的一些研究调查了家庭在整个参观过程中探索博物馆的方式。这些类型的研究往往是与家庭深入合作，在参观前和参观后进行访谈，并录下整个家庭在博物馆的音频和视频。齐默尔曼、里夫和贝尔（Zimmerman，Reeve & Bell，2009）以及阿什（Ash，2003，2004；Ash et al.，2007；Mai & Ash，2012）利用社会文化理论进行研究，以探索家庭在博物馆环境中谈论科学的方式。阿什和她的同事们进行的许多研究已经引起学界关注家庭对话细节的微分析，包括在博物馆环境中问题和探究的使用。此外，她的研究还关注不同种族和教育背景的家庭在参观博物馆时如何利用不同类型的对话资源。尽管他们有不同的教育背景，也可能使用不同的语言。但在父母促进儿童的最近发展区方面，与受过高等教育的家庭群体相比，低学历、低收入群体的家庭会使用相同类型的交流方式与每个人进行互动。齐默尔曼等人（Zimmerman，2009）关注专业博物馆爱好者家庭，了解他们如何使用认知资源、问题和陈述来帮助理解博物馆中遇到的事物。他们发现家庭成员能够迁移来自先前经验和知识的理解，以学习展览概念。例如，当家庭成员参观昆虫展览时，一个家庭会提出有关自身身体关节的问题，以便与昆虫的关节建立联系。齐默尔曼等人还指出这些家庭发生的对话中有三分之一与描述他们所看到的情况有关，而另外三分之一则将之前的知识带入新信息的语境中。将近14%的对话可归类为比较或类比。每一项技能都可以被看作是帮助家庭成员对他们正在观看的生物标本和展品产生新观点的方法。这两组基于社会文化的研究都聚焦于家庭成员之间的关系、家庭成员的长期目标，以及人们在参观博物馆时共同创造意义的方式。

> 家庭使用问句、解释和其他对话标记语进行探究，这种探究的方式可能取决于家庭背景。这些对话并不全都与学习有关。

研究者对家庭的研究采用了社会认知的视角，以了解当孩子具有不同程度的知识时,他们在博物馆里会以何种方式来讨论话题。克劳利和雅各布斯(Crowley & Jacobs,2002)以及帕姆奎斯特和克劳利(Palmquist & Crowley,2007)调查了父母与孩子谈论化石和恐龙的方式。他们发现父母在帮助孩子形成所谓的孤岛式知识方面能起到重要作用。也就是说,当父母更多地介入有关化石的对话时,孩子们之后便更有可能记住这些化石的名字(Crowley & Jacobs,2002)。帕姆奎斯特和克劳利(Palmquist & Crowley,2007)指出,与知识欠缺的父母相比,对恐龙的相关知识了解得较多的孩子,他们的父母提供的解释较少。这大概与父母对孩子获得理解需求的敏感性有关。在这些研究中,家长和儿童大多在儿童的最近发展区内活动,以便讨论的信息水平能与儿童接受这些信息的能力相适应。

最后,其他社会认知研究试图通过整理家庭在展览中的对话类型来解决儿童在博物馆学习的问题。例如,本杰明、哈顿和维尔克森(Benjamin,Haden and Wilkerson,2010)将父母和孩子分组,要求他们与一个关于建筑物的博物馆展览互动。研究者建议家长使用细致的对话方式,包括使用解释和 Wh-问句(Wh-questions),因为这对儿童学习的示例有影响,并帮助儿童学习建筑的概念。他们发现当家长们在参观展览前得到如何建造一座有效建筑的指导时,他们的孩子更喜欢学习并且两周后还能够识别出一栋好的建筑。然而,当父母得到使用特定类型的细致对话指导时,孩子的表现并没有改善。在这种情况下,预期的家长对话和主题指导之间并未互相影响。父母和孩子之间的对话类型似乎对孩子的学习效果没有影响。因此,博物馆应考虑尝试改变参观者的互动方式是否真的有益于观众的学习。在该研究中,使用材料的指导对学习更有帮助。

学校参观

越来越多的研究调查了在参观博物馆时学生、学校老师和博物馆工作人员使用的对话方式。鉴于这些参观的性质可能是学校的延伸，在博物馆的对话可能会不同于参加博物馆其他类型活动发生的对话。德威特和海因斯坦在科技馆和教室中调查了教师与学生互动的方式（DeWitt & Hohenstein，2010a）或者学生之间互动的方式（DeWitt & Hohenstein，2010b）。这些社会建构主义的研究表明，在两种情境下教师都倾向于主导对话，使用大量启发-回应-反馈（IRF；Wells，1999）类型的问题和相对大量的开放式问题。然而，学生们表现出更大的自主性，即他们在主动陈述中所占的比例更高，而对教师在博物馆中的评价要低于课堂。

> 儿童的对话在博物馆里比在教室里表现出更多的自主性

在另一项研究中，翟和狄龙（Zhai & Dillon，2014）研究了植物园中教育者向小学生传播科学知识时所使用的对话模式。尽管绝大多数的对话由教育工作者提供（80%），但是他们的对话超过一半本质上是交互式的。研究者还将学生的陈述、自愿提供的信息或想法，与教育者的对话联系起来。他们注意到，在他们跟踪的三名教育者中，使用开放式问题比例较大的两名教育者的学生会更频繁地提出自己的问题和评论。此外，这两位教育工作者还会利用讲故事的方式向学生传达信息。这些类型的活动很可能吸引学生更加投入，促使他们主动陈述。德威特和霍恩斯坦（Dewitt & Hohenstein，2010a，2010b）以及翟和狄龙（Zhai &

Dillon，2014）都从社会建构主义的角度来研究语言对学习的影响，因为他们关注学生的知识建构，学生有机会在对话中获得支持，以促进其思想和态度的发展。

> **教育者的对话可以占据主导地位，但仍然提供参与的机会**

解释

20世纪90年代中期，加利福尼亚大学圣克鲁斯分校开展了一系列研究，从社会文化和社会认知角度探讨学习，开始调查博物馆和其他课外环境中亲子对话中解释的使用情况。当时莫林·卡勒南（Maureen Callanan）和凯文·克劳利（Kevin Crowley）开始与附近的一个科学中心合作，研究如何看待家庭与儿童之间的互动，希望让孩子们有机会了解博物馆里的科学展品。多年来，这项研究已经扩展到许多其他场所，以及各种不同的人群，促使他们更好地理解对话中的解释，以及它与学习科学的关系。最近一篇文章详细介绍了促成这些研究合作的始末（Callanan, Martin & Luce, 2015）。

其中由卡拉南和奥克斯（Callanan & Oakes，1992）进行的一项研究开展了这项工作。在研究中，他们让父母在日记中记录下学龄前儿童提出的因果问题，以及父母对这些问题的回答。研究证明，儿童对物质世界提出有意义的因果问题，并且父母对4—5岁儿童感兴趣的领域提供有用的解释，这样儿童的知识库就会扩大，为进一步发展和经验提供基础。重要的是，这项研究不仅关注父母帮助孩子学习的方式，而且还关注孩子们将自己的想法（以问题的形式）带到对话上来的方式。因此，本研究和后续研究实际上是关于儿童的想法和兴趣以及父母自身的理解之间的相互作用，还有这些相互作用如何以一种共同构建的方式促使概念的发展。

甚至幼儿也会问一些能引出有益解释的重要问题

克劳利（Crowley）、卡拉南（Callanan）、吉普森（Jipson）等人（Crowley, Callanan, Jipson et al., 2001）记录了父母与孩子（4—8岁）在科学博物馆中参观展览时的互动。在这项研究中他们注意到，当孩子在父母的陪同下参观展览时，相比父母不在场，其参观时间更长、对展览的探究更深入。此外，本研究发现家长往往会对因果现象进行解释，并将博物馆体验与之前的体验联系起来，这可以帮助孩子更好地理解他们在博物馆中获得的信息。另一项相关研究也表明，父母向儿子解释科学展品的次数要多于向女儿解释的次数（Crowley, Callanan, Tenenbaum, & Allen, 2001）。在精心策划和设计一个科学内容更加中性或对女性友好的展览(《爱丽丝梦游仙境》)之后，另一个研究团队发现这种性别差异已被消除（Callanan, Frazier, & Gorchoff, 2015，被Callanan et al., 2015引用）。最后，虽然上述研究主要是针对亲子的学习对话，但也有一些研究已经开始探讨亲子互动的机制，以及这种机制对培养儿童思考科学的方式的影响。在一项研究中，卢斯（Luce）、卡拉南（Callanan）和斯米洛维奇（Smilovic）（Luce, Callanan, and Smilovic, 2013）发现，当亲子在对话中使用证据讨论某个话题时，4—8岁的儿童同样也倾向于使用证据来对新话题做出判断，例如，他们认为一些他们肉眼看不见的东西是存在的，因为他们可以在显微镜下看到它。因此，孩子们可能通过与父母或者其他人的对话经历来了解证据的重要性。

> **父母的存在会对儿童的认知参与产生影响**

自主性

一些研究调查了在博物馆环境中以互动培养自主性的方式。德威特和海恩斯坦（DeWitt & Hohenstein, 2010a, 2010b）的上述研究都探讨了一些与儿童自主性有关的问题，表明处于童年后期或青春期早期的儿童在博物馆里比在教室里更可能参与志愿活动。

一项研究对自主性的看法略有不同，该研究调查了互动过程中儿童与谁主导对话（Dooley & Welch, 2014）。这项研究在儿童博物馆进行，研究对象为两到六岁儿童及其父母，调查父母或孩子所主导的互动性质。他们的研究结果表明，当父母主导互动时，他们往往会向孩子们讲述展品和活动。相比之下，儿童参与"表演和讲述"类型的活动时，由他们发起的互动经常是请求帮助。因此，尽管父母和孩子之间的互动数量非常接近，但他们互动的目标似乎大不相同。由孩子们主导的谈话类型与他们所陈述的目标一致：玩耍。家长表示他们想要帮助孩子学习，这与他们主导的互动中被视为教师的方式一致。这项研究并没有明确指出在父母-孩子的二元结构中是否存在交替主导和跟随的倾向，或者是否存在更多由父母主导而非由孩子主导的特定配对。作者也没有表明是否由于两者的目标不同而导致了关系变紧张。他们的对话方式，似乎与社会文化理论密切相关，强调了二元结构在特定类型的博物馆环境中倾向于组织互动的方式。在这个年龄，在这种环境下，对自主性的关注可能对于学校参观自主性或不同类型博物馆中年龄较大儿童自主性的研究有着不同的意义（见上文）。换句话说，学校参观研究强调了学生何处可以表达自己的观点。杜利（Dooley）和韦尔奇（Welch）更关心的是孩子们是否控制互动。虽然这两个概念可能是密切相关的，但毫无疑问，在"自主性"一词的含义上存在细微的区别，同时也超出目标个体的年龄行为范畴。

互动的本质取决于主导者

自我反思

另一种关于对话如何被用来理解博物馆学习的研究方法是通过"自我反思谈话"来进行。马（Ma，2012）的一项关于加州探索馆参观者通过对话展示学习方式的研究，评估了一些不同类型展览中出现的对话类型：单一使用者与多使用者、新与旧、互动与非互动、挑战与非挑战。她从杜威（Deweyian，1938）通过经验和反思经验来学习（体验式学习）的观点，还有弗拉维尔（Flavell，1979）关于元认知（客观思考思维的能力，关注人在特定的情况下如何思考）的观点出发，通过某地区科学中心共同举办的"心灵"展览，跟踪观察多对参观者。马研究了参观者进行反思性对话的类型（自我联系、将参观者与展览联系起来，以及自我反思，这些直接涉及参观者想法和感受），并发现对话类型和展览类型之间的模式。总的来说，与旧展览相比，新展览中有更多关于自我的讨论，这些讨论旨在引发自我反思。与挑战性较小的展览相比，挑战性较大的展览中参观者的自我反思对话次数更多。与单一使用者的展品相比，多使用者的展品提供了更多的自我反思（包括联系和反思）的机会，这或许并不令人意外。相比之下，也许更令人惊讶的是，参观互动式和非互动式展品时发生的自我反思对话数量并没有区别。这种类型的研究可以帮助博物馆从业者根据展品的类型设计各种与学习相关的互动。这可能需要大量的规划来得到从业者希望的学习型对话。不管怎样，关注这些特性，例如多使用者间的交互，这可能是衡量特定展览中可能出现的对话类型的有效方法。或者，展览的设计者可能希望通过战略性地整合具有挑战性和使用者数量的内容，来鼓励各种不同类型的对话。

展品类型对自我反思的谈话产生影响

标签和参观者对话

博物馆研究中永恒的问题之一就是标签的最佳设计和呈现信息的方式。当然，有很多方法可以了解标签对参观者个人和团体的影响。停留时间，也就是参观者在展品前停留的时间，是一个需要考虑的重要因素（McManus，1989）。但是除停留时间之外，麦克马纳斯（McManus，1989）注意到参观者会从标签中获取信息，尽管他们站在展品前时并没有提到内容：标签文本的内容通常出现在参观后期的对话中。

几乎所有标签都包含文本，当然，文本本身也是一种对话形式。拉韦利（Ravelli，1996）思考了一系列有关如何编写便于参观者理解的标签建议。她借鉴韩礼德（Halliday）的系统功能语言学（systemic-functional linguistics，1994），讨论适合普通观众参观的标签文本元素。拉韦利注意到对语场（field of discourse）、语旨（tenor of discourse）和语式（mode of discourse）的关注会在标签的可理解性方面带来差异。此处，语场指标签中技术细节的级别：标签也许包含超出"常识"的信息，但又不能过于技术化，以便非专业人士也容易理解。语旨涉及信息被翻译为标签的方式。通常来说，参观者不会是相关领域的专家，因此稍微使用类似新手的语调可能比使用专家的语调更为合适。最后，语式指的是对听众说话的方式。在拉韦利的研究中，被改变的文本所使用的语调更多的是口语化的，而非书面语式的，因此似乎需要使用更"自然"的语言。将在语场、语旨和语式方面更难的文本与一些经过简化的文本相比，参观者调查结果显示，简化的文本更容易理解，无论是在他们的喜好方面，还是在他们正确回答材料的事实性问题方面，都体现了这一点。这些建议对德夫尼什（Devenish, 1990）分类描述法有所改进，而无需借助固定的良好标签脚本中的对话元素。韩礼德的理论无疑只是众多改进标签文本的方法之一。然而，值得注意的是，至少在某些情况下，使用这种理论观点有助于为参观者创造一个更好的学习环境。除了这些基于理论的关于标签写作的论述，还有许多关于标签的研究可能或可能不会直接涉及学习、会话等（如Arndt, Screven, Benusa, & Bishop, 1993; Bitgood, 2000; Serrell, 2015)。

改变语场、语旨和语式来促进标签的可理解性

除了编写易于参观者理解使用的标签外，许多研究者还试图找到能促进学习的最佳标签类型（例如 Borun, Chambers,

Dritsas & Johnson，1997）。罗伯茨（Roberts，1997）引用了许多博物馆研究，这些研究试图通过创造性的标签吸引参观者：促进对书画的积极或消极的情绪反应、鼓励与艺术展开有趣或质疑的互动，或对展出的书画提供多种解释。博伦等人（Borun，1997）研究出了一种多管齐下的方法来改善科学博物馆的家庭体验。这种方法包含的要素之一就是提供清晰的、易于理解的标签。他们测评了参观者的学习行为，如提问和回答问题、解释展品和大声朗读文本。与那些尚未使用优化的信息增强方法来吸引参观者的展品相比，家庭的学习行为数量几乎为两倍，这表明展品开发对促进学习非常有效。这里需要注意的是，提供能理解的文本只是展品优化的几个要素之一，因此不能确定文本的优化是否对控制组和实验组之间的差异起决定性作用。不管怎样，这可能是有帮助的，特别是因为学习行为包括从展品文本中获得信息。这些方法都有一个共同点，即通过标签对艺术或科学互动采取不同的立场，从而激发参观者的兴趣。

在一项通过前后评价知识差异的研究中，福克（Falk，1997）指出，与标签内容不明确相比，当标签所呈现的展品的科学概念明确时，成人和儿童往往会停留更长时间，并获得更多知识。

该发现与建构主义（如 von Glaserfeld，1995）和社会建构主义（如 Mercer & Littleton，2007）关于学习的概念相一致：参观者利用标签中呈现的信息，并可以通过自我机制来理解。标签的明确性表明内容很重要，但最终参观者要对内容理解负责。当然，这项研究以科学博物馆为背景，在不同类型博物馆中的学习可能会受益于其他类型的标签：毕竟，在一幅画的标签中什么才是明确的呢？

> **明确的信息有助于更好地理解一些科学素材**

其他一些研究调查了参观者对"植入"博物馆的问题的反应方式。海因斯坦和特兰（Hohenstein and Tran，2007）的社会建构主义研究调查了伦敦科学博物馆三个历史类科学展览中的参观者对话。他们录下了三种情况下的对话：使用博物馆一直在用的标签文字、用同样的标签额外加上一个问题（"为什么在这里？"）和简化的标签加上问题。将对话编码为解释和问题，以观察在这三种情况下是否会出现差异。结果表明，展品和三种情况之间存在复杂的相互作用。关于展品——一个在二战广岛原子弹爆炸中幸存下来的碗——的对话根本没有因为情况的不同而改变。另一个展品是一辆迷你汽车，被锯成两半露出袖珍引擎，参观者还可以坐在座位上，在两种加入问题的情况下，与旧标签相比，参观者对新问题的反思性提问大幅增加。最后一个展品是维多利亚工作室的一个工作模型，与其他情况相比，增加的新问题引出更多的解释和开放式的提问。这些分析表明展览内容与促进对话的标签之间并无直接关系。在三种不同情况下参观者对三个不同展品有不同的反应。

> **问题的增加导致展品与学习的对话变得复杂**

利用类似的理论视角，古特威尔和艾（Gutwill and Allen，2010）研究了在各种标签条件下，在动手科学中心（旧金山探索博物馆），参观者是如何应对科学素材的。他们发现与其他游戏、关于展品制作的活动或无中介的控制相比，玩一款能够促进家庭成员产生"有趣问题"的游戏，能够让家庭成员延长停留在展品前的时间，以及进行更多的探究。在这个有趣的问题和"不被干涉"的游戏环境中，家庭成员可以得到卡片来帮助他们遵守游戏规则。虽然这些并不是真正的标签，但是通过文本与参观者进行互动对于提供游戏的背景非常重要。最后，尽管这项研究中关于探究的结果是积极的，因为有趣的问题促使了更多的合作探究，但随后对这些家庭的采访表明，这些家庭可能觉得游戏有点刻意和"学校式的"，这表明干预的积极结果是以牺牲展览的乐趣为代价的。

博物馆空间与参观者叙述

一项非常有趣的研究调查了博物馆（和其他场所）提供的可用空间类型与人们在学习环境中互动的方式的关系。这些研究中有许多都使用了对话分析（Heritage，2004）来详细研究人们在微小细节上的互动方式。然而，这些分析并不总是在关注言语交流或对话，这就引出了一个问题：从对话的角度来说，什么才是真正"重要"的。如果人们正在思考交流的一般主题，那么非语言互动元素肯定与了解人们在博物馆和其他公共场所的行为方式有关。德克·冯·雷恩（Dirk vom Lehn）和克里斯蒂安·希思（Christian Heath）穷尽心力地分析了各种展品的相互作用，以精准了解空间的微小变化如何影响人们在谈话中的解释，如家庭成员或朋友的姿势可视为一种影响中介（vom Lehn & Heath，2007；vom Lehn，2006；Meisner et al.，2007）。一项这样的研究引起了人们的注意，当参观者（在这里是孩子们）忙于讨论电和"闪电"的话题时，通常在展品无人问津的时候，他们会因展品无人使用而忽略它（Meisner et al.，2007）。作者指出，虽然展品的"开放"设计本身可能会导致它相对缺乏吸引力，但是一旦人们投入可见和可听的活动，其他人也会停下来关注展品。同样，梅森尔（Meisner）及其同事注意到当空间的设计激发了参观者的表演时，他们通常会保持相对较长一段时间的注意力。这些表现通常代表"玩得开心"和轻松愉快。

> **一旦个体开始使用空间，"开放"的展品设计就与更大的参与度联系在一起**

虽然从参观者与博物馆展品的互动中可以推断出一些积极的参与迹象，但也有证据表明，并非所有的互动设计都能带来信心或动力。斯科特（Scott）及其同事指出，尤其是害羞的参观者有时很难积极参与展品互动（Scott，Hinton-Smith，Harma，& Broome，2013）。在他们的研究中，害羞的参观者感到难为情，有时宁愿看别人与展品互动，也不愿意自己"做"这些动作。在梅森尔等人（2007）的研究中，有时互动的行动指南可能为所有参观者提供信心，也可能不会。事实上，一些参观者觉得当他们在屏幕后互动时，其他人看不到他们的行为，他们就不那么拘束了（Scott et al.，2013）。这与人们因公众表演而被吸引至展品的调查结果形成了直接的对比。

> **并非所有参观者对空间的反应都一样**

观众对话的项目和设施

鉴于人们普遍认为合作学习是通过丰富学习者可以接触到的社会文化环境来促进参与的一个要素，一些研究已经试验了一些可能会增加参观者学习对话的工具。例如，特南鲍姆、普赖尔、道林和弗罗斯特（Tenenbaum, Prior, Dowling, & Frost, 2010）与一家大型历史博物馆合作，研究通过装满材料的背包或小册子向家庭提供活动是否会促进已知的、有益于学习的对话如解释和提问。他们的研究结果表明，以没有提供小册子或背包的家庭作为对照组，与对照组相比，两种干预条件下的父母都问了很多的问题，相对背包组或对照组的儿童，有小册子的儿童使用了更多的历史对话。此外，与对照组相比，有小册子和背包的家庭成员在展品处停留时间更长。因此，额外的项目设计，特别是对于那些被预料到可能会在博物馆某部分（例如，历史博物馆的家庭）的材料或标识方面遇到困难的群体，可以通过有针对性的活动帮助群体协作和/或适合其年龄层，从而有助于小组的学习体验。然而，这可能不太适合整个大型博物馆，因为参观者一旦习惯这样的活动，运营成本可能会变得过高。相比之下，规模较小的博物馆可能受益更多；而对规模大的博物馆采取更有针对性的干预措施可能效果更好。

针对性的干预可以增加家庭对话中的问题和解释

另一个研究如何通过对话提高参观者学习效果的项目，研究了在一个历史场所使用电子指南作为学习资源的情况（Symanski et al., 2008）。在这项研究中，研究者对不同形式的电子指南如

何促进参观者对学习感兴趣，并希望通过维果茨基情境学习框架来进行证明。他们采用基于设计的研究方式，利用对话分析的，发现当参观者使用电子指南时，他们能够"偷听"同伴的经历，他们既能独立探究，又会受到其他人的影响。这种偷听机制减少了程序性的谈话（例如应该听什么），相比之下，该设备的一个模式（同步模式）是可以让两个人同时听相同的信息。相比公放/同步模式，偷听模式能更深层次地理解展览材料有关的对话元素（在调查案例中是关于住宅的起源及其历史）。

> 倾听他人的导览经验可以帮助参观者进行更深入的对话

当然，项目设计的另一个方面涉及到为大量学生参观提供便利。特兰（Tran，2007）调查了博物馆教育者在这些短期学校参观期间教授科学内容的方式。在整个群体的互动中，研究中的教育者倾向于寻找机会与学生进行创造性的互动，激发他们在博物馆环境中的能动性。同时，博物馆教育工作者常常借助于对话模式，这种模式使人联想到教室中存在的一种启发、回应和评价模式（IRE；Mehan，1979）。特兰注意到教育者很难摆脱这种以教师为中心的对话方式，部分原因是他们认为需要保持对互动的控制，这在 IRE 型谈话中似乎更容易做到。目前尚不清楚的是，在这些短时活动中，减少以教育者为中心的方式进行交流是否可行，而学校希望学生尽量在一段有限时间内与博物馆教育者一起学习，尽管他们不熟悉学生。

> 以教育者为中心的对话可能在博物馆学校参观团体互动中普遍存在

总结

除了麦科利（McCallie）关于对话事件和参观者互动本质的论述外，上述发现还提供了一个视角，让参观者培养帮助自我学习的方式，并形成促进学习的工具。博物馆自由选择的性质和相对轻松的氛围，可能会帮助年轻参观者通过更自主的方式参与到对话学习中。与此同时，展览和空间的设计可以适应特定类型的互动。当以一种有计划的方式穿插不同类型的展览时，展览设计可以潜在地迎合各种不同的个性类型和群体动态（例如单人与大型团队）。有报告强调，博物馆和其他非正式学习机构可以设立针对多类型受众的方案，这些方案具有广泛的教育目标和活动。其中一份报告关注公众参与科学（PES），目标是帮助博物馆在公众和其他部门之间更广泛的对话中发挥重要作用（McCallie et al.，2009）。因为对话在不同领域中被研究得非常透彻，所以在学习和对话领域有大量的研究可供参考。广泛的共识倾向于认为协作学习比个人学习更有效。然而，根据展品的性质、所涉及的个体以及博物馆的目标，也可能会存在很大的区别。

本章中我们已经介绍了大量的理论和实证研究。从博物馆的角度来看，沟通显然很重要，从参观者的角度来看也是如此。参观者之间进行由叙事驱动的对话，同时也与博物馆的工作人员和展品对话。预测每个观众在参观时的叙述是不可能的。不管怎样，人们受到文化的影响，因此可以考虑不同类型的参观者如何根据其文化背景和教育经历参与展览和活动。了解在地群体可能有助于形成与非传统参观者联系的新方式，就像埃弗雷特（Everett）和巴雷特（Barrett，2009）的研究那样。一些报告强调接触新观众以进行研究的必要性，也强调对研究概念化的方式要有创造性，这些方式涉及研究的设计者和参与者，这表明普通人参与研究规划与执行的"公民科学"可能会对流程有更大的所有权和兴趣（例如 Bonney et al.，2009）。这类创新也可能会对博物馆和参观者的叙述方式以及他们在博物馆参观中的参与度产生影响。

同时，为参观者提供清晰、简洁的标签甚至是数字信息形式的交流，已被证明与大量的学习对话有关（Borun et al.，1997；Falk，1997）；然而，通过适当针对展览或理念的问题可以帮助参观者思考展品或活动，可以增加参观者的停留时间以及相互之间与学习有关的对话元素（Hohenstein & Tran，2007；Gutwill & Allen，2010）。正如特兰（Tran，2007）所述，注意基层工作人员通过语言与参观者互动的方式也很重要，讲解员使用的语言与课堂上有时被抗拒的语言相似。同样，当有机会超越可能被视为"传统"的学习情境时，正如麦科利（McCallie，2009）所展示的那样，互动式"对话"将有助于提高学习，或者正如毛利塔利亚（Mauratonio，2015）质疑的，仅仅是将博物馆的形象或信息具体化。总之，当涉及到学习对话时，需要考虑很多东西。如果博物馆的教育者发现很难长期致力于促进学习的所有要素也是情有可原的。但是，我们希望反思学习对话在博物馆的不同情境元素影响下均能发挥意义。

回到 41 号展厅

不是博物馆常客的两个年轻人［语言学专业的大学生，埃莉

(Ellie）和塔尼亚（Tania）］来到大英博物馆参观罗塞塔石碑（Rosetta Stone），这是他们课程中的一部分。他们决定看看博物馆里还有什么，因为他们已经身处博物馆，并且还有几个小时的空闲时间。此外，大雨让离开博物馆变得毫无吸引力。他们在展厅里随意参观，最后走进了 41 号展厅。

展厅的布局将学生的注意力吸引到中心部分：头盔和墓地遗址的描述。这显然令人印象深刻，他们花了一些时间仔细研究墓地是如何被发现的以及头盔的细节。埃莉和塔尼亚互相提出了许多问题，包括人们的生活方式、可能从事的职业以及所说的语言。这些标签为他们的问题提供了一些答案，但他们一直在观察展厅里其他展品是否能告诉更多。

塔尼亚走到展厅中的一个展区，注意到当时的人们（早期盎格鲁-撒克逊英国人）一定经常旅行。进一步移动到展厅的不同部分，她发现了当时的商人和旅行者之间的联系，以及展厅周围展柜中展示的勺子和硬币之间具有相似性。艾莉还一直看展厅中央播放的视频《船葬》，此刻塔尼亚在展厅的外面，她呼叫艾莉，艾莉也加入了她的行列。然后就可以听到她们互相告知对方标签和引导标识上的故事。开放的空间、通过标签展示的具体联系以及在文本和地理位置上突出显示的展品之间的相似性，共同促进了相对容易理解的解释。

由展品陈列位置与标记及标签中的文本交织而成的叙事有助于两人理解这些地理区域之间的联系，这与叙事理论（例如Bruner, 1991）和建构主义/社会建构主义等理论一致。也就是说，他们通过强大的空间叙事与展品互动，依靠其他人讲故事来帮助他们形成该地区几百年前居民生活方式的概念（叙事理论）。

他们通过观察真实及复原的文物、观看视频并互相交谈在空间中进行体验式学习，这可以为他们构建自己的叙事提供信息（社会建构主义和叙事理论）。此外，头盔的空间布局和展厅中央的墓地结构，以放射状的方式分散开来，展示来自多个有联系的地方和民族的物品，这帮助塔尼亚和艾莉理解该馆对不同背景的民族之间的贸易和文化理解的叙事。

两人来到博物馆的原因与博物馆本身没什么关系。对博物馆的最初印象很可能包含"不适合他们"或"充满无聊的旧东西"这样的观点。她们被要求参观博物馆以进行课程评估；她们留下来有各种各样的原因，包括博物馆能消除他们一些担忧和满足期望。这一次的参观可能不会把两人变成博物馆的常客。但似乎两人都对享受这个空间感到惊讶，并且认为对几百年前居住在这个地区的人们的生活风貌有了难得的认知。这些叙事对参观者来说特别有力量，他们可能会在社交媒体或面对面的交流中重复这些故事。

语境化对话、叙事和交流

对于您正在开发的展览主题，人们倾向于采用什么样的文化叙事或文本？如何利用这些来促进理解？人们倾向于将哪种类型的物品与这些叙事联系起来？如何在展览空间中集中呈现物品，以挑战或加强入口叙事（entrance narratives）？文本可以用来进一步管理参观者关于这些展品的观点吗？思考这些展品，如何通过文本排版和内容以及其他有关展品的视觉或图形解释来增强观众体验，以把观众当作实践社群的成员或主动学习者，可以通过应用关于细致和学习的社会认知原则来促进展品概念化吗？

您所在机构开发的项目中，为学习活动开发文本时使用什么合适的语言？当参观者都是快速参观时，如何评估其最近发展区？不同年龄组别的参观者在解释上有什么差异？为什么在博物馆展厅的某些讲故事练习对帮助学习者发展自身关于主题的叙事更有用或无用呢？

如何利用不同组别参观者之间的谈话，进一步促进观众的参与？您的展厅或展览中的空间布局会如何创造或阻碍观众之间的互动？文本以何种方式影响观众投入展示（标签、数字设备、印刷材料等）？

本章参考文献

Allen, S. (2002). Looking for learning in visitor talk: A methodological exploration. In G. Leinhardt, K. Crowley, & K. Knutson (Eds.), *Learning conversations in museums* (pp. 259-303). Mahwah, NJ: Lawrence Erlbaum.

Allen, S. (2003). To partition or not to partition: The impact of walls on visitor behavior at an exhibit cluster. Paper presented at the annual meeting of the Association of Science-Technology Centers, Minneapolis.

Allen, S. (2004). Designs for learning: Studying science museum exhibits that do more than entertain. *Science Education*, 88, S17-S33.

Arndt, M., Screven, C., Benusa, D., & Bishop, T. (1993). Behavior and learning in a zoo environment under different signage conditions. *Visitor studies: Theory, research, and practice*, Vol. 5 (pp. 245-251). Jacksonville, AL: Visitor Studies Association.

Ash, D. (2003). Dialogic inquiry in life science conversations of family groups in a museum. *Journal of Research in Science Teaching*, 40, 138-162.

Ash, D. (2004). Reflective scientific sense-making dialogue in two languages: The science in the dialogue and the dialogue in the science. *Science Education*, 88, 855-884.

Ash, D., Crain, R., Brandt, C., Loomis, M., Wheaton, M., & Bennett, C. (2007). Talk, tools, and tensions: Observing biological talk over time. *International Journal of Science Education*, 29, 1581-1602.

Bakhtin, M. (1981). *The dialogic imagination: Four essays* (Ed. M. Holquist). Austin, TX: University of Texas Press.

Benjamin, N., Haden, C., & Wilkerson, E. (2010). Enhancing building, conversation, and learning through caregiver-child interactions in a children's museum. *Developmental Psychology*, 46, 502-515.

Bitgood, S. (2000). The role of attention in designing effective interpretive labels. *Journal of Interpretation Research*, 5, 31-45.

Bonnell, J. & Simon, R. (2007). 'Difficult' exhibitions and intimate encounters. *Museum and Society*, 5, 65-85.

Bonney, R., Ballard, H., Jordan, R., McCallie, E., Phillips,

T., Shirk, J., & Wilderman, C.C. (2009). *Public Participation in Scientific Research: Defining the Field and Assessing Its Potential for Informal Science Education. A CAISE Inquiry Group Report.* Washington, DC: Center for Advancement of Informal Science Education (CAISE).

Borun, M., Chambers, M., Dritsas, J., & Johnson, J. (1997). Enhancing family learning through exhibits. *Curator*, 40, 279-295.

Brown, P. & Levinson, S. (1987). *Politeness: Some universals in language use.* Cambridge: Cambridge University Press.

Browning, E. & Hohenstein, J. (2015). The use of narrative to promote primary school children's understanding of evolution. *Education 3-13*, 43, 530-547.

Bruner, J. (1990). *Acts of meaning.* Cambridge, MA: Harvard University Press.

Bruner, J. (1991). The narrative construction of reality. *Critical Inquiry*, 18, 1-21.

Burdelski, M., Kawashima, K., & Yamazaki, K. (2014). Storytelling in guided tours: Practices, engagement, and identity at a Japanese American museum. *Narrative Inquiry*, 24, 328-346.

Callanan, M., Frazier, B., & Gorchoff, S. (2015). Closing the gender gap: Family conversations about science in an 'Alice's Wonderland' exhibit. Unpublished manuscript.

Callanan, M., Martin, J., & Luce, M. (2015). Two decades

of families learning in a children's museum: A partnership of research and exhibit development. In D. Sobel & J. Jipson (Eds.), *Cognitive development in museum settings: Relating research and practice* (pp. 15 - 35). London: Routledge.

Callanan, M. & Oakes, L. (1992). Preschoolers' questions and parents' explanations: Causal thinking in everyday activity. *Cognitive Development*, 7, 213-233.

Chi, M., De Leewu, N, Chiu, M., & Lavancher, C. (1994) Eliciting self-explanations improves understanding. *Cognitive Science*, 18, 439-477.

Chronis, A. (2012). Tourists as story-builders: Narrative construction at a heritage museum. *Journal of Travel & Tourism Marketing*, 29, 444-459.

Crowley, K., Callanan, M., Jipson, J., Galco, J., Topping, K., & Shrager, J. (2001). Shared scientific thinking in everyday parent-child activity. *Science Education*, 85, 712-732.

Crowley, K., Callanan, M., Tenenbaum, H., & Allen, E. (2001). Parents explain more often to boys than to girls during shared scientific thinking. *Psychological Science*, 12, 258-261.

Crowley, K. & Jacobs, M. (2002). Building islands of expertise in everyday family activity. In G. Leinhardt & K. Crowley (Eds.), *Learning conversations in museums* (pp. 333 -

356). Mahwah, NJ: Lawrence Erlbaum Associates.

Dawson, E. (2014). 'Not designed for us': How science museums and science centers socially exclude low-income, minority ethnic groups. *Science Education*, 98, 981-1008.

Devenish, D. (1990). Labelling in museum display: A survey and practical guide. *Museum Management and Curatorship*, 9, 63-72.

Dewey, J. (1938). *Experience and education*. West Lafayette, IN: Kappa Delta Pi.

DeWitt, J. & Hohenstein, J. (2010a). A tale of two contexts: Teacher-student talk on a school trip and in the classroom. School trips and classroom lessons: An investigation into teacher-student talk in two settings. *Journal of Research in Science Teaching*, 47, 454-473.

DeWitt, J. & Hohenstein, J. (2010b). Supporting student learning: A comparison of student discussion in museums and classrooms. *Visitor Studies*, 13, 41-66.

Doering, Z. & Pekarik, A. (1996). Questioning the entrance narrative. *Journal of Museum Education*, 21, 20-23.

Dooley, C. & Welch, M. (2014). Nature of interactions among young children and adult caregivers in a children's museum. *Early Childhood Education Journal*, 42, 125-132. doi:10.1007/s10643-013-0601-x

Dyehouse, J. (2011). 'A Textbook Case Revisited': Visual rhetoric and series patterning in the American Museum of

Natural History's horse evolution displays. *Technical Communication Quarterly*, 3, 327-346.

Everett, M. & Barrett, M. (2009). Investigating sustained visitor/museum relationships: employing narrative research in the field of museum visitor studies. *Visitor Studies*, 12, 2-15.

Falk, J. (1997). Testing a museum exhibition design assumption: Effect of explicit labeling of exhibit clusters on visitor concept development. *Science Education*, 81, 679-687.

Falk, J. & Dierking, L. (2000). *Learning from museums: Visitor experiences and the making of meaning*. Plymouth: Altamira Press.

Flavell, J. (1979). Metacognition and cognitive monitoring: A new area of cognitive-developmental inquiry. *American Psychologist*, 34, 906-911.

Frykman, S. (2009). Stories to tell? Narrative tools in museum education texts. *Educational Research*, 51, 299-319.

Goulding, C. (2000). The museum environment and the visitor experience. *European Journal of Marketing*, 34, 261-278.

Gutwill, J. & Allen, S. (2010). Facilitating family group inquiry at science museum exhibits. *Science Education*, 94, 710-742.

Haden, C. (2010). Talking about science in museums. *Child Development Perspectives*, 4, 62-67.

Halliday, M. A. K. (1994). *Introduction to functional

grammar. London: Edward Arnold.

Hayes, D. & Slater, A. (2002). 'Rethinking the missionary position': The quest for sustainable audience development policies. *Managing Leisure*, 7, 1-17.

Heath, S. B. (1983). *Ways with words: Language, life, and work in communities and classrooms*. Cambridge: Cambridge University Press.

Heidegger, M. (1949). *Existence and being*. Chicago, IL: H. Regnery.

Heritage, J. (2004). Conversation analysis and institutional talk. In D. Silverman (Ed.), *Qualitative research: Theory, method and practice*. London: Sage Publications.

Hohenstein, J. & Tran, L. (2007). Use of questions in exhibit labels to generate explanatory conversation among science museum visitors. *International Journal of Science Education*, 29, 1557-1580.

Holland, D. Lachicotte, W., Jr., Skinner, D., & Cain, C. (1998). *Identity and agency in cultural worlds*. Cambridge, MA: Harvard University Press.

Lave, J. & Wenger, E. (1991). *Situated learning: Legitimate peripheral practice*. Cambridge: Cambridge University Press.

Leinhardt, G. & Knutson, K. (2004). *Listening in on museum conversations*. Walnut Creek, CA: Altamira Press.

Luce, M., Callanan, M., & Smilovic, S. (2013). Links between parents' epistemological stance and children's evidence talk.

Developmental Psychology, 49, 454-461.

Lwin, S. M. (2012). Whose stuff is it? A museum storyteller's strategies to engage her audience. *Narrative Inquiry*, 22, 226-246.

Ma, J. (2012). Listening for self-reflective talk in visitors' conversations: A case study of the Exploratorium's Mind Collection. *Visitor Studies*, 15, 136-156.

Mai, T. & Ash, D. (2012). Tracing our methodological steps: Making meaning of diverse families' hybrid 'figuring out' practices at science museum exhibits. In D. Ash, J. Rahm, & L. Melber (Eds.), *Putting theory into practices: Tools for research in informal settings.* (pp. 97-118). Rotterdam: Sense Publishers.

Macdonald, S. (2009). Reassembling Nuremburg, reassembling heritage. *Journal of Cultural Economy*, 2, 117-134.

Macdonald, S. & Fyfe, G. (1996). *Theorizing museums: Representing identity and diversity in a changing world.* Oxford: Blackwell.

Mauratonio, M. (2015). Material rhetoric, public memory, and the post-it note. *Southern Communication Journal*, 80, 83-101.

McCallie, E. (2009). *Argumentation among publics and scientists: A study of dialogue events on socio-scientific issues.* Unpublished doctoral thesis. King's College London.

McCallie, E., Bell, L., Lohwater, T., Falk, J. H., Lehr, J.

L. , Lewenstein, B. V. , Needham, C. , & Wiehe, B. (2009). *Many Experts, Many Audiences: Public Engagement with Science and Informal Science Education. A CAISE Inquiry Group Report.* Washington, DC: Center for Advancement of Informal Science Education (CAISE). http://caise.insci.org/uploads/docs/public_engagement_with_science.pdf

McPherson, G. (2006). Public memories and private tastes: The shifting definitions of museums and their visitors in the UK. *Museum Management and Curatorship*, 21, 44-57.

McManus, P. (1987). It's the company you keep: The social determination of learning-related behaviour in a science museum. *International Journal of Museum Management and Curatorship*, 6, 263-270.

McManus, P. (1988). Good companions: More of the social determination of learning-related behaviour in a science museum. *International Journal of Museum Management and Curatorship*, 7, 37-44.

McManus, P. (1989). Oh, yes, they do: How museum visitors read labels and interact with exhibit texts. *Curator*, 32, 174-189.

Mehan, H. (1979). *Learning lessons: Social organizations in the classroom.* Cambridge, MA: Harvard University Press.

Meisner, R. , vom Lehn, D. , Heath, C. , Burch, A. , Gammon, B. , & Reisman, M. (2007). Exhibiting performance: Co-participation in science centres and museums. *International*

Journal of Science Education, 29, 1531-1555.

Mercer, N. (2000). *Words and minds: How we use language to think together*. London: Routledge.

Mercer, N. & Littleton, K. (2007). *Dialogue and the development of children's thinking: A sociocultural approach*. London: Routledge.

Modlin, E., Alderman, D., & Gentry, G. (2011). Tour guides as creators of empathy: The role of affective inequality in marginalizing the enslaved at plantation house museums. *Tourist Studies*, 11, 3-19.

Nelson, K. (1996). *Language in cognitive development: Emergence of the mediated mind*. Cambridge: Cambridge University Press.

Noy, C. (2015). Writing in museums: Toward a rhetoric of participation. *Written Communication*, 32, 195-219.

Ochs, E. (1993). Constructing social identity: A language socialization perspective. *Research on Language and Social Interaction*, 26, 287-306.

Ochs, E. & Capp, L. (1996). Narrating the self. *Annual Review of Anthropology*, 25, 19-43.

Palmquist, S. & Crowley, K. (2007). From teachers to testers: How parents talk to novice and expert children in a natural history museum. *Science Education*, 91, 783-804.

Piaget, J. (1952). *The origins of intelligence in the child*. New York: International University Press.

Ravelli, L. (1996). Making language accessible: Successful text writing for museum visitors. *Linguistics & Education*, 8, 367-387.

Roberts, L. C. (1997). *From knowledge to narrative: Educators and the changing museum.* Washington, DC: Smithsonian Institution Press.

Rose, J. (2016). *Interpreting difficult history at museums and historic sites.* Lanham, MD: Rowman & Littlefield.

Schank, R. C. & Abelson, R. P. (1977). *Scripts, plans, and understanding.* Hillsdale, NJ: Lawrence Erlbaum Associates.

Scott, D. (2007). Constructing sacred history: Multi-media narratives and the discourse of 'museumness' at Mormon Temple Square. *Journal of Media and Religion*, 6, 201-218.

Scott, D. (2014). Dinosaurs on Noah's Ark? Multi-media narratives and natural science museum discourse at the Creation Museum in Kentucky. *Journal of Media and Religion*, 13, 226-243.

Scott, S., Hinton-Smith, T., Harma, V., & Broome, K. (2013). Goffman in the gallery: Interactive art and visitor shyness. *Symbolic Interaction*, 36, 417-438.

Serrell, B. (2015). *Exhibit labels: An interpretive approach* (2nd edition). London: Rowman & Littlefield.

Symanski, M., Aoki, P., Grinter, R., Hurst, A., Thornton, J., & Woodruff, A. (2008). Sotto voce: Facilitating social learning in a historic house. *Computer Supported Cooperative Work*, 17, 5-34.

Tenenbaum, H., Prior, J., Dowling, C., & Frost, R. (2010). Supporting parent-child conversations in a history museum. *British Journal of Educational Psychology*, 80, 241-254.

Toulmin, S. (1958). *The uses of argument*. Cambridge: Cambridge University Press.

Tran, L. U. (2007). Teaching Science in Museums: The Pedagogy and Goals of Museum Educators. *Science Education*, 91, 278-297.

vom Lehn, D. (2006). Embodying experience: A video-based examination of visitors' conduct and interaction in museums. *European Journal of Marketing*, 40, 1340-1359.

vom Lehn, D. & Heath, C. (2007). Social interaction in museums and galleries: A note on video-based field studies. In R. Goldman, R. Pea, B. Barron & S. Derry (Eds.), *Video and the Learning Sciences*. Mahwah, NJ: Lawrence Erlbaum Associates.

von Glaserfeld, E. (1995). *Radical constructivism: A way of knowing and learning*. London: Routledge.

Vygotsky, L. (1978). *Mind in society: The development of higher psychological processes*. Cambridge, MA: Harvard University Press.

Wells, G. (1999). *Dialogic inquiry: Toward a sociocultural practice and theory of education.* Cambridge: Cambridge University Press.

Wells, M., Butler, B., & Koke, J. (2016). *Interpretive planning for museums: Integrating visitor perspectives in decision making.* London: Routledge.

White, H. (1981). The value of narrativity in the representation of reality. In W. Mitchell (Ed.), *On narrative* (pp. 1-23). Chicago, IL: The University of Chicago Press.

Zhai, J. & Dillon, J. (2014). Communicating science to students: Investigating professional botanic garden educators' talk during guided school visits. *Journal of Research in Science Teaching*, 51, 407-429.

Zimmerman, H., Reeve, S., & Bell, P. (2009). Family sense-making practices in science center conversations. *Science Education*, 94, 478-505.

6 博物馆的真实性

芝加哥植物园中真实的自然游戏[①]

芝加哥植物园（Chicago Botanic Garden，CBG）是一个占地385英亩的公共园林，拥有26个展区和4个自然区。多年来，该园林向包括孩子在内的所有观众开放，为他们提供美妙的观景体验。近来，越来越多的公共园林为儿童开辟了专用的区域，这些特殊的区域为年轻的参观者提供了更广泛的学习途径，CBG的工作人员也开始考虑设置类似的区域。

作为博物馆而存在的公共园林不仅是简单的植物收藏和聚集，更是一种以选择植物和空间布置为特点的艺术集合。工作人员意识到CBG的特性吸引了大部分成年人来这里欣赏花卉、亲近自然，并获得身心的放松，同时也为打理自己的花园获取灵感和实践体验；但CBG现有的展现方式并不能完全满足儿童的兴趣和需求。

基于这些原因，CBG决定将一个多余的停车场改造成学习园地，以满足学校团体、夏令营、儿童和家庭项目，以及带着孩

[①] 本案例由凯瑟琳·约翰逊撰写，她是芝加哥植物园青年教育项目的主任。为了保持原始文本的完整性，我们只做了极少量的文字编辑与格式修改。

子的参观者的需求，CBG 的工作人员参照市场上现有的儿童园林为模板启动了改造规划。

CBG 决定，学习园地将设置几个不同的区域来为孩子们提供一个近距离接触自然的空间，同时促进他们对于园艺学、植物科学、生态保护学的学习。这些区域将包括一个种植园，孩子们可以在那里挖土、浇水和参加园艺活动；一个可以自由活动的自然空间，在这里可以自由地探索自然世界；此外，还有一个用于水源调查项目的湖畔小湾花园、一个活体蝴蝶展馆和一个用于室内项目的教室。

图 6.1　小女孩在学习园地的自然活动空间戏水
ⓒ芝加哥植物园

出于种种原因,设计自然活动空间是学习园地中最具挑战的项目。CBG 的工作人员想让孩子们玩耍,但不想要一个"游乐场";他们需要能引起孩子们兴趣的植物,但也想在展示中加入新元素,而这些需求彼此之间会产生冲突:比如 CBG 的工作人员想要尽可能多地使用原生植物来表现真实性,但对孩子们来说原生植物并不总是具有视觉吸引力,同时也难以达到 CBG 展示标准的需求;CBG 需要在整个活动空间中创建步行通道以方便参观者行走,但同时还希望活动空间保持自然、而非特意构造的特性;以及最后,CBG 想让孩子们在不破坏植物的情况下与空间互动。

随着讨论的深入,为了满足上述前提要求,最终的设计方案包含以下要素:(1)在所有宣传和营销的信息及标志中,该空间的定位区别于游乐园,以管理参观者的预期;(2)尽量减少铺设坚硬、平整的地面,改用碎石和木屑作为铺路材料;(3)不设置任何游乐设施,而是在环境中加入自然景观特征,同时将举办配有讲解员参与的活动,教儿童如何在不破坏自然的情况下享受自然;(4)仔细检查准备好的植物材料和设置安排,如果这些安排之间产生冲突,将以孩子们的体验感作为最终决定的标准;(5)空间中的项目要提升孩子和自然互动的能力,令参观者也能在空间之外的体验中获益。

引言

真实性与让·雅克·卢梭(Jean-Jacques Rousseau, 1712—1778)的论述有关,他是第一个在自传体作品《忏悔录》(Lindholm,

2008）中描写自己真实生活的人。卢梭认为文明的规则压抑了真实的自我表达。在博物馆情境中，真实性的概念构成了西欧博物馆及其社会价值的基础。因此，真实性是博物馆，以及与各种博物馆藏品相关的不同学科（如历史、考古学或艺术）所要讨论的重要主题。然而，不同的博物馆和学科对真实性的理解和概念会有很大的差异，因为不同类型的博物馆和学科已经发展出自己的研究方法和实践制度，使其创建了各自不同的对于真实性的标准或要求。

习惯上，博物馆中的真实性一直被视为一个或多组文物的属性，并与永恒感有关。这并不奇怪，因为这个概念第一次出现就是在西方世界创建现代博物馆的时候，当时许多现代博物馆的出现就是对工业革命期间大规模生产的仿制品的回应，同时也是对自然环境急剧变化及这种变化对生物多样性影响的回应（Roberts，1997）。有趣的是，最近西欧和北美的去工业化也发出了类似的呼吁，要求保护工业化时期的遗产。林霍尔姆（Lindholm，2008）指出，特别是在艺术作品方面，策展人（curators）遵循的认证真迹的程序与中世纪欧洲建立的宗教遗物的官方认证程序极为相似。因此，当下文谈论博物馆文物的带人超越现实和文物超自然体验时，我们需要讨论真实性与宗教之间的联系。

哲学、历史、艺术史和自然科学都对真实性的概念化做出过独特的阐述。至少，这些学科产生的绝大多数早期文献，在本质上都偏向是概念性的或理论性的，而非基于经验的。与此相反，人类学和心理学则从人们对真实性概念理解的基本研究，为这一讨论做出了贡献。在其他领域，如公共历史、博物馆与观众研究、积极心理学、发展心理学、管理学、旅游与休闲研究等领域，也进行了一些实证研究（Pine & Gilmore, 2007; Lowenthal, 1995 & 1992; Lipscomb, 2010）。值得指出的是，最近以欧洲为中心的、以物为本的真实性概念及其对博物馆的影响受到了来自世界其他地区不同类型（有形和无形）遗产研究（Byrne, 1995; Li, 2010; Alivizatou, 2012; Barber, 2013）和在不同类型博物馆之间扩散的数字化展品和用户生成的数字化内容的挑战（Taylor, 2010; Bearman & Trant, 1998）。至于数字化内容——无论是博物馆的，还是用户产生的——让大家关心的争论之一就是它可以重新定义参观者对真实性的看法（Russo, 2011 & 2012; Adair, Filene & Koloski, 2011）。然而，几乎没有实质性的证据能够证明这一点［参见 King, Stark & Cooke（2016）在《数字文化中的真实性》（Authenticity in the digital culture）一文中的评论］。在理论层面，批判理论对真实性的概念，以及博物馆被认为是呈现过去真实记录的场所的这一概念，提出了挑战（见 Lowenthal, 1985 & 1998; Smith, 2006; Byrne, 1991; Hooper-Greenhill, 2000）。

除了不同学科的方法和路径差异，真实性的不同含义似乎也与研究过程中它所处的历史、文化和制度背景有关。博物馆并不是最常用于研究真实性的感知和归属的物理环境。在世界上，对真实性和真实体验的追求涉及广泛的人类活动和经历（Lindholm, 2008; Carroll, 2014），值得注意的是，这种追求在很大程度上被博物馆参观者认为是理所当然的。事实上，在许多学科和社会生活领域，包括在产品、服务、旅游、其他休闲活动，甚至个人和国家身份中，都可以看出人们对真实性和真实体验的感知有兴趣（Lindholm，2008）。相比之下，很少有实证研究调查博物馆参观者对真实展品或经历的感知和体验。一些非常有趣的研究已经以参观文物古迹的参观者为研究对象，正如我们将在下文讨论的超越现实体验与神圣物品和真实的学习环境。无论是隐式呈现还是显式讨论，真实性都是一个非常强大的概念，它能引起博物馆专业人士和参观者的共鸣。可以认为，尽管它可能是间接的，但它已形成了一种可与参观者一起进行研究的方式，以及能够解释和应用收集到的证据。

在博物馆学习情境中，本书的重点在于关注参观者参观展品的研究，这些研究没有明确地指出什么因素使物品显得真实，以及它们可能对参观者的体验所产生的影响。这并不妨碍，自20世纪80年代以来，大量的研究就物品（自然的和人工的）在促进学习和意义创造方面的作用展开了调查，特别是在博物馆的情境中。研究者使用了不同的理论框架和不同的博物馆环境来研究参观者在参观过程中如何接触物品和其他类型的展品（Crowley & Callanan，1997；Blud，1990；Dierking，1987；McManus，1987；Falk，1991；Hilke，1989；Diamond，1986；Borun et al.，1997；Ellenbogen，2002）。此外，绝大多数研究都倾向于在以科学内容为主的环境中进行，这些环境通常会展出两种类型的人工制品：（1）为科学相关目的服务的原始物品（或这些原始物品的数字化资料）；（2）以表现和解释现象为重点的、低技术的交互式或数字化展品和模型。只有少数研究关注有形（或无形）的物质文化，关注参观者对博物馆情境中"真实"（authentic）或"真正"（real）文物的理解和关系的研究就更少了。

然而，真实性是博物馆专业人士中不可避免且容易引发争议的话题。正如罗伯茨（Roberts）指出的那样（1997，p.85），这包含两个特别有趣的问题：一方面是"真实的重要性和体验它的意义"，另一方面是博物馆情境中的"参与性体验价值"。这个讨论的两个方面都是真实性辩论的核心，这个辩论既考虑了物品本身，也考虑了物品的呈现方式和地点（即其所在的情境），以及这个情境的真实性元素和它提供给参观者体验的参与类型。事实上，专业机构如国际古迹遗址理事会（ICOMOS）也提出真实性是一个相对概念，该机构声称：

> 对于文化属性的价值及相关信息来源的可信度的所有判断可能因文化而异，甚至在同一文化内部也可能不同。因此，在固定的标准内不可能对价值和真实性做出判断。
>
> （ICOMOS，1994，第11条）

正如利里和肖尔斯（Leary and Sholes，2000，p.50）所说，文物和遗址的展示"本质上是不真实的"，因为"我们只能尽量模拟接近过去的事件和经历［…］"。

本章的重点是澄清物品与体验的真实性之间的区别，并针对博物馆的情境，讨论这其中的区别及含义。具体来说，通过汇集来自不同学科背景的观点和证据，接下来的部分我们将从二元对立的角度检验真实性的理论和研究：真迹复制品或模型的对立，和原件与副本或赝品的对立。我们还将讨论真实性的背景和文化定位的性质，以及真实性是不是一个绝对的概念。新出现的证据表明，我们在博物馆情境中所处理的，是关于物品和与物品有关的经验的真实性程度。

真实性的基础

根据沃尔韦尔（Orvell，1989）和迈肯尼尔（MacCannell，1999［1976］）的研究成果，罗伯茨（Roberts，1997）确定了理论化真实性的两种主要方法。沃尔韦尔（Orvell，1989）的方法是将真实性视为物体的固有属性——其物质性、形式和功能；而另一种方法则来自符号学，关注的是博物馆物品引起的参观者体验类型（美学、情感等）（参见 MacCannell，1999［1976］）。后一种方法标志着一种转变，从审视物体和使其"真实"的特殊性质，转向关注心理和社会文化过程，这些过程塑造了我们如何跨越时间和空间来评价物体。从这个角度来看，真实性的概念是由事物所存在的和被观看的文化背景，以及观看它们的人所产生和协调的（Jones，2010）。埃文斯等人（Evans et al.，2002）使用基于物品的认识论（object-based epistemology）（即事物以物品的形式存在，并且默认物品与认知者分离）和基于物品的对话（即这些物品在"参观者的文化或生活历史"中扮演的角色）（Evans et al.，2002，p.58）描述了相似的有关真实性的研究分类方法。

在我们开始介绍埃文斯等人（Evans et al.，2002）的研究之前，让我们首先以本章开头介绍的学习园地场景来分析上述争论的要素。CBG 开发的学习园地是一个很好的例子，展现了将物品和体验方式结合在一起，以处理真实性的不同方式。因此，学习园地包括物品（即植物）和我们对其（从园艺学、植物科学、生态学及自然保育的视角）的了解，以及在不同的日常环境（例如园艺活动及对自然界的自由探索）和科学环境（例如水质调查及室内项目的教室）中接触这些物品的方式。虽然指导原则清晰明确，但其应用仍具挑战性。例如，本土植物被认为是更真实的，但就这些植物为亲子家庭提供的体验类型和参与模式而言，它们并不总是最吸引人的选项。在学习园地的这个案例中，CBG决定专注于孩子的体验，消解了真实性（即本土植物）与参观者体验之间的矛盾。

回到埃文斯等人（Evans et al., 2002）的真实性研究，其研究基于核心知识理论，该理论根源于发展心理学。根据埃文斯等人（Evans et al., 2002, p.61）的观点，朴素理论强调的重点是"因果关系的解释，以及在任何正式教育经历之前，幼儿可能拥有的关于世界的知识主体特征描述（这种观点在心理学文献中通常被称为'核心知识'）"。测量幼儿的"偶然直觉"或原则（当儿童尝试解释事情如何发生以及为什么发生时所运用的元素），他们如何在提示下阐述这些原则，以及这些原则是如何变化、发展和被吸收到新知识中去的，这些都是该视角下实证研究的核心。

埃文斯等人（Evans et al., 2002, p.57）指出"基于物品的认识论为博物馆语言的构建提供了基础"。他们的论点借鉴了康恩（Conn）对美国博物馆创建和新形成的自然历史博物馆领域在美国精神生活中所扮演的角色的研究，以及沙平（Shapin）对科学革命的社会学分析（Conn, 2000; Shapin, 1996）。基于这项研究，他们指出许多美国博物馆发展于19世纪晚期和20世纪早期，使用物品来构建关于自然世界和人造世界的故事。这些故事属于新形成的自然历史领域，这一领域植根于社会的政治、宗教和文化层面。因此，它所产生的知识"被赋予了宗教意义，因为认为它揭密上帝的杰作"（Evans et al., 2002, p.57）。

基于物品的对话的概念，其重点是参观者的生活和体验，与迈肯尼尔（MacCannell, 1999 [1976]）的方法（见下文旅游的真实性）有一些相似之处，他们都侧重于体验物品的方式。然而，核心知识理论侧重于个体认知和内部心理过程。上述提到的所有方法尽管使用了不同的理论和方法论途径都存在共同之处——试图解决人们生活中物品的意义和价值。正如研究任何概念或现象一样，所用的理论和方法可以阐明一个概念或现象，同时形成它的意义和我们对它的认识，比如研究幼儿的真实性、现实性和幻想性的发展理论范式。

真实性、现实性和幻想性

从学习理论的角度来看，对真实性、现实性或幻想性理解的研究可以追溯到皮亚杰对儿童世界观的研究。在这个范式中，儿童理解辨别某物是否真实的这种能力被视为重要的认知任务。皮亚杰采用观察法和临床访谈法揭示和描述儿童的认知结构。早期研究似乎表明儿童混淆了现实和幻想（Piaget, 1929; Morison & Gardner, 1978），但较新的证据显示，儿童的反应其实受到任务类型及其呈现方式的影响。

最近在同样的范式下进行的研究使用了一种更加细致的方法来对儿童的任务进行分类，并表明物品属性在儿童概念中的重要性。这类研究调查了儿童区分真实与幻想的能力，广泛认为这种能力随着年龄的增长而发展，并受到知识积累的影响（例如Harris, 2012; Woolley & Wellman, 2004; Sharon & Woolley,

2004)。一些研究还特别关注了儿童的神奇解释，它被视为是增强解释幻觉现象意识和提高解释幻觉现象能力的标志（例如像一条变色的围巾这样的"魔术把戏"，狗是否会说话）（Woolley, 1997；Evans, Mull, & Poling, 2002）。

在以下关于博物馆和真实感的章节中，我们将总结当前有关儿童理解真正的、虚假的和具有真实感的文物的发展研究（包括博物馆）。这项研究对于包括儿童在内的参观者团体的空间和资源开发具有启发意义，也对博物馆的学习理论和实践有着更广泛的意义，因为它调研了一些基本概念，如真正的、原始设计和意图，以及藏品来源，这些都与我们从博物馆参观者的角度理解真实性有关。下文将转向"真实的学习环境"的概念，探索真实性的另一个维度。

真实的学习环境

"真实的学习环境"（authentic learning environments）是一个鲜为人知的概念，它有助于从学习的角度讨论真实性。这一概念是从情境学习的角度发展而来，适用于基于物品的对话，也适用于将真实性视为由物品引发某种体验的方法。这种方法意味着研究关注的对象从物品或参观者转移到环境本身。

布朗、柯林斯和杜吉德（Brown, Collins and Duguid, 1989）在知识构建和学习环境的背景下检验了真实性。他们的立场是学习和知识的质量都取决于学习环境。他们指出，在传统观点中诸如学校等传统教育环境中，学习和知识通常被视为独立于学习活动及学习发生的背景。他们对这种传统观点提出质疑，引用表明学习内容是学习方式必然的组成部分之一的研究（Brown et al.,

1989，p.32）。他们提倡使用真实活动和真实情境或学习环境。真实活动"被定义为文化的常规实践"（Brown et al.，1989，p.34）。此处"文化"一词指的是不同的知识领域（比如艺术、数学、历史），或是社会情境（比如学校、博物馆、工作场所）。正是通过参与真实的活动，人们获得了可用的、可靠的知识（这些知识基于元认知技能发展，并且可以转移到新情境中），并且这种知识依赖于情境。当某学科的工具与那些实际使用这些工具的人的文化一起呈现时，就构成了真实活动。当学习者接触到真实领域活动的意义及目的时，获得最佳的学习体验。这些活动并非一成不变，而是始终通过现在和过去成员之间的动态沟通所创造。由此可见，真实的学习环境可以培养出生动的知识。

特别是对课堂活动的评价中，他们指出这并没有给学生提供"参与相关领域文化或'适应某种文化'的机会"（Brown et al.，1989，p.34）。布朗、柯林斯和杜吉德认为文化和社区可能促进或阻碍学习者的学习效果，因此，评估学习的成败必须考虑到与文化和社区关系这一因素。也就是说，真实的活动、可用的工具、环境、文化和社区是相互依存的。下面是一个例子，说明在这个场景中如何利用真实学习环境的这些元素。学习园地创造的环境，让孩子们可以通过自由探索和利用嵌入园艺等便利活动中的知识（工具），从CBG藏品中了解本地植物（物品），这些活动在模拟大自然的空间（环境）中进行。CBG的工作人员（社区）借助自由的校园户外空间探索，如起伏的丘陵和多感官的花园以及参加活动（活动），支持孩子们的探索、游戏和学习。

旅游的真实性

迈肯尼尔（MacCannell，1999 [1976]）是第一个在理论中将旅游论述为对现代性和不真实感的精神回应、寻找遗失已久的真实过去的研究者。他认为旅游是现代化的副产品，是人们逃离（不真实的）日常生活、在其他地方和时代寻找真实性的一种方式。他的研究调查了旅游业如何利用人们对真实的渴望，并在民族旅游的背景下引入了"舞台真实性（staged authenticity）"的概念（MacCannell，1973）。为了销售吸引人的旅游套餐，主办者将他们的文化（包括他们自己）出售，并且"这种包装改变了产品的性质，游客所寻求的真实性变成了旅行资源方提供的"舞台真实性（MacCannell，1973，p.596）。迈肯尼尔定义的含义是，游客通常会获得戏剧性的或精心安排的体验或表演，以满足他们的期望。这些体验通常是肤浅的，只呈现了文化的"前台"（front stage），而没有捕捉到文化的"后台"（back stage）。这就意味着游客只能产生一种与"真实感"或"真实"的外国文化接触的错觉。

迈肯尼尔（MacCannell，1973）认为现代旅游者的动机是对现代生活碎片化的一种精神反应，在现代生活中，人们不断地感觉到他们正在失去对所谓的自己生活元素的依恋，例如城镇、家庭或邻里。但与此同时，他们对他人或其他文化中的"真实生活"产生了浓厚的兴趣。迈肯尼尔（MacCannell，1973）提出了真实性的六个阶段，从公开的前台（被视为一种专门为游客消费开发的不真实的体验）到明确的后台（某种文化的成员在远离游客注视的地方过着他们的"真实生活"）。迈肯尼尔的研究对旅游研究①产生了很大的影响。在旅游研究中，真实性被认为是一个相对的、社会构建的、由情境决定的概念，其含义随旅游者的概况、期望和先前经验而变化。例如尔斯基、希利和希尔斯（Chhabra, Healy and Sills, 2003, p.702）的研究表明，"当在远离文化传统原始源头的地方举行活动时，可以获得高度的真实感"。

迈肯尼尔（MacCannell, 1973）的研究已经影响了下面我们将综述的场所和声音真实性的研究。这项研究对于特定类型的博物馆（例如生态博物馆或露天博物馆）、特别活动（例如节日或舞台戏剧活动）以及其他类型的可称为非物质遗产的文化实践（例如戏剧和音乐表演）尤其有用，这些文化实践已进入博物馆情境。

博物馆和真实性的感知

以上简要介绍的学科视角对真实性话语产生了影响，并形成了博物馆情境下的真实性和学习的概念。以下章节主要介绍和讨论博物馆参观者的体验。在绝大多数这些研究中，尽管他们使用的真实性定义略有不同，但都假设真实性存在于物品之中。也有少数例外的研究考虑到物品或遗址的文化或背景意义（如 Siegel & Callanan, 2007; Weidinger, 2015）。另外，由于大多数研究几乎只关注参观者对物品的感知，这导致在调查人们如何评价或与真实体验相关联的实证研究方面仍存在空白。布里达、迪士娜和

---

① 在旅游研究中关于真实性的不同概念的讨论，请参见 Yang, L. & Wall, G., *Planning for Ethnic Tourism*, Farnham: Ashgate, 2014。

奥斯汀（Brida, Disgna and Osti, 2012）和怀丁格尔（Weidinger, 2015）的研究在这方面是个例外。我们综述了一些相关的研究，这些研究的主题来源于研究者在研究真实性时关注的主要问题。其中一些研究主题以二元对立的形式出现，而另一些则专注于人们真实性体验的特定方面，例如："真品"与复制品/模型、真迹/原作与赝品、真实-幻想与超自然的物品、真实性与"数字文物/体验"的关系。

"真品"与复制品/模型

虽然真实性经常被认为是参观博物馆的动机，或者是强化博物馆参观体验的因素，但它往往不是参观者体验研究的主要重点。例如，在一项调查史密森学会（Smithsonian Institution, SI）参观者的满意体验研究中[①]，佩卡里克、德林和卡恩斯（Pekarik, Doering and Karns, 1999, p.157）识别了4类令人满意的博物馆体验（即物品、认知、内省和社交体验）。物品体验包括：(1)"看到'真品'"；(2)"看到稀有、不寻常或贵重的东西"；(3)"被美感动"；(4)"思考拥有这些东西会是什么样子"；(5)"继续拓展我的专业方向"。当参观者进入或离开展览和/或SI博物馆时，会被要求从一系列描述不同体验类型的陈述中进

[①] 这些研究在特展或SI博物馆的出口进行调查，调查地点包括伦威克美术馆的美国工艺品展览、国家动物园的亚马逊栖息地和科学展厅、国家自然历史博物馆的地质、宝石和矿物以及哺乳动物展览、国家航空航天博物馆的"下一站在哪儿，哥伦布"展览、亚瑟·M.萨克勒画廊的表达印度教礼拜仪式、12世纪日本艺术的皇家收藏展、美国国家艺术博物馆和国家肖像馆，以及美国国家历史博物馆。

行选择。陈述的措辞来自参观者自己的话、研究者的分类和对参观者进一步测试等。来自9个不同的SI博物馆的8个展览的研究结果似乎表明，在所调查的9个博物馆中，有3个展览的参观者实物体验是最令人满意的（这3个博物馆是关注美国工艺品的伦威克美术馆、国家动物园和国家自然历史博物馆）。在这个研究所报告的五种实物体验中，参观者最满意的博物馆体验评比中，"看到'真品'"这一选项排名很高。例如，第二个最令人满意的体验是在美国国家历史博物馆（在"获得信息或知识"之后共有58%的人提及）和国家航空航天博物馆的"下一站在哪儿，哥伦布"展览（在"获得信息或知识"后共有35%的人提及）。在美国国家历史博物馆和"下一站在哪儿，哥伦布"展览中，"看到'真品'"也是参观者最期待的实物体验，分别有18%和16%的参观者提到了它。

> 看到真品是参观者认为博物馆体验令人满意的重要因素之一

汉普和施万（Hampp & Schwan，2014）的研究是为数不多的、以调查参观者对博物馆中真实物品的反应为明确目的的研究。在德国慕尼黑德意志博物馆举办的生物和纳米技术展览中，他们使用原物和复制品来研究博物馆情境中参观者所使用的真实物品评价标准。作者将真实物品定义为"曾经服务于与科学相关的、有真实世界目的的原始物件，在强调科技史的博物馆中具有一定的科学史意义"（Hampp & Schwan，2014，p. 17）。虽然研究人员没有明确讨论其研究的理论基础，但基于整体所使用的方法，我们认为该项目受到信息加工理论的影响。

汉普和施万（Hampp & Schwan, 2014, p.64）计划解答两个研究问题：（1）"真实性如何影响科技博物馆中参观者对物品的感知？"；（2）"除了真实性以外，影响科技博物馆参观者对文物认知的其他相关因素有哪些？"。他们设计了两种实验情境，向参观者展示两种不同的、聚焦于纳米技术和医疗技术的展示设备。在每个展示设备中，参观者都会看到三个实验展示柜，展示关于物品的不同类型的信息：纳米技术的展示包括功能和社会文化视角，而医学展示包括医疗技术的历史和社会文化视角。在每个展示柜中，同样的物品在某些情况下展示的是原物，在其他情况下展示的是复制品。参与这项研究的成年参观者并未自愿对所看到的物品的真实性发表任何评论。然而，当特别要求参观者评论所看到的物品的真实性时，参观者说他们没有注意到这一点，但他们默认这些物品是真的，因为它们在博物馆里。经过进一步调查，很明显科学博物馆的参观者确实关心科学文物的真实性，他们通常认为博物馆展示的是真实的文物。具体而言，他们从四个方面讨论了文物的真实性促进参观者的学习体验：（1）能力，帮助他们与历史建立联系的能力；（2）魅力，指的是有"光环"的物品；（3）罕见性，与特定社会中特殊的地位有关；（4）物品的功能性，如何工作或运作。促进参观者欣赏文物的其他要素有：（1）文物外观，被定义为"设计和功能的相互作用"（Hampp & Schwan, 2014, p.18）；（2）这些文物作为某种技术、历史和文化意义的象征所提供的知识内涵；（3）参与者的个人特征，即他们先前对与文物相关的主题事项的知识和兴趣。

> **参观者相信真实的科学文物可以增强他们的学习体验**

由弗雷泽等人（Frazier et al., 2009）进行的另一项研究，间接地提到了博物馆。在我们看来，该研究采用信息加工理论①，调查成年人如何评价真实的物品，以及他们的评价如何受塑造人们经济和情感判断的信念系统的影响，以及他们如何评价哪些物品是博物馆级别。他们着手研究他们所谓的理性信念（如物品的货币价值），以及跨越不同文化背景的非理性信念（如物品的情感价值或拥有和触摸物品的欲望）。这项研究的另一个有趣之处在于，研究调查了参与者自身对童年物品（例如，毛绒玩具玩具之类的依恋对象）的依恋程度与成年后对真实性的态度之间是否存在联系。他们从美国和英国招募有不同信仰体系的大学生。研究者（Frazier et al., 2009, p.3）假设"在所有维度上，真实的物品应该比不真实的物品得到更高的评价"，并且"小时候拥有依恋对象的人会更重视真实的物品"。第一个假设得到了研究结果的证实，因为在所有量表上真实的物品得分都更高。相比非真实的物品，对真实物品的评价更高，这不仅反映了其经济价值，也反映了参与者拥有和触摸这些物品的愿望。其他研究结果显示，与男性相比，女性更看重真实的个人物品。那些童年时拥有个人依恋物品的参与者和他们赋予真实物品的货币价值之间也存在联系，这些物品的货币价值通常比其他样本更高。这让研究者（Frazier et al., 2009, p.7）得出结论："依恋史可能只是个体的一个标记，他们更倾向于认可物品的独特真实性，因为这是依恋对象行为的特征之一。"在更普遍的层面上，这项研究表明，人们更重视真实的物品，这反映在他们表达出来的拥有和触

---

① 这是基于我们对本研究的理论和方法的阅读，因为研究者尚未明确其理论基础。

摸它们的愿望上，这些态度和行为在日常生活中相当普遍和根深蒂固。他们认为，我们每个人对物品表现出的这些态度和行为只是程度的问题。

> **人们对真实物品的评价受到信念系统的影响，这些信念系统决定了人们如何判断特定物品的经济价值和情感价值，以及哪些物品值得博物馆收藏**

在另一项研究中，弗雷泽和格尔曼（Frazier & Gelman, 2009）探讨了儿童和成人对真实性理解的发展变化。本研究以核心知识理论为视角，调查了儿童关于真实性的朴素理论。参与者包括学龄前儿童、幼儿园儿童、一年级和四年级儿童以及大学生。先前的研究已经表明，即使是很小的孩子也对物品的不可视特性很敏感。本研究着手探讨儿童是否根据物品的历史而非其外观（物品的物质形态）赋予物品特殊的意义。被选中的物品可以分为三类："原始物品（比如第一只泰迪熊），著名协会的物品（比如美国总统的国旗徽章），以及个人物品（比如自己的婴儿毯）"（Frazier & Gelman 2009，p.286）。基于本研究的目的，使用真实和非真实的物品照片。参与者被询问两个关于真假物品的问题：哪些物品属于博物馆，哪些物品是他们想要的。结果表明 3—4 岁的儿童理解物品的历史路径能够影响物品性质，并且可以通过说明物品属于博物馆收藏来表示其真实性。

> **儿童理解物品的历史路径影响其性质**

弗雷泽和格尔曼（Frazier & Gelman, 2009）的研究假设所有的博物馆物品都是真实的，它们的价值与其在公共层面上的历史和一般价值有关。它不区分不同类型的物品或博物馆。此外，这项研究是基于对博物馆的先验知识（在此年龄了解的博物馆可能是相当有限的，而且可能是他们碰巧接触过的某种博物馆类型的专门知识；该研究未提供此类信息）。尽管参与这项研究的儿童的社会经济信息并不详细，但他们都被描述为具有"中产阶级"背景。他们也来自特定的地理环境（美国中西部大学城的学龄前儿童；美国西部城镇一所学校的小学生；这些成年人都是美国中西部一所大学的心理学本科生。

基于以上几点，我们想对这些研究结果在博物馆情境中的适用性提出一些注意事项。但在此之前，我们想强调的是，研究往往会提出和回答具体的研究问题，上述所有研究都做到了以严谨的方式进行研究，虽然我们可以从中学到一些与博物馆实践相关的经验，但正如上文所强调的，总结研究结果并将其应用于博物馆情境并不在这些研究的考虑范围之内。所以，我们得出的任何实践启示都需要考虑到这一点。那么，读者需要考虑什么呢？鉴于研究实验类型的受控性、其有限的社会经济样本、其对少数物品/实体及其地理和文化特定背景的关注，应在博物馆情境中谨慎应用研究结果。首先，博物馆拥有的文物收藏体系有其定位与意义，而不是一系列不相关的文物；这种意向性也体现在展品的组合方式上。因此，文物陈列于展览装置中及博物馆参观者对此的响应是一个非常复杂的系统。展示文物和收藏的制度环境也在其呈现方式中发挥作用。由于真实性的含义与其历史、文化和制度背景有关，因此可以认为，不同的人（学习）重视和回应真实物品的方式可能会因机构设置、地理位置和文化的不同而有所不同。

"真品"或原始文物

接下来的几项研究也使用了实验设计,但这些研究都是在博物馆情境而非实验室环境中进行的。正如前文提到的研究所强调的那样,人们用来判断实物真实性的两个维度是它们的外观——特别是它们的设计——及其出处。例如,汉普和施万(Hampp & Schwan,2014)对博物馆参观者的研究指出物品的外观被作为判断其真实性的标准。"原设计"是研究者从核心知识理论视角使用的另一个概念,用来检验儿童理解自然物品和人工制品并非始终存在的能力。正如上文真实性基础部分所提到的,原设计是一个关键概念,它直接关系到我们如何理解真实性的概念。例如,埃文斯等人(Evans et al.,2002,p.71)报告了他们对4到10岁儿童进行的一项研究,根据这项研究,只有8到10岁的儿童"有'第一个'的概念"。这一年龄组的儿童能够始终意识到:(1)动物和人工制品的存在有其源头;(2)人工制品是人造的,而动物是上帝创造的。相反,最近的一些研究质疑是否这个年龄的所有孩子都认为动物是上帝创造的(Evans & Poling,2004;Tenenbaum & Hohenstein,2016)。

> 原设计是影响人们如何理解事物真实性的概念之一

邦斯和哈里斯(Bunce & Harris,2014)研究了儿童对电视虚构角色的真实/非真实地位的判断,以确定其判断的依据。具体来说,他们的前提是儿童可以根据角色的本体论地位(即比如"哈利波特不是一个真正的学生和建筑工人鲍勃也不能真正来修理我们的屋顶"),或关于角色表现的真实性(即有人打扮成圣诞老人是否是真的）做出判断（Bunce & Harris，2014，p. 111）。研究者使用了虚构角色的照片以及打扮成这些角色的人们的照片。他们（Bunce & Harris，2014，p. 117）要求不同年龄组的儿童检查照片并判断每个人物是否生活在"真实世界"（本体问题）以及是否每个人物都是"真正的"虚构角色（真实性问题）。所有年龄组的儿童都能够做出准确的真实性判断（即角色表现的真实性，例如一个人扮成圣诞老人）。然而，当要求孩子们做出关于这个人物是否生活在现实世界中的本体论判断时，特别是学龄前儿童，发现这很困难。研究者得出结论：随着年龄的增长，儿童对虚构角色不存在于现实世界的理解也在不断发展。

> **随着年龄的增长，儿童对虚构角色不存在于现实世界的理解也在不断发展**

在最近的一项研究中，邦斯（Bunce，2016）调查了参观者如何看待自然历史藏品的真实性（根据它们是否属于博物馆进行评估）和教育价值。这项研究对博物馆价值的探究令人联想到前文提到的弗雷泽和格尔曼（Frazier & Gelman，2009）的研究。这项研究使用了牛津大学自然历史博物馆自然历史收藏中的一只兔子标本，放在一只真实的毛绒玩具兔子旁边。4 至 10 岁儿童（分为 4 至 7 岁、8 至 10 岁年龄组和成年组）的家庭团体获邀参与在博物馆空间中的活动，但作为为本研究目的而特别设计的活动的一部分，参观者需要判断并回答这个兔子标本是一个"可触摸的物品"，还是应放在展览盒里或者应该和一个真实的软毛玩具兔放在一起，并且参观者需要回答它是否属于博物馆，为什么属于博物馆，以及为什么这件标本可以帮助参观者了解兔子

(Bunce，2016，p. 187)。这项研究表明，年幼的儿童有能力基于剥制标本区分活体/非活体物品，特别是当环境合适的时候，例如当标本兔子放在玩具兔子旁边时。虽然成人和儿童参与者（两个年龄组）都能认识到动物标本的教育价值，但随着年龄的增长，他们认为这只兔子标本值得博物馆收藏的程度也在增加。

> 成人和儿童认识到动物标本的教育价值，但是儿童判断它们是否值得博物馆收藏的能力随着年龄的增长而增强

与这类研究一样，大多数参与者都是白人中产阶级背景，受过高等教育。本研究的另一个局限性是其假设博物馆专业人员和参观者都认为真实性是物品的固有的属性。这个假设使研究者对人们遇到标本兔的方式以及为什么他们会有特定反应做出了一些推断。例如，成人参与者解释了标本兔具有博物馆收藏价值的原因是能够近距离地观察和研究它，而不是因为它的物理特性（例如，拥有真正的皮毛）。

超越现实和精神文物

以上所有的研究都以能够区分现实与幻想是发展成熟度标志为前提。然而，无论是关于真实性的理论文献还是实证文献，都充满这样的例子：物品或空间会触发人们产生特殊的情感状态，在这种状态下，与物品的接触创造了一种超越现实的感觉。一些作者和研究者在试图描述或实证检验这种状态时，借鉴了宗教研究或使用了精神研究方面的概念作为参考［见（Otto，1917/1958）］。一些用来描述这种高度集中的精神状态，以及类似宗教的精神体验术语，包括"接触巫术"（magical contagion）和"交感

巫术"（sympathetic magic）（Nemeroff & Rozin，2000）、"守护神"（numen）①、"超自然的物品/体验"（numinous objects/experiences）（Latham，2013；Cameron & Gatewood，2000 & 2003；Gatewood & Cameron，2004；Maines & Glynn，1993）、"虔诚体验"（reverential experience）（Graburn，1977）、"感知的本质"（rasa）或"审美情趣"（aesthetic delight）（Goswamy，1991）、"共鸣"（resonance）和"奇迹"（wonder）（Greenblatt，1991）、"审美体验"（aesthetic experience）（Dewey，1934）、"互动性"（transaction）（Dewey & Bentley，1949）和"沉浸"（flow）（Csikszentmihalyi & Robinson，1990）。沉浸理论是下文所述研究的理论框架发展的基础。当然，在第 9 章动机的基础中会提出沉浸理论，所以在此不作赘述。

从卡梅隆（Cameron）和盖特伍德（Gatewood）的研究开始，他们将守护神的概念应用于博物馆参观者的研究。莱瑟姆（Latham，2013）对博物馆物品超自然体验的研究基于主要关注历史和工业遗址的卡梅隆和盖特伍德（2000 & 2003；Gatewood & Cameron，2004）的工作，并进行了扩展。尽管术语"守护神"最初有明确的宗教含义，卡梅隆和盖特伍德（Cameron & Gatewood，2000，p.110）用它来验证这样一个假设："那些在参观者心中能让他们对早期事件或时代产生本能或情感反应的地点和展示（其可以让他们与时代"精神"或过去的人建立联系）特别有价值。"虽然莱瑟姆、卡梅隆和盖特伍德采取的方法论有很大

---

① 最早由鲁道夫·奥托（Rudolf Otto）使用的术语（1917 年德语首次出版，1958 年翻译成英语），指上帝或神。

的不同,但他们的研究强调物品与参观者的碰撞会产生超自然体验(numinous experienc)。

例如,他们在宾夕法尼亚州伯利恒历史中心进行的初步研究中,卡梅隆和盖特伍德(Cameron & Gatewood,2000 & 2003)发现,前往历史遗迹的参观者希望有"超自然的体验",这与对历史的普遍兴趣有关。在宾夕法尼亚州葛底斯堡国家军事公园进行的后续研究中,卡梅隆和盖特伍德(Cameron and Gatewood,2004)通过描述超自然体验的三个维度扩展了他们最初的概念。不像他们最初的研究主要是收集定量数据,后来的研究结合了定量和定性数据,这使得研究者能够深入探究超自然体验的构成及其维度。这些维度是:(1)"深度参与感或超越感"——这被描述为一种接近"沉浸"的心理状态,其关键特征是丧失了时间感和自我感;(2)"同理心"(empathy)——一种人被带回到过去、与当时的人产生强烈情感联系的心理状态;(3)"敬畏或崇敬"——被描述为一种类似朝圣的体验或"与某物或某人的精神交流"(Cameron & Gatewood,2004,p. 208)。

> 物品能引发一种发自肺腑的或情绪化的反应,称之为超自然体验,它能帮助参观者与历史时期或某个人的精神联系起来;超自然体验的特点是深度参与、同理心和敬畏感

有关超自然物品和体验的研究起源于卡梅隆和盖特伍德(Cameron & Gatewood,2000,p. 109)的假设,这在莱瑟姆的研究(Latham,2013)中看到。在美国五个博物馆(包括艺术博物馆、历史博物馆、生活博物馆和国家博物馆),莱瑟姆特别关注那些有过深刻意义体验的参观者对博物馆物品寻求超自然体验

的案例。这是一个回顾性研究,其样本为参与者自荐,挑选的依据是参与者详细描述与博物馆物品感人经历的能力。莱瑟姆证实了卡梅隆和盖特伍德所描述的超自然体验的三个维度确实存在,但也对它们进行了扩展并提供了更多的细节。根据莱瑟姆(Latham, 2013, p. 17)的观点,这项研究的贡献在于它开发的"超自然邂逅模型"(model of the numinous encounter),"揭示了一种动态的、交互的体验,这种体验是整体性的,贯穿于人的感官和智力的每个部分"。它还揭示了博物馆物品的显著性,以及它们创造意义深远的博物馆体验的力量。这项研究确定了这种体验的四个基本要素,它们包括:(1)此刻的统一(unity of the moment);(2)与物品联系(object link);(3)情不自禁的(being transported);(4)大于自我的联系(connections bigger than self)。"此刻的统一"被认为是最重要的元素(Latham, 2013, p. 11):

> 此刻的统一是整个超自然体验的整体,其他三个主题作为内在元素融入其中。有形的和象征性的物品;时间、空间和身体的变化;以及那些通过自我、精神和过去的人们而产生的深层联系,都在那一刻被卷入其中,是那一刻的统一。最终的超自然体验是这些事物形成的整体旋转实体,相互重叠和连系。所有这些东西——情感、理智、感受、感觉、想象——的结合,才会对体验者产生意义。

在解释博物馆物品超自然体验的这些关键要素时,莱瑟姆(Latham, 2003, p. 12)将杜威(Dewey, 1937)的互动性(transaction)概念及其在塞克斯哈里和罗奇伯格-霍尔顿

(Csikszentmihalyi & Rochberg-Halton，1981）的研究中的应用——被称为人-物互动——直接联系起来，并将其适应为人-文化互动（person-document transaction）。她进一步借用了塞克斯哈里和罗宾逊（Csikszentmihalyi & Robinson，1990）的沉浸概念，将超自然体验解释为一种最佳体验，非常像心流。最后，她还借鉴了威廉·詹姆斯（William James）的神秘意识概念（mystical consciousness），以突出精神特征——"敬畏或尊敬的感觉"——与博物馆物品的超自然碰撞。这项研究的结果表明，超自然体验的整体性——同时在智力、情感、想象力和感官层面上运作——可以对参观者及其身边与之分享超自然体验的人产生持久的、丰富人生的影响。

> 引发超自然体验的物品会带来整体的、具有深远意义的参观者体验

真实的学习环境

接下来的章节，我们将探讨真实学习环境的特殊要素，它是本章前一节中介绍过的概念，即场所和声音的真实性。

场所和声音的真实性

从旅游研究的角度出发，布里达、迪日丽娜和斯库代里（Brida，Disegna and Scuderi，2014）在意大利的一个考古博物馆和现代艺术博物馆中调查了参观者对真实性的感知。这是一项大规模的研究，收集了1288份调查问卷的定量数据，这些问卷调查的参观者来自两个博物馆（博尔扎诺的南蒂罗尔考古博物馆和

特伦托-罗韦雷托现代和当代艺术博物馆)。这项研究确定了两个博物馆共有的与真实性相关的因素,以及每个博物馆特有的影响参观者对真实性认知的因素。两个博物馆中评估的真实性要素包括"(a)博物馆是一个纯粹的旅游胜地;(b)它是世界上独一无二的;(c)它是一个让你思考的地方;(d)它描述了历史时代;(e)它是一个迷人的景点"(Brida et al., 2014, p. 532)。对特定地点的真实性认知也有提及。例如,南蒂罗尔考古博物馆的真实性与博物馆在世界上的独特性及其历史和考古学的重要性有关①。就现当代艺术博物馆而言,真实性与博物馆的建筑和参观者的感觉有关,这些参观者认为博物馆不仅仅是一个旅游胜地。此外,有迹象表明,参观者自身的特定特征影响了他们对真实性的认知。其中包括性别(相比女性,男性可能对两个博物馆真实性的认识更高)、收入和原居住地(那些高收入家庭或来自南部中心或意大利群岛的人认为当代艺术更真实)。布里达等人(Brida et al., 2014, p. 534)总结道:"对真实性的感知是一个动态的概念,它根据参观者的背景和观察到的现象而改变。"

> 参观者对真实性的认知受到博物馆特有因素、参观者的社会经济和文化背景以及不同类型博物馆常见的真实性判断的影响

接下来的两项研究调查了博物馆建筑和/或其收藏之外的场所和实践。它们同样从旅游研究的视角进行,但它们也表达了人们对真实性和真实体验的追求,这种追求通常表现为对现代性的

---

① 该博物馆的一个常设展览 Ötzi 中的"冰人",是一具 5 000 多年前新石器时代的木乃伊,生前居住在这个地区的人,偶然在沙皇阿尔卑斯山上发现的。

排斥，以及随之而来的替代感和疏离感（例如 Lindholm，2008）。此处的核心论点是疏离感让人们觉得生活在现代世界中并不是"真实的"，以及寻找不同于"真实生活"的东西（即"他人的真实生活"）与对"真实"事物的体验有关。这种对真实性的追求常常使得人们在不同的地方、文化或历史时期寻找真实性（见 maccanell，1999 [1976]，p. 3）。再接下来的两个研究调查了如何在当地活动的体验中寻找真实的东西，比如圣诞市场（Brida, Disegna, & Osti, 2012）和农村地区（Weidinger, 2015）。布里达等人（Brida et al.，2012）调查了参观者和当地居民如何看待意大利北部同一个圣诞市场的真实性。这项研究强调社区参与活动的程度在当地社区成员和游客对活动真实性的感知中发挥了关键作用。具体来说，能够在圣诞市场中识别当地习俗与当地社区的高度支持圣诞市场举办的形式有关。布里达等人（Brida et al.，2012）建议，当地社区需要参与组织当地活动，并为参观者和当地人提供相互交流的机会以作为体验的一部分。

> 社区参与组织和举办活动，对于当地社区成员和参观者认为某特定活动是真实可信的起着关键作用

关注当地居民对非物质文化遗产真实性的看法（比如圣诞节市场之类的活动）是特别有趣的研究方向，怀丁格尔（Weidinger，2015）对此进一步探索。怀丁格尔（Weidinger，2015，p. 6）的研究采用迈肯尼尔（MacCannell）的理论框架来调查农村地区（即当地居民如何"评价农村地区的真实性"）。案例研究是调研位于德国、奥地利和捷克共和国边界的巴伐利亚森林的一个乡村旅游地。它包括自然景观、滑雪、徒步旅行和骑

自行车等其他活动，还有相应的设施如健康酒店、农业旅游，和文化（即风俗和当地传统）以及工业遗产（例如木材工业和玻璃制造业）。研究者采用定性的方法，采访了当地政府、旅游业和文物保护部门的代表，以及当地居民。怀丁格尔（Weidinger，2015，p.20）的报告提到"这些群体中的大多数都批评现代建筑风格"不真实"，因此不适合该地区。尤其是"托斯卡纳住宅"（Tuscan houses），它被视为全球化的产物，导致巴伐利亚森林内景观标准化，最终导致失去对于参观者而言的独特性。与布里达等（Brida et al.，2012）的建议一致，怀丁格尔还建议让当地人参与规划和决策过程。例如，他指出旅游住宿以及建设新酒店和住宅时，如何以一种"刺激真实性感知"的方式加强当地建筑和地域特征之间的联系（Weidinger，2015，p.17）。

| 当地居民和参观者认为反映地域特征的东西是真实的 |

建构现实：真实与文物的多重意义

有理论认为，博物馆通过创造"主控叙事（master narratives）"（Hooper-Greenhill，2000，p.25）来建构"当今的"现实"，并"巧妙地聚焦于过去记忆以支持当下"（Hooper-Greenhill，2000，p.25）。为了实现这一点，他们利用了一个"[…]支持材料的网络"（Hooper-Greenhill，2000，p.24），包括真实的物品本身，以及确定物品来源的鉴定过程。然后，对物品进行挑选、分类并组织收藏在一起。尽管对于什么是真正的物品的判断会因博物馆类型的不同而有所不同，但毫无疑问，使其具有博物馆价值的鉴定过程塑造了其潜在的含义（例如 Hooper-Greenhill，2000；

Miller，1994）。特别是对于人工制品（相对于"自然"而言）来说，因为它们是人类有意识生产的结果，这是它们真实本质的关键要素。人工制品的设计意图预设并形成了人工制品的使用意图（或传统）。接下来我们研究一些与人工制品的设计意图和使用传统有关的元素，以及人们对这些元素的理解。

设计，尤其是物品设计背后的初衷，似乎是我们在评估和分类物品时要考虑的一个重要属性。布鲁姆（Bloom，1996）的研究着眼于人类对人工制品认知，作为心理学的一个分支，研究我们如何决定哪些物品属于特定的人工制品类别。他的研究表明，正是设计师的初衷决定了这些分类判断依据。这个结论与在西方和非西方文化背景下进行的其他类似研究相一致（参见 Barrett，Laurence & Margolis，2008）。布鲁姆根据"通过我们所推断的创作者意图进行视觉表征分类"提出了一个图像论（theory of pictures）（Bloom，1996，p. 8）。该理论适用于由有意表征产生的素描或绘画等图片类，但不是像照片那样的"视觉表征"（Bloom，1996，p. 8）。特别是这项研究可以用于艺术博物馆，在人们讨论绘画或油画在参观者文化生活中的作用，以显示它们作为文化人工制品的用途。

> 物品设计背后的初衷决定了它们随后被归入的类别或组

人工制品的使用突出了人们对人工制品认识的另一个方面与其文化本质有关。这符合社会文化意义建构和学习的方法。西格尔（Siegel）和卡拉南（Callanan）研究了如果5岁、7岁的儿童和成人被告知，现在有很多人而非一个人使用人工制品的方式与创作者制造意图不同，他们对人工制品的判断会有多大的变化"

(Siegel & Callanan, 2007, p. 186)。按照种族背景来招募及分组参与者，然后借助四个新奇物品的图片和它们的功能告知参与者有关这些物品的故事。对于每一件物品，都有两个条件：他们听一个新奇物品相关的故事，该物品的使用方式不同于某人或许多人最初的设计。故事的类型是相同的，唯一的区别是以新方式使用新奇人工制品的人数。虽然三组人对物品功能的论证方式有所不同，但参与者并不仅仅将发明者的初衷作为"人工制品的核心意义"；如果他们有证据表明许多人以一种新的方式使用一件人工制品，他们也"关注人工制品的日常使用"（Siegel & Callanan，2007，p. 199）。正如西格尔和卡拉南（Siegel & Callanan，2007，p. 200）所说："5岁的儿童似乎不仅明白人工制品的意义及其用途在很大程度上是由一般群体决定，而且他们似乎还明白常规是可以改变的。"

> **物品收藏的类别以及由此获得的意义是由文化决定的，可以通过改变它来实现物品具有多重意义的潜力**

我们相信，这两项研究对于博物馆如何与他们的社区合作，以探索人们跨越时间和文化赋予物品的许多传统意义。这尤其与共同创作项目有关，在这些项目中，博物馆的权威性和博物馆特有的真实性建构（主要基于物品的物质性、形式和功能）能够提供关于物品和收藏的唯一权威的故事。

数字文化的真实性

绝大多数关于真实性的研究都涉及到有形物品。那么无形的或者数字化的物品呢？这不仅关系到人们如何与物品相联系、如何在不同的环境中评估它们的真实性,而且关系到何为真实,以及我们如何判断物品的真实性。在过去 60 年中,数字技术及其在博物馆中的应用不断增加(既可以在幕后管理藏品,也可以作为提供解释和吸引参观者的手段)(例如 Jones-Garmil,1997；Parry,2007)。在参与性实践和数字参与的文化价值框架内,现有研究几乎没有证据能够表明,参观者对真实性的看法因为新的数字现实发生了怎样的变化。关于社交媒体,拉索(Russo,2012,p.154)假设它们"可以通过让博物馆专业人员与受众建立并保持文化对话,从而扩大藏品的真实性"。金斯塔尔克 & 库克(King, Stark and Cooke, 2016)通过调查和与英国(86%)、欧洲、亚洲和非洲大陆的博物馆及遗址专业人士进行非正式的小组讨论发现了这一观点在此领域似乎得到了广泛的认同。参与本研究的专业人士讨论了数字工具或数字体验的真实性问题,即"真正"的物品和与之相关的数字体验是否应该被整合或单独呈现。尽管在这个问题上还未达成共识,但似乎支持两者分离的参与者在历史和遗址参与方面,"对物品、地址和"真正的事物"有着固有的尊重"(King et al.,2016,p.89)。总体而言,参与者认为数字工具和体验可以提高参观者的参与度,并增加他们的参观体验价值。我们期待通过博物馆专业人士听到更多参观者的声音来增加这类发现。这显然是一个新兴的富有潜力的研究领域。

> 研究者有时会推断,数字体验可以增强藏品的真实性以及提高参观者的参与度

总结和反思

上述关于博物馆真实性的理论研究和相当有限的实证研究都提出了比答案还多的问题,但它们有利于提供讨论的背景。因此,真实性似乎是一个相当模糊的概念,而且——正如其在博物馆中应用——是一个相对较新的概念,反映了 20 世纪西方工业化社会的价值观。关于真实性的理论方法似乎被两种观点所主导,一种观点认为真实性为物品固有,另一种观点认为真实性是文化建构。为了超越这种二分法,我们进行实证研究调查真实性的概念、它的意义以及它与发展中儿童和日常生活环境的关系。这些研究大多是从发展心理学的核心知识理论视角进行的。通常研究者使用不同的真实性定义,并调查概念的不同方面和属性。另外,这些调查所涉及的社会生活的问题和领域与他们得到数据的方法一样多种多样。但是,研究对象的群体类型和文化背景都相当单一。尽管一些新兴的研究强调了文化背景的重要性,卡罗尔(Carroll,2014)参与者的局限性体现在他们的社会经济和文化背景上:主要是西方发达市场经济体中受过高等教育的人。真实性的概念和概念的运用和研究方式都反映了西欧的观点。

由于特定社会高度重视博物馆的社会和教育价值,人们还需要考虑到知识所涉及的权力关系,以及博物馆如何对特定物品的共享知识类型授权,以及它们如何提供获得某些类型学习资源(包括物品)的机会。汉普和施万(Hampp & Schwan,2014)的研究表明,参观者的行为基于一个假设,即博物馆中的物品是真实的,因为它们在博物馆中。似乎在这项研究中,只有参与者被告知根据特定群体的评估体系物品被视为不真实的时候，才会对"不真实的物品"做出反应。另一方面，真实学习环境的概念通过关注环境而发展出一种不同的研究真实性的方法。它采取了更加全面的方法，并在开发及使用真实活动和真实工具/知识的社区背景下，调查了真实活动和真实工具/知识之间的关系。真实性不存在于物品或经验的某部分，而是社区实践的组成部分。

关于真实性和认知方法的讨论的另一个重要观点是，无论以基于物品的认识论还是基于物品的对话为中心，这些概念都不是静态的；它们会不断演变，我们对真实性的意义和理解也会不断演变。尽管目前在博物馆中所呈现的跨学科的真实性方法是由这些学科和博物馆作为一个机构的早期历史所塑造的，但是坚持真实性的原始含义只存在于物品之中，是否定在学科视角、博物馆理论和实践中最新的发展。这些发展认可物品的意义来自其物理和/或生物以及社会和智力方面。如今，这一点变得更加重要，因为博物馆努力吸引新的、代表性不足的参观者，留住传统参观者，在藏品的研究方面保持高标准，并开发尊重其完整性的展览、节目和资源的内容。

回到 CBG 的学习校园

现在我们将重访 CBG 的学习园地，跟随来这里参加夏令营的两个女孩卡拉（Cara）和莉莉（Lily）。她们彼此不认识，但她们来得很早，坐在一起等其他孩子的到来。

9 岁的卡拉、8 岁的莉莉和她的兄弟萨姆（Sam），刚刚抵达 CBG 开始他们第一天的夏令营，或者是在入口处迎接他们的女士所说的 CBG 营地。卡拉等不及营地开放了！她一直都特别喜欢大自然和户外活动。她喜欢爬树和在树林里远足，她知道之后她们会远足。她在花园网站上看了一段关于营地的视频，有一群孩子走进了树林。另一方面，莉莉对今年的夏令营不是很热情。她不喜欢和不认识的孩子在户外玩。今年轮到她的兄弟萨姆来选择他们要去哪个营地。他从小就喜欢动物和大自然。莉莉感到紧张和孤独。她瞥了一眼坐在她旁边的女孩，女孩也朝她露齿一笑，说："嗨，我叫卡拉。你叫什么名字？"莉莉很害羞，但卡拉身上有她真正喜欢的特质。

现在所有的孩子都到了，指导老师告诉他们今天剩下的时间里要做什么。有艺术活动，他们将会做园艺、观察植物、玩游戏、吃午饭、用粘土做花盆、观鸟、捉虫子、做自己的零食等等。指导老师们会检查"行为守则"，告诉每个人要确保随身携带水瓶，并定时喝水。这将是炎热的一天，所以他们会先做一些园艺，然后回到室内吃点东西，休息一下，躲躲太阳。小组将出发去生长着的花园，在那里他们被要求绕着正有植物生长的花圃走一圈。卡拉和莉莉去了其中一个花圃，而萨姆加入了一群年龄比他小的男孩们。孩子们两个为一组，轮流用水桶给植物浇水。卡拉和莉莉将照料一种叫做"塔拉"（Tara）的植物，她们的指导老师告诉她们，这是一种原产于北美的植物草原鼠尾粟。卡拉告诉莉莉她和家人远足的时候看见过很多这种植物，并且喜欢它们因为这些植物叫起来有点像她的名字："卡拉-塔拉，有没有觉得很押韵？"莉莉同意这个观点，再次观看这些植物。仔细一看，它是如此美丽；她喜欢它细腻的质地和翠绿的叶子。指导老师给他们看了一堆杂草，让他们小心翼翼地把它们从正在成长的花圃中拿出来，放到一个袋子里。他解释说，植物需要空间来生长，杂草生长得非常快会阻碍其他植物的生长。另一名助教老师四处走动，帮助孩子们完成他们的任务。卡拉和莉莉问她关于她们植物"塔拉"的情况，助教老师告诉她们这是一种非常特别的植物，因为它可以长时间在干旱环境中生存。它还是一种深受鸟类喜爱的植物，许多鸟类以它的种子为食。她们还知道可以用它的种子制作非常美味的面粉。印第安人把塔拉的种子磨成面粉。CBG夏令营方案的这方面既重视"真实"物品（即本土草原鼠尾粟）和"基于物品的认识论"的重要性，又重视卡拉和莉莉照料植物时的参与性体验。也重视"基于物品的对话"，将塔拉与它的文化历史以及它在印第安人饮食传统中所扮演的角色联系起来。在这种背景下，塔拉促使卡拉、莉莉和助教老师参与到关于植物的对话中。

现在指导老师告诉他们土壤对植物的生存是多么重要。他问所有的孩子是否知道有多少种不同的土壤。一些孩子有一些猜想，但没有人真正知道。指导老师告诉他们不同类型的土壤，如沙土、粘土和壤土，并带一些样品给他们观察和触摸。卡拉就在这里感受不同类型的土壤，莉莉担心她弄脏自己但是也很享受花园的环境和观看卡拉触摸土壤，这促使她也加入触摸活动。沙土摸起来很光滑很轻。这让她想起了去年暑假在北卡罗来纳州外班克斯与兄弟在沙丘上玩耍的情景。现在指导老师告诉他们深色的土壤更肥沃，因为里面有更多有机物，这有助于植物生长。他问道："你知道土壤是一个有生命的系统吗？"他说，除了有机物，土壤还含有矿物质、水分和空气。所有这些东西都是植物和动物的美好家园。女孩们惊奇地发现土壤里有空气。这使得他们回到土壤样本处，再次触摸不同类型的土壤。当他们这样做的时候，指导老师告诉他们土壤很擅长过滤水。在某个时刻，莉莉注意到他们几分钟前浇过水的土地上散发出一股新鲜的泥土味。几乎与此同时，卡拉说她真的很喜欢湿土的味道。指导老师无意中听到了对话，让每个人都试着闻一闻地面。然后他问是否有人知道为什么湿润的土壤会有这种味道，但是没有人知道。他告诉他们许多微小的生物生活在土壤中。他们喜欢潮湿和温暖的土壤。就像现在这样由于天气变热，随着土壤变干，细菌在土壤中产生孢子，孢子开始在空气中"飞行"。泥土的味道是孢子而非水产生的。"哇，太神奇了！"莉莉想。卡拉告诉莉莉，她非常喜欢给植物除草和浇水。照顾植物就好像她是他们的妈妈。莉莉以前从未那样思考过园艺，但她认为卡拉是对的。她会让她的妈妈买一棵植物放在她的房间里。也许她可以有一朵百合花；她想要一种以她的名字命名的植物。她相信她现在知道如何照顾好植物，但是她需要了解更多关于百合的知识。她想知道百合花是不是本地的花。她记得当他们第一次走进学习园地时，看到了一些为他们准备的园艺书籍。今天晚些休息的时候，她会去看看它们。从理论的角度来看，我们也可以发现到目前为止，整个课程的设置与社会文化学习理论一致，符合真实学习环境的特点。到目前为止，我们观察到这个项目的一部分涉及儿童从事普通的园艺活动、合作及在实践中使用园丁的工具，同时使该活动与儿童的世界、兴趣和优先事项相关。这个过程使孩子们而非抽象的知识成为他们自己学习的中心，使他们能够掌握自己的学习。这种深度学习体验的例子可以帮助孩子们利用他们在这个项目中获得的知识，并将其应用到其他环境中。

现在天气变得非常炎热，阳光非常强烈。指导老师告诉孩子们要完成他们正在做的事情，收集所有的工具并把它们放好；该是到室内吃点心的时候了。莉莉和卡拉感到口渴，有点累，但同时也很高兴。园艺工作很辛苦，但真的很有趣！

真实性的情境化

对您的博物馆来说，有关物品、事件、参观者体验、展览空间和其他设计环境的真实性意味着什么？是否所有员工（策展、保存、解释和学习、数字媒体）以同样的方式理解真实性？参与贵馆营销及其活动的工作人员是否了解贵馆所定义的真实性的重要性？您怎样才能把对真实性的不同理解联系起来，超越简单的二元对立，比如物品与体验？

您怎样才能创造真实的学习环境，这种环境是由他们所代表的实践领域的文化构成（例如园艺、生态、医学、数学、历史）？如何将拥有文化、历史、遗址或文物的社区成员加入展览或节目的创作和传播？贵馆收藏的文物在不同的文化和时代有什么意义？您需要哪些社区的参与来探索藏品的多重意义？其他意义的物品具有什么样的可能性来创造不同的叙事？如何在展览中表现这些叙事？

您如何用一种合适的文化方式展示来自不同文化的有形或无形的物品？您知道您的参观者如何看待贵馆提供的物品、资源、环境和体验的真实性吗？社会阶层、性别、年龄和种族如何影响这些感知？您如何利用这些知识为参观者提供不同的真实学习环境？真实学习环境如何促进团体和单独参观者的学习体验？

收藏的哪些物品可能会引发强烈的情感联系？通过这些与物品的强烈情感联系，您能促进产生什么意义？这种类型的物品联系与基于内容知识的方法有什么不同？

本章参考文献

Adair, B., Filene, B., & Koloski, L. (Eds). (2011). *Letting go? Sharing historical authority in a user-generated world*. Philadelphia, PA: Pew Center for Arts and Heritage.

Alivizatou, M. (2012). Debating heritage authenticity: kastom and development at the Vanuatu Cultural Centre, *International Journal of Heritage Studies*, 18(2), 124-143.

Barber, K. (2013). Shared authority in the context of tribal sovereignty: Building capacity for partnerships with indigenous nations. *The Public Historian*, 35(4), 20-39. doi:10.1525/tph.2013.35.4.20

Barrett, H. C., Laurence, S., & Margolis, E. (2008). Artifacts and original intent: A cross-cultural perspective on the design stance. *Journal of Cognition and Culture*, 8, 1-22.

Bearman, D. & Trant, J. (1998). Authenticity of digital resources: Towards a statement of requirements in the research process. *D-Lib Magazine*. [Accessed online, 26 February 2017: www.dlib.org/dlib/june98/06bearman.html].

Bloom, P. (1996). Intention, history and artifact concepts.

Cognition, 60, 1-29.

Blud, L. (1990). Social interaction and learning among family groups visiting a museum. *Museum Management and Curatorship*, 9, 43-51.

Borun, M., Chambers, M. B., Dritsas J., & Johnson, J. I. (1997). Enhancing family learning through exhibits, *Curator*, 40(4), 279-295.

Brown, J. S., Collins, A., & Duguid, P. (1989). Situated cognition and the culture of learning. *Educational Researcher*, 18(1), 32-42.

Brida, J. G., Disegna, M, & Osti, L., (2012). Perceptions of authenticity of cultural events: A host-tourist analysis. *Tourism, Culture and Communication*, 12(2), 85-96.

Brida J. G., Disegna M., & Scuderi R. (2013). Visitors of two types of museums: Do expenditure patterns differ? *Tourism Economics*, 19(5), 1027-1047.

Brida, J. G., Disegna, M., & Scuderi, R. (2014). The visitors' perception of authenticity at the museums: Archaeology versus modern art. *Current Issues in Tourism*, 17(6), 518-538.

Bunce, L. (2016). Dead ringer? Visitors' understanding of taxidermy as authentic and educational museum exhibits, *Visitor Studies*, 19(2), 178-192. doi: 10. 1080/10645578. 2016. 1220189

Bunce, L. & Harris, P. L. (2014). Is it real? The development of judgments about authenticity and ontological status. *Cognitive Development*, 32, 110-119. doi: 10. 1016/j. cogdev. 2014. 10. 001

Byrne, D. (1991). Western hegemony in archaeological heritage management. *History and Anthropology*, 5, 269-276.

Byrne, D. (1995). Buddhist stupa and Thai social practice. *World Archaeology*, 27(2), 266-281.

Cameron, C. & Gatewood, J. (2000). Excursions into the unremembered past: What people want from visits to historical sites. *The Public Historian*, 22(3), 107-127. doi: 10. 2307/3379582

Cameron, C. A. & Gatewood, J. B. (2003). Seeking numinous experiences in the unremembered past. *Ethnology*, 42, 55-71.

Carroll, G. R. (2015). Authenticity: Attribution, value, and meaning. In R. A. Scott & M. C. Buchmann (Eds.), *Emerging trends in the social and behavioral sciences: An interdisciplinary, searchable, and linkable resource*. New York: John Wiley & Sons.

Chhabra, D., Healy, R., & Erin S. (2003). Staged authenticity and heritage tourism. *Annals of Tourism Research* 30(3), 702-719.

Chhabra, D. (2005). Defining authenticity and its determinants: Toward an authenticity flow model. *Journal of Travel Research*, 44(1), 64-68.

Conn, S. (2000). *Museums and American intellectual life*, 1876-1926. Chicago, IL: University of Chicago Press, 1998; paperback edition.

Crowley, K. & Callanan, M. (1997). Describing and supporting collaborative scientific thinking in parent-child interactions. *Journal of Museum Education* 23, 12-17.

Csikszentmihalyi, M. & Robinson, R. (1990). *The art of seeing: An interpretation of the aesthetic encounter*. Los Angeles: J. Paul Getty Trust.

Csikszentmihalyi, M. & Rochberg-Halton, E. (1981). *The meaning of things: Domestic symbols and the self*. New York: Cambridge University Press.

Dewey, J. (1934). *Art as experience*. New York: Capricorn Books.

Dewey, J. & Bentley, A. F. (1949). *Knowing and the known*. Boston, MA: Beacon.

Diamond, J. (1986). The behaviour of family groups in science museums. *Curator*, 29(2), 39-154.

Dierking, L. D. (1987). Parent-child interactions in free-choice learning settings: An examination of attention-directing behaviors. *Dissertation Abstracts International*, 49 (4), 778A.

Ellenbogen, K. (2002). Museums in family life: An ethnographic case study. In G. Leinhardt, K. Crowley, & K. Knutson (Eds.), *Learning Conversations in Museums* (pp. 81-102).

Mahwah, NJ: Lawrence Erlbaum Associates.

Ellenbogen, K., Luke, J., & Dierking, L. D. (2004). Family learning research in museums: An emerging disciplinary matrix? *Science Education*, 88, 48-58.

Evans, M., Mull, M. S., & Poling, D. A. (2002). The authentic object? A child's-eye view. In S. G. Paris (Ed.), *Perspectives on object-centered learning in museums* (pp. 55-77). Mahwah, NJ: Lawrence Erlbaum Associates.

Falk, J. (1991). Analysis of the behavior of family visitors in natural history museums. *Curator*, 34, 44-50.

Frazier, B. N. & Gelman, S. A. (2009). Developmental changes in judgments of authentic objects. *Cognitive Development*, 24, 284-292.

Frazier, B. N., Gelman, S. A., Wilson, A., & Hood, B. (2009). Picasso paintings, moon rocks, and hand-written Beatles lyrics: Adults' evaluations of authentic objects. *Journal of Cognition and Culture*, 9, 1-14.

Gatewood, J. B. & Cameron, C. A. (2004). Battlefield pilgrims at Gettysburg National Military Park. *Ethnology*, 43, 193-216.

Goswamy, R. (1991). Another past, another context: Exhibiting Indian art abroad. In I. Karp & S. D. Lavine (Eds.), *Exhibiting cultures: The poetics and politics of museum display* (pp. 68-78). Washington, DC: Smithsonian Institution Press.

Graburn, N. (1977). The museum and the visitor experience. In L. Draper (Ed.), *The visitor and the museum* (pp. 5-26). Seattle, WA: Museum Educators of the American Association of Museums.

Greenblatt, S. (1991). Resonance and wonder. In I. Karp & S. D. Lavine (Eds.), *Exhibiting cultures: The poetics and politics of museum display* (pp. 42-56). Washington, DC: Smithsonian Institution Press.

Hampp, C. & Schwan, S. (2014). Perception and evaluation of authentic objects: findings from a visitor study. *Museum Management and Curatorship*, 29(4), 349-367.

Harris, P. L. (2013). Fairy tales, history and religion. In M. Taylor (Ed.), *Oxford handbook of the development of imagination*. New York: Oxford University Press.

Hilke, D. D. (1989). The family as a learning system: an observational study of families in museums. In B. H. Butler & M. B. Sussman (Eds.), *Museum visits and activities for family life enrichment* (pp. 101-129). New York: Haworth Press.

Hooper-Greenhill, E. (2000). *Museums and the interpretation of visual culture*. London: Routledge.

ICOMOS(1994). The Nara Document on Authenticity. Available: www.icomos.org/charters/nara-e.pdf [Accessed: 25 February 2017].

Jones, S. (2010). Negotiating authentic objects and authentic selves: beyond the deconstruction of authenticity. *Journal of Material Culture*. 15(12), 181-203.

Jones-Garmil, K. (1997). Laying the foundation: Three decades of computer technology in the museum. In K. Jones-Garmil (Ed.), *The wired museum: Emerging technology and changing paradigms* (pp. 35-62). Arlington, VA: American Association of Museums.

King, L., Stark, J. F., & Cooke, P. (2016). Experiencing the digital world: The cultural value of digital engagement with heritage. *Heritage & Society*, 9(1), 76-101.

Latham, K. F. (2013). Numinous experiences with museum objects. *Visitor Studies* 16(1), 3-20.

Leary, T. & Sholes, E. (2000). Authenticity of place and voice: Examples of industrial heritage preservation and interpretation in the U.S. and Europe. *The Public Historian*, 22(3), 49-66. doi:10.2307/3379578

Li, N. (2010). Preserving urban landscapes as public history: The Chinese context. *The Public Historian*, 32(4), 51-61. doi:10.1525/tph.2010.32.4.51

Lindholm, C. (2007). *Culture and authenticity*. Oxford: Blackwell.

Linhein Muller, K. A. (2013). Crafting the past: theory and practice of museums. *EXARC Journal*, 2013(1), http://journal.exarc.net/issue-2013-1/aoam/crafting-past-theory-and-practice-museums

Lipscomb, S. (2010). Historical authenticity and interpretative strategy at Hampton Court Palace. *The Public Historian*, 32(3), 98-119. doi:10.1525/tph.2010.32.3.98

Lowenthal, D. (1992). Authenticity? The dogma of self-delusion. In M. Jones (Ed.), *Why fakes matter: Essays on the problem of authenticity* (pp. 184-192). London: British Museum Press.

Lowenthal, D. (1995). Changing criteria of authenticity. In K. E. Larsen (Ed.), *NARA conference on authenticity in relation to the World Heritage Convention* (pp. 121-135). Paris: ICOMOS.

Lowenthal, D. (1998). Fabricating heritage, *History and Memory*, 10(1), 5-24.

MacCannell, D. (1973). Staged authenticity. *American Journal of Sociology* 79, 589-603.

MacCannell, D. (1976). *The tourist: A new theory of the leisure class*. New York: Schocken.

Maines, R. P. & Glynn, J. J. (1993). Numinous objects. *The Public Historian*, 15(1), 9-25.

McManus, P. (1987). 'It's the company you keep …: The social determination of learning-related behaviour in a science museum' *The International Journal of Museum Management and Curatorship*, 6, 263-270.

Morison, P. & Gardner, H. (1978). Dragons and dinosaurs: The child's capacity to differentiate fantasy from reality. *Child Development*, 49, 642-648.

Nemeroff, C. & Rozin, P. (2000). The makings of the magical mind. In K. S. Rosengren, C. N. Johnson, & P. L. Harris (Eds.), *Imagining the impossible: Magical, scientific, and religious thinking in children* (pp. 1-34). New York: Cambridge University Press.

Orvell, M. (1989). *The real thing: Imitation and authenticity in American culture. 1880 - 1940.* Chapel Hill, NC and London: University of North Carolina Press.

Otto, R. (1917/1958). *The idea of the holy: An inquiry into the non-rational factor in the idea of the divine and its relation to the rational* (2nd edition) [J. W. Harvey, Trans.] London: Oxford University Press.

Pekarik, A. J., Doering, Z. D, & Karns, D. A. (1999). Exploring satisfying experiences in museums. *Curator: The Museum Journal*, 42(2), 152-173.

Piaget, J. (1929). *The child's conception of the world.* London: Routledge & Kegan Paul.

Pine, J. II. & Gilmore, J. H. (2007). *Authenticity.* Boston, MA: Harvard Business School Press.

Roberts, L. C. (1997). *From knowledge to narrative: Educators and the changing museum*, Washington, DC: Smithsonian Institution Press.

Rozin, P. & Nemeroff, C. (2002). Sympathetic magical thinking: The contagion and similarity 'heuristics'. In T. Gilovich, D. Griffin, & D. Kahneman (Eds.), *Heuristics and* biases: The psychology of intuitive judgment (pp. 201-216). Cambridge: Cambridge University Press.

Russo, A. (2012). The rise of the 'media museum'. In E. Giaccardi (Ed.), Heritage and social media: Understanding heritage in a participatory culture (pp. 145-157). London and New York: Routledge.

Shapin, S. (1996). The scientific revolution. Chicago, IL and London: University of Chicago Press.

Sharon, T. & Woolley, J. D. (2004). Do monsters dream? Children's understanding of the fantasy/reality distinction. British Journal of Developmental Psychology, 22, 293-310.

Siegel, D. & Callanan, M. (2007). Artifacts as conventional objects. Journal of Cognition & Development, 8, 183-203.

Smith, L. (2006). The uses of heritage, London and New York: Routledge.

Taylor, B. (2010). 'Reconsidering digital surrogates: Towards a viewer-orientated model of the galley experience'. In S. Dudley (Ed.), Museum materialities: Objects, engagements, interpretations (pp. 175-184). London: Routledge.

Tenenbaum, H. & Hohenstein, J. M. (2016). 'Parent-child talk about the origins of living things'. Journal of Experimental Child Psychology, 150, 314-329.

Weidinger, T. (2015). Encountering local inhabitants' perspectives in terms of authenticity: The example of rural tourism in Southern Germany. *Dos Algarves: A Multidisciplinary e-Journal*, no. 25. [Accessed on 26 February 2017: www.dosalgarves.com/rev/N25/1rev25.pdf].

Woolley, J. D. (1997). Thinking about fantasy: Are children fundamentally different thinkers and believers from adults? *Child Development*, 68(6), 991-1011.

Woolley, J. D. & Wellman, H. M. (1990). Young children's understanding of realities, nonrealities, and appearances. *Child Development*, 61, 946-961.

7 博物馆中的记忆、联想和回忆

建造属于自己的灌木树皮小屋①

位于澳大利亚墨尔本维多利亚皇家植物园的克兰本（Cranbourne）花园内的澳大利亚花园，是一个集澳大利亚植物、景观、艺术和建筑为一体的，具有启发灵感效果的沉浸式当代展览。展览占地15公顷，其设计思路重现了一场遵循水的概念而形成的旅程，即从澳大利亚中部干旱的内陆景观，沿着干燥的河床、汹涌的河流，再到大陆的海岸边缘。在这个引人注目的景观中，展览花园探索了澳大利亚植被的美丽和多样性，以及人、植物和地区之间不断演变的联系。澳大利亚花园也是一个参观者可以从中发现灵感，并且找寻如何在自家花园中展示澳大利亚植物信息方法的地方。

对该展览的评估表明，参观者喜欢这座新花园，但探索这一新的、高水准设计的景观可能需要额外的线索，例如如何探索或居住在这个高度风格化的景观中。特别是很多家庭观众经常会错过最北边的展示花园——这表明需要以某种方式让这个区域充满生气，如通过某种活动或展示促进家庭进一步探索，并在这一展

---

① 此案例由澳大利亚维多利亚皇家植物园公共项目经理莎伦·威洛比（Sharon Willoughby）提供，作者进行了少量编辑。

区停留更长时间。花园的工作人员还希望在季节性的主题下设置一个临时的户外探索项目。他们创造了一个空间，家庭观众可以在其中一起玩耍，并用从花园和周围的灌木丛中找到的材料来建造他们自己的树皮小屋。这一活动在澳大利亚有着强烈的文化共鸣和社会记忆，其与维多利亚地区的传统原住民住所和欧洲人早期建造的树皮板房有关。

花园本身所在的地区每周都有许多新住宅在建。毫不夸张地说，这意味着社区正在不断发展并逐渐包围花园。因此，这个地区有许多有小孩的年轻家庭。让这些家庭参与花园中的自然游戏和园艺活动是提高当地社区的植物认知度和公民生态素质的重要目标。

图 7.1　皇家植物园中的参观者建造的灌木树皮小屋
照片由维多利亚皇家植物园提供

本项目由该机构的公共项目部（负责客户服务、讲解和教育的团队）负责设计和实施。基于场所的教育（place-based education）（Sobel，2004）概念，以及为儿童提供在自然世界中学习和发展的机会是该项目设计的理论背景。他们也关注学习机会、集体记忆和个人记忆发展之间的联系。

该项目的一些成果令人惊讶，甚至对花园的项目经理来说也是如此：家庭建造树皮小屋所需的外部推动力远远低于预期；每天不同家庭改造和重建小屋的方式都出人意料。也许不那么令人惊讶的是，工作人员注意到家长们正在讨论原住民和移民的建筑之间的联系，同时帮助他们的孩子参与建筑体验。此外，家长们还分享了他们小时候在灌木丛中玩耍的回忆和搭建的小屋形状，还有如何像他们当年那样建造小屋的技巧。

另外，在家庭观众的启发下，工作人员开始鼓励家庭为他们的作品拍照，并在 Instagram[①] 上分享。通过在花园中放置宣传板，家庭观众可以通过在图片中加上标签的形式，在这个自发活动中得到点赞和支持，而这些话题标签可以使上传的图片更容易增加网络曝光度。借助这种方式，家庭帮助创造了一种社区意识，在这个社区中，除了参观花园之外，还可以建立和加强对共同经历的记忆。

总体来说，团队认为在亲近大自然的季节中进行这个项目是一个很棒的尝试——它无疑为北部展示花园注入了活力，吸引了目标家庭受众，并在儿童和自然世界之间建立了联系。

---

① 译者注：Instagram（照片墙）是一款运行在移动端上的社交应用，以一种快速、美妙和有趣的方式将随时抓拍下的图片彼此分享。

引言

当思考记忆如何与博物馆环境中的工作相联系时,博物馆工作人员考虑记忆的主要原因似乎至少有两个。首先,设计展品、项目和活动时,既要与参观者过去的记忆建立联系,又要创造令人难忘的体验。毕竟,在很长一段时间里,学习的理论观点在很大程度上等同于对事实的记忆(参见 Falk & Dierking, 1997,该文讨论了为什么这一说法是站不住脚的)。在上面的例子中,使用照片来增强家庭观众在维多利亚皇家植物园范围以外的参观体验,可以被视为增强记忆的工具,其方式是强调活动和经历是概念、事实甚至事件本身的线索。现在有很多方法来研究与学习相关的记忆之复杂性,这些方法可以用来帮助人们理解什么会被记住以及为什么会被记住;本章将对其中一些方法进行探讨。

将记忆视为博物馆中的有效概念的第二个原因是,参观者可以借助观看博物馆展出的人工制品的经历,回忆自己与历史、艺术和文化之间的关系。这种观点与从历史或物质文化的角度研究记忆有关。从这个角度来看,记忆可被具体化或通过机构信息代代相传;或者,机构可能会选择寻找有效方法来质疑传统上所谓的集体记忆(例如,Witcomb, 2013)。毫无疑问博物馆会(有意或无意)向参观者传达特定的文化和历史意义,因此,思考集体记忆如何在博物馆体验中建立和传递是大有裨益的。例如,针对一个项目或展览的目的,进行形成性评估以了解参观者如何对展览中正展示的信息产生共鸣并作出反应,可能有助于成功挑战约定俗成的观点。澳大利亚维多利亚皇家植物园的灌木树皮小屋建筑活动就有意识地考虑了这种建筑的集体记忆如何对家庭活动产生影响。

一般而言，记忆和学习一样被认为是人们所拥有的东西。最近的研究试图挑战这种概念，反而提出记忆是人们做的事情（例如 Smith，2006；Wertsch，2009）。在本章中，我们首先讨论如何将记忆理论化以涵盖心理记忆的基本要素，以及研究表明记忆过程在个体或个人基础上运作的方式。接下来，我们将介绍集体记忆的一些原则，这些原则通常具有社会学基本原理，而且在心理学研究方面也有一定基础。然后，我们将转向博物馆中的研究，并从非博物馆情境中获取一些可能相关的内容，以讨论如何在博物馆情境中应用记忆的相关理论。与主题章节的其他部分一样，最后回归开头在实际环境中的案例，并在实例中将理论和研究情境化。

个体记忆的建构基础

在过去的 45 年里，人类记忆结构的模型没有发生显著变化。大多数在记忆研究领域工作的人都同意记忆有特定的过程和不同的类型。在本节中，我们将概述阿特金森和谢夫林（Atkinson and Shiffrin，1968）在记忆存储方面非常有影响力的模型，以及不同类型记忆的几个重要区别，这些区别为实际环境中的记忆研究提供了背景。虽然这个模型在记忆架构方面仍然很有说服力，但是不同类型的记忆如何相互关联以及如何调用相关进程来提高个体记忆能力的理论存在分歧。社会和情境影响在记忆研究中的影响力相对大小已经有所调整。尽管在过去的几十年里研究重点主要集中于个体，但目前的研究受社会环境以及社会和对话的影响，往往更倾向于研究情境记忆（见第 5 章）。

记忆工作原理的基本模型来自阿特金森和谢夫林（Atkinson and Shiffrin，1968）。该模型（如图 7.2 所示）认为很大程度上关于进入大脑的世界信息首先是通过无意识（或前意识）的过程，即感官记忆。这种类型的记忆以一种"未过滤"的方式接收所有的信息，而不区分任何特定类型信息。在阅读这句话之前，你可能意识到也可能没有意识到腿靠着座位的感觉（或者进入你肺部的空气，或者从外面驶过的汽车）。尽管如此，你的身体获得了所有的信息。任何被认为无用的感官信息都不会被进一步处理，因此只能持续一秒。但有用的信息会引起有意识的注意，转移到短期记忆或工作记忆中，此处是"思考"发生的地方。人们能够通过各种机制将注意力集中于工作记忆，包括复述口头或其他方式重复信息，从而将信息保存在工作记忆库中。工作记忆在任何时候都能够存储 7±2 条信息（Miller，1956）。也就是说，个体平均每次能记住 5 到 9 条信息。如果没有重述，这些信息会在 30 秒内衰减。当信息被有意义地处理时，它很可能被传递到长时记忆中，长时记忆与日常用语"记忆"的含义最为接近。这是人们储存记忆的地方，在这里记忆的保存时间可以从相对较短的时间（几分钟）到一生。

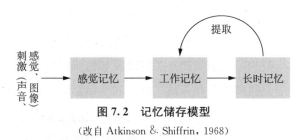

图 7.2 记忆储存模型

（改自 Atkinson & Shiffrin，1968）

对长时记忆（long-term memory，LTM）的存储机制也有一些有用的区分。从广义上来说，LTM可以分为陈述性记忆和非陈述性记忆。非陈述性记忆通常被认为是隐性记忆（Squire，1992）。这是一个有误导性的名字，因为尽管"隐性"之名暗示着这对学习者来说是不可用的（无意识的），但是它所包含的大部分内容都是可以被意识到的。不管怎样，储存在非陈述性记忆中的内容主要是人们没有意识到的东西。非陈述性记忆的主要类别包括程序性记忆（即知道如何执行一项技能如骑自行车）以及情绪记忆，即以一种不加思考的方式附加于事件和信息的情感（例如墨西哥食物的味道和欢乐之间的联系）。这种非陈述性记忆的现象听起来很像普鲁斯特（Proust，1983）提出的更为人熟知的非自主记忆，在他的研究中，咬一口泡在茶里的玛德琳蛋糕，会让人回想起童年的记忆，并且回忆画面和情感异常生动。这个非陈述性记忆的案例展示了记忆可以在非认知的情况下被触发，并且通常缺乏有意识的控制。

教育者通常试图影响的记忆类型被称为陈述性记忆，它可以分为语义记忆（通常是已知的东西，例如英国的首都是伦敦）和情景记忆（与记忆相关的特定事件，如"我第一次去伦敦时正在下雨"）（Tulving，1972）。人们通常认为（如Clark & Paivio，1991）在教育情境中语义记忆比情景记忆更有价值，因为语义记忆往往为社会和群体共享（即它由"事实"构成，而不是特殊的知识）。正如下文将要讨论的，情景记忆可能会随着时间的推移在一个叫做"语义转移"的过程中转换成语义记忆，这个过程我们稍后会再讨论。LTM的图解模型如图7.3所示。一些研究表明，大脑中负责记忆的区域是海马体（Skinner & Fernandes，

2007)。还有一些研究表明这个区域在熟悉和回忆练习中都会被激活，其取决于记忆的强度（Smith，Wixted，& Squire，2011），表明即使认识和回忆涉及略为不同的认知技能，它们都是潜在的相关过程。

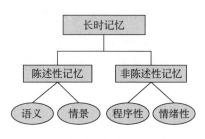

图 7.3　长时记忆存储图解模型

参观者的先前知识肯定存储在 LTM 中。先前知识如何与当前经验相互作用是一个谜。也就是说，关于个体先前知识对未来学习起到多大程度的促进或阻碍作用，存在着不同的意见（Roschelle，1995）。大多数观点认为没有先前经验或知识就不可能形成更深入的理解（Driver，Asoko，Leach，Mortimer，& Scott，1994；Piaget，1970）。不能教一个蹒跚学步的孩子粒子物理。相反，许多观点认为先前知识会以一种更高级的方式阻碍理解（Sinatra，Heddy，& Lombardi，2015；Vosniadou & Brewer，1992）。甚至可能由于不同文化信仰之间的冲突，无法获得某些类型的知识。例如，某些宗教信仰认为关于生命进化形式的信仰是神话——这两种信仰体系是不相容的。如果先前知识既是必要的又是一种阻碍，那么学习到底是如何发生的呢？答案必然在于学习的渐进性。虽然有一些被认为是"顿悟时刻（aha moments）"的例子，它们似乎表明学习者会突然领悟一种新的思维方式，但大多数情况下，人们不会突然产生新的想法（Brown, Collins, & Duguid, 1989）。正如露丝谢尔（Roschelle, 1995）主张的，考虑改变或调整先前知识可能比替换它更有用。一些基于建构主义的教学模式是建立在学习者先前的经验是未来学习基础的关键这一理念之上的。例如，在探究性学习中（例如 Papert, 1980），教育者试图通过帮助学习者提出问题来促进其学习，这些问题可以从学习者现有的知识库着手，帮助他们构建新的知识结构。另外，一些基于问题的学习理念，在某些课堂教学中很受欢迎，学生朝着一个目标努力，在此过程中必须利用各种各样的学习概念和工具，利用学习者对项目的主动性来帮助他们从当前的理解出发构建新的理解（Hmelo-Silver, 2004）。借助于建构主义的学习概念，这些活动的施事性迫使学习者集中注意力来理解这些概念，从而有助于将这些概念保存于他们的长时记忆中。灌木树皮小屋建造活动通过鼓励解决问题和积极的亲身体验来促进记忆。

记忆是一种建构，无论在情景记忆还是语义记忆，它都不是真实事件的精确复制，明确此点非常重要（Fischbach & Coyle, 1997）；这同样适用于个体记忆和集体记忆（Schacter, 1997）。因此，重要的是要思考在准备展览和项目时如何解释记忆，以及个人可能从先前经验和参观博物馆时所拥有的经验中记住什么。在上述维多利亚皇家植物园的案例中，团队注意到他们经常试图通过感官刺激和亲身体验来唤起参观者的记忆。毫无疑问，父母对童年经历的记忆是通过建造小屋的气味、感觉和动觉体验来唤起的。研究者利用了这些记忆的各个方面，如调查人们在参观博物馆的记忆内容，以及这些记忆对他们再次参观（或不去）的动机有何帮助，还有这些记忆是否有助于了解展出的物品。

集体记忆的建构基础

集体记忆背后的理念是群体共享有助于形成其身份的历史。这样的群体可能只由几个人组成（如核心家庭或学校班级）。另一种可能是该群体由成千上万、甚至数百万具有相同背景和叙事的人组成（例如大型博物馆的成员，即使他们不这样认为，或者某个国家的公民）。协作记忆理论应用的一些概念，包括想法从一组个体传递到另一组个体的方式，或者事件怎样变成居民眼中的纪念。博物馆需要考虑与集体记忆相关的构思，因为它们与展品、展厅和整个博物馆呈现给公众的方式以及公众如何解读它们有关。重要的是，正如史密斯（Smith，2006）所强调的那样，需要记住的不仅仅是来自群体的积极事件。毫无疑问，要记住群体中的权力等级制度以及特定时期广泛的文化趋势（关于这些问题更深入的讨论，参见第10章）。一些博物馆环境，比如遗产行业，似乎很自然地倾向于用美好的方式来描绘集体记忆。当然，毫无疑问，在博物馆的对话中存在着各种相互冲突的记忆版本，"个人和群体与过去建立的联系所代表的价值观、意义和意识形态，以及从这些联系中产生的连续性和认同感，都存在着更强烈的积极协商意识"（Smith，2006，p.63）。这种协商意识肯定存在于博物馆工作人员正在进行的日常工作中，将自身有意识和无意识的集体记忆带到事件、展览和活动的构思中。

正如沃茨奇（Wertsch，2009）指出的那样，通常在自然环境中研究集体记忆，思考不同群体成员参与的互动类型，从而导致特定的记忆内容。通过这个过程，记忆的准确性就不像在研究个体记忆时那么重要了。沃茨奇认为文化认同很大程度上由一系列隐含的、构成社区历史的故事组成。例如，参观维多利亚植物园的人们对灌木树皮小屋的想法和感受，可能来源于他们对最初使用这些小屋的人的态度和想法，无论是原住民还是殖民者。这样的叙事可以传递出一种强大而无声的信息，告诉人们一个群体的成员如何解读未来事件，以及如何记住过去的事件。通过这种方式，集体记忆在文化工具的基础上形成，如叙事（如 Bruner，1990）和日历或艺术（如 Connerton，1989），或其他与记忆相关的传统（Zerubavel，1996）。

根据所罗巴伯（Zerubavel，1996）的研究，对于记住什么有一些隐含的规则，这使得一些群体被"遗忘"，而另一些群体则被视为胜利者，他们的历史得以记录流传。也就是说，随着时间的推移，群体拥有心照不宣的方式"知道"什么会被铭记。这方面的例子包括一些地方的"发现"，比如美洲大陆，早在哥伦布到达之前就有人居住了，尽管美国许多历史书籍和文化习俗习惯将他的到来视为此处历史的开始。

康纳顿（Connerton，1989）指出，人们记住或纪念的事情往往可以追溯到社会情境中行为仪式化过程中习惯的形成。例如一些仪式，如某些基督教群体通过说"上帝与你同在"来互相问候，现在我们在与他人分开时使用"再见"这样的词来纪念。这样的习惯一代一代地传下去，往往没有明确提及它们从何而来，甚至没有明确指出它们的存在。正是这种内隐的实践，作为一种集体记忆根植于个体的头脑中，促进形成对期望和历史的共同理解。

世界上的事件如何被认为是重要的？尼贝克和冈萨雷斯

(Pennebaker and Gonzales, 2009) 在其关于纪念的章节中指出，这与群体对事件性质的态度以及人们受重大事件影响的年龄有很大关系。他们通过实例和研究来说明，特别是那些对某社区有负面影响的事件，往往要经过大约 25 年的时间才会出现纪念活动。例如，尽管约翰·F·肯尼迪（John F. Kennedy）在被暗杀后不久美国其他地方就建立了纪念碑/纪念馆，但在他被暗杀的达拉斯，直到很久以后才建立了纪念馆。同样，田纳西州孟菲斯市在马丁·路德·金（Martin Luther King）去世后的许多年里都没有为他设立纪念碑，尽管许多其他城市都已经做了；巧合的是（或者不是），孟菲斯是马丁·路德·金遇刺的城市。相比之下，在暗杀事件发生后的一年里，相比全国其他地区，这些地区的暴力犯罪率和高血压率都有所上升。这表明，某种程度上这些社区深受他们与美国历史上的负面事件有关的这种认识的困扰（Pennebaker & Gonzales, 2009）。

另外，尼贝克和冈萨雷斯（Pennebaker & Gonzales, 2009）注意到重大事件和其他形式的"重述"之间有二十到三十年的差距，如经典电影。这可能是由于群体效应（cohort effect）（Conway, 1990），即一个社区/群体纪念的事件往往对事件发生时年龄在 13 岁至 25 岁之间的个体影响最大。由于这样的事件发生在身份形成的时期，这个群体可能比其他群体受到更多的影响（Erikson, 1950）。纪念活动长期拖延的原因可能与年轻人（事件发生时年龄在 13 岁至 25 岁之间）相对缺乏权力有关，与能拥有更多权力和资源来创造纪念活动方式的人相比的话（中年人；Pennebaker & Gonzales, 2009）。综上所述，这些建议预示着博物馆项目和展览的设置和维持，也可能受到群体对事件的反应方式以及提出这些想法的个体年龄的影响。例如，东南亚发生暴行大约 25 年之后的 2004 年，美国华盛顿州西雅图的一名当年的幸存者在柬埔寨开设了柬埔寨刑场纪念馆。考虑到在博物馆可能会处理更多当代事件，那么博物馆与在事件发生时往往受到更大影响的年龄群体合作成为一种可能，尽管基于博物馆的具体研究迄今似乎还没有确定这一策略的有效性。

最近提出的与集体记忆相关的学习观点之一是基于场所的教育（place-based education）（PBE，Greunewald，2003；Sobel，2004）。PBE 提倡鼓励学生在参与体验式学习的同时融入当地环境（Dewey，1938）。因此，PBE 往往出现在教育情境中，利用真实社区现实生活中的、学生可以帮助解决的问题。直到最近，PBE 渐渐关心与农村教育更相关的项目。然而，与格鲁内瓦尔德（2003）的建议一致，批判教学法（同样在第 10 章中论述）在城市环境中出现的频率更高，PBE 与其有很多共同点，一些 PBE 项目也出现在城市中。对于 PBE 原则来说，重要的是场所的概念。与场所的联系提供了当地项目的相关性，这产生了一种紧迫感，推进当地问题的解决。例如，学生们可能会创建一个基于当地河流水质的项目，发现它的污染物含量很高，这就会促使他们寻找方法通知当地企业，并让他们参与清理河流的工作。这种与当地的联系也可以很好地和与地方历史相关的项目联系起来，如本章开头植物园的案例很明显，在该案例中，与树皮小屋建筑的联系非常具有地方性意义。换句话说，人们对当地社区的感受以及与之相关的集体记忆有助于帮助人们产生成为积极公民的动力，并参与到改善社区的活动中。

综上所述，集体记忆的研究考虑的是任意规模群体（如家庭、邻里、国家）的记忆，强调的是代代相传的信息类型以及作为一个群体所涉及的记忆机制。在接下来的内容中，我们将探讨在博物馆背景下，有关个人记忆和集体记忆的研究。

博物馆和记忆研究

在本节中，我们将关注与博物馆学习和记忆相关的研究。在某些情况下，参观者对过去事件的记忆和理解可以用来建立与新的（或怀旧的）物品或活动的联系。在其他情况下，记忆被塑造的方式，可以被视为参观者在博物馆体验后的结果。

个人叙事作为博物馆内容的链接

毋庸置疑，参观者带着记忆来到博物馆。重要的是，很少有研究明确指出个人记忆与博物馆参观体验之间的互动方式。当然，一些研究（如 Smith, 2014）已经表明，参观者可能获得的好处之一是能够纪念自己与展览中所涉及问题的联系，有时甚至可以强化过去经历中的理想和价值观。罗、沃茨奇和科瑟列娃（Rowe, Wertsch and Kosyaeva, 2002）指出，参观者的个人叙事可以与某场所中更大群体的故事联系起来，如历史博物馆。然而，即使在其他类型的博物馆，人们的记忆和以往的经验有助于博物馆的活动。阿丰索和吉尔伯特（Afonso and Gilbert, 2006）研究了参观者是否利用自己的记忆来帮助理解展览中的科学主题。他们让参观互动科学中心的成年参观者说出展品让他们想起了什么。参观者经常回忆与展览主题相关的情景记忆和语义记忆。很多时候，这些记忆与理解展览本身无关，而与对展览的兴趣有关。举个例子，人们评论展品的物理科学主题与其朋友或家人经历有关的方式，例如，人们注意到抹香鲸交流的方式可能与他们年幼孩子学习语言的方式有关，但他们的记忆很少与展览背后的科学解释有关。因此，参观者很可能会不断地插入自己的叙事，以解释他们在博物馆遇到的事物，即使这些记忆更多地是出于情感而非认知学习。

> 与内容相关的记忆相比，参观者更常将展品与情感相关的记忆联系在一起

情景记忆的创造

很多发生在记忆创造方面的事情会以情景记忆的形式出现。一些研究表明，人们对参观博物馆这件事的记忆往往比实际内容更深刻（e.g., Anderson, 2003; Falk & Dierking, 1997）。一项关于人们记忆博物馆展品方式的早期研究调查了伦敦科学博物馆互动科学展厅发射台（Launch Pad）中，儿童和成人参观者如何在六个月后回忆起有关展品的信息（Stevenson, 1991）。参观者能自发地详细回忆相当比例（24%）的展品，另有24%的展品在收到照片或其他人的提示后才能详细回忆起来。展览的照片提示能激发大家回忆另外27%的展品（例如，"我记得那个"）。因此总的来说，参观者往往能回忆起当时的大部分展品。同样，麦克马纳斯（McManus, 1993）发现在她所进行的自我回忆研究提供的所有记忆中，有一半是关于博物馆参观中看到的展品。相比之下，安德森（Anderson, 2003）在世界博览会所进行的关于长时记忆（30年）的研究中，发现参观者倾向于记住当时对他们重要的东西：年幼的孩子记得去麦当劳的经历，青少年记得社交活动的机

会，母亲记得有更衣室。他的研究指出，对展览内容记得最牢的人，是那些对特定展览主题感兴趣的人。这些结果表明，工作记忆是参观者根据当时的关注点来对事件进行的编码，这些记忆会在长时记忆中保留一段时间。福克和迪而金（Falk & Dierking, 1990）指出，与那些经常参观博物馆的人相比，成年人在儿童时期不常去博物馆的情况下会记得更多的细节。这种发现符合以下观点，即一个事件越独特，它就越有可能被储存在长时记忆中。

| 在参观者的回忆中，博物馆展品的内容似乎是令人难忘的 |

| 兴趣与长时记忆的形成有关 |

独特性被认为是创造新记忆的重要因素之一，特别是那些自传式记忆（有些情景记忆纯粹是关于自我的，因此可以被认为是情景记忆的一种特殊形式）。独特性，或某事物被认为不同于正常水平，这似乎提供了某种载体，使得个体可以用来储存和保留记忆以供以后再次回忆（Hunt, 2006）。当一些不寻常的事情发生时，它会变得更加难忘，因为它从特有的体验中脱颖而出。一个人在上下班途中看到的交通事故，可能比只是沿着路毫无目的地经过而看到的交通事故更容易被记住。这种增强的记忆能力在成年人（Hunt, 2006）和儿童（Howe, 2006）中都有体现，并在多个领域得到证明，如单词记忆（如 Schmidt, 1985），以及无形的记忆如气味（Herz, 1997）。因此，我们很自然地可以推测，对于那些以前从未参观过博物馆的人来说，鉴于博物馆的独特性，他们可能会牢牢记住第一次参观经历；相比之下，如果是博物馆的常客，那么任何一次参观都不容易回忆起来。

> **不寻常的经历更容易被记住，因为它在记忆中占据"突出"位置**

正如在关于真实性的章节（第6章）中已经详细讨论过的那样，超自然体验的理念（Gatewood & Cameron，2004；Latham，2013）也可以与记忆的独特性联系在一起。例如近距离观察恐龙或者蓝鲸的骨骼，这会使参观者对动物的尺寸和/或年龄产生敬畏感。此处，认识到个体与具有特殊意义的展品相遇，会产生一种惊奇感，以及与历史或更广阔的世界近乎精神上的联系。以上事件可能相对罕见，似乎难以捉摸或难以预测。不管怎样，当博物馆里这些令人印象深刻的展品激发出具有精神性质的体验时，它们可能促进进一步的反思，从而增强情景记忆和语义记忆。

有研究者认为，当所记忆的材料是自传式的或至少是自我产生时，独特性就会增加（例如，Howe，2006；Pathman，Samson，Dugas，Cabeza & Bauer，2011；Schacter，Gutchess，& Kensinger，2009；St. Jacques & Schacter，2013）。也就是说，当人们自己想起信息或情节时，他们更有可能在以后准确地回忆起来。例如，与他们参观过但没有亲自拍摄照片的展品相比，博物馆参观者（儿童和成年人）能够更好地识别自己拍摄过照片的展品（Pathman et al.，2011）。这样的结果可能会影响博物馆是否决定允许参观者拍摄展品：研究表明，与之后观看类似的照片相比，亲自拍摄的照片能让参观者更好地记住内容。大量的神经学证据支持这样一种观点，即个体对自我产生的材料的记忆是独立存储的。这项研究表明，当人们编码和回忆自我产生的材料时，便会激活一个被称为内侧前额叶皮层的区域（MacRae，Moran, Heatherton, Banfield, & Kelly, 2004）。

> 自我产生的信息促进记忆的独特性，使其更好的保存

语义转换

上文可以让我们理解参观者在博物馆的参观过程中会产生一些情景性记忆。可还是希望这种参观还能促使人们发展更多的语义知识或概念。这样，从博物馆参与的角度，博物馆也许能够实现"真正的"学习（例如认知和基于事实）。但这种记忆尤其难被证明，因为研究无法轻易地辨别参观者在进入博物馆时已经知道了什么，而且也很难通过参观后的测量来衡量他们获得了什么信息（详见第三章）。此外，参观博物馆的时间很短，除了获得情景记忆外很难做更多的事情。有研究者建议为了创造语义记忆，需要加强发生在博物馆中的学习（Afonso & Gilbert, 2006；Stevenson, 1991）。另一方面，创造丰富情景记忆的体验可能会被保留下来，并在之后转化为语义记忆（Herbert & Burt, 2004）。在大学环境中，赫伯特（Herbert）和伯特（Burt）让学生接触到有关统计的信息，这些信息要么内容丰富，要么细节不详。那些参加细节丰富小组的人，在五周后能立即回忆起这些经历，并对统计学原理有更好的了解。因此，丰富的信息似乎有助于情景记忆的产生和语义知识的转变，而不仅仅是情景信息。阿丰索和吉尔伯特（Afonso & Gilbert, 2006）在对科学中心参观者的研究中发现，情节丰富的展览体验可能会让人们对某个主题产生更大的兴趣。这将意味着这些体验要能够引起积极情感的情景记忆，

或者至少能激发参观者的进一步行动（例如一个引起对环境状况感到愤怒的展览可能会是一个负面记忆，也可能会激发人们对环保行动的兴趣）。

> 情景记忆中更多的细节也许有助于转化为语义记忆

还有其他证据表明情景记忆可以转化为语义知识。阿德尔曼、福克和詹姆斯（Adelman, Falk and James, 2000）调查了参观巴尔的摩国家水族馆后的人们的理解，这个国家水族馆是一个致力于当地自然保护的博物馆，其使命是帮助参观者意识到保护自然环境的迫切需要。阿德尔曼等人发现与刚参观完相比，参观六周后的研究对象能够更好地表达博物馆中所传达的一些想法。研究对象亦对保育持积极态度，并认识到本地的保育问题。相比之下，几乎没有证据表明这种关于保护需求的知识已转变成保护的新行为。因此，该机构基于地方的信息是成功的，因为参观者似乎获得了知识。尽管如此，假设一次参观就对那些已经相对意识到保护问题的人产生影响，那么在参观之后的6周内，还不足以观察到参观行为的任何变化。

> 参观博物馆时的一些情景记忆似乎会转化为语义记忆，但可能不会在参观之后马上发生

情绪和长时记忆的构建

常有研究表明，参观博物馆的人会记住与他们参观相关的情绪（例如 Falk & Dierking, 1990）。大卫·安德森（David Anderson, 2003）认为情绪或兴趣与记忆之间存在一种互惠关

系。换句话说，让参观者感兴趣的正是那些最容易记住的东西；这些难忘的经历往往会增强人们对世博会展出材料的兴趣和情绪。关于兴趣的更多理论和研究信息可以在第四章找到。这些发现与以下观点一致，即带有积极或消极情绪的经历比那些情绪中性的经历更容易被记住（Reisberg & Heuer，2004）。

安德森和清水（Anderson & Shimizu，2007）分析了影响参观者有关1970年日本世博会长时记忆的因素。在生动性方面，当回忆的内容更加丰富、肢体语言和语调也更加富有激情时，记忆被认为更加生动。他们注意到，那些被编码为高度消极或高度积极的记忆，与之相关的生动程度最高。情绪中性的记忆回忆起来就不那么生动。关于日程的执行情况也有类似的模式。换句话说，参观者既定目标和计划当获得的参观或情绪体验的预期目标极端积极或消极时，人们似乎能更生动地回忆起这些事件。情绪和计划经常是一致的：杂乱无章的计划可能与负面情绪高度相关。这些观点与上面讨论的观点一致，即独特性与更强的记忆力有关。

> 积极和消极的情绪都能带来生动的记忆，这些记忆在很长一段时间后能被更好地回忆起来

除了对个人记忆的影响，情绪与集体记忆的交互方式对博物馆展览和展厅的准备也很重要。科罗肖（Crowshaw，2007）呼吁注意如何利用摄影将参观者的情绪聚焦于二战大屠杀的恐怖上。他指出，在这种情况下，这些事件的照片可以促进对事件亲历者所置身的恐怖的跨越代际的纪念。类似地，埃文斯（Evans，2013）利用戏剧化历史呈现方式，让参观者参与互动体验来质疑

对历史人物形象的权威记忆。通过激发参与者的情绪反应，就有可能进一步就历史事件的集体记忆的本质进行对话。关于博物馆集体记忆的文献往往集中在以历史为中心的机构；然而，正如上文提到的阿德尔曼等人（Adelman et al., 2000）的文章所述，博物馆可以利用展品和组织的活动相关的集体记忆，帮助参观者将情景记忆转化为语义记忆。

> 情绪可以作为催化剂，让博物馆设施更加有效

记忆和与其他知识的联系

如前所述，参观博物馆的记忆可能是断断续续的。当参观者的体验与其他记忆或知识相联系时，产生语义记忆的可能性就会增加（Adelman et al., 2000; Ellenbogen, 2002; Falk, Scott, Dierking, Rennie, & Jones, 2004）。正如安德森、潘达礼（Piscitelli）、威尔（Weier）、埃弗雷特（Everett）和泰勒（Tayler）（Anderson et al., 2002）所强调的那样，通过对自身文化和环境的感知来帮助儿童识别物品和活动的博物馆环境，与那些更加抽象的环境相比，能更好地被记住。安德森及其同事对澳大利亚的几类博物馆进行了研究，他们跟踪调查了反复参观同一博物馆的儿童学校并观察和采访四到六岁的儿童，这些儿童很容易回忆起借助故事或戏剧传达的展品和概念。研究者注意到与自然历史博物馆和社会历史博物馆相比，儿童在科学和艺术博物馆中能识别的概念性记忆更少。他们猜测可能是与前者相比，后者包含更多儿童熟悉的物品，还能与他们的书本、玩具和其他经历联系起来。

> 借助与当地文化或环境的联系将概念具体化，可以帮助参观者（至少是年幼的儿童）回忆信息

参观后的交流也被证明会引发有关博物馆体验的回忆。原因有很多。把某些内容大声说出来或向别人解释都可以作为活动的复述方式之一，从而加强博物馆本身的体验（Chi，De Leew，Chiu，& Levancher，1994）。此外，对话可能会让人注意到参观博物馆时没有考虑的想法或综合感受。那些引发对话的参观确实被证明更令人难忘（（Stevenson，1991；Medved & Oatley，2000）。这与之前报告中关于长期学习的结果相一致（Brown et al.，1989）。因此，鼓励参观者在参观之后访问博物馆网站可能有助于强化情景记忆，并有可能将这些记忆转换成语义记忆。

> 激发参观后交流对话的展示内容可能更令人难忘

认识到记忆结构和其他因素的双向性也很重要。如上所述，事实证明，更具情感色彩的事件更容易被记住；记忆、动机和情感是相辅相成的（Anderson & Shimizu，2007；Medved & Oatley，2000；Spock，2000）。换句话说，记忆通过情感和动机得到强化，但反过来记忆又促进动机和情感。另外，这种循环的联系很可能通过博物馆外的经历得以维持，比如与他人的交谈、对展品的思考，甚至因为在博物馆的经历而改变自己的行为（Medved & Oatley，2000）。因此，在思考上述植物园的案例时，参观者可以在网上分享灌木树皮小屋的照片，通过网络、对话、情感和反思人与其遗产以及当地环境之间的关系，形成一种重温体验的方式。

另一种思考记忆与博物馆体验之间关系的有效方法是检查记忆是否真的有助于促进对展品的学习。如上所述，阿丰索和吉尔伯特表明在参观科学中心的过程中，参观者会想起各种不相关的经历。这些通常有利于增强参观的情感。当然，这项研究也表明，仅仅以肤浅的方式将展品与参观者的知识联系在一起的记忆（比如通过事物的外观、声音或行为），实际上可能会阻碍人们理解展览中所展示的科学现象。在他们的研究中，当参观者将之前的经验或知识与展品进行类比联系（表明两个系统如何工作的深层联系）时，相比仅仅进行表面联系，参观者更可能表现出对科学思想的理解。例如，在一个案例中，参观者将留声机的存储与磁带录音机的工作原理联系起来。在这种情况下，磁带录音机和留声机功能之间的联系阻碍了参观者正确理解磁带录音机的机制。

> 记忆与个人经历的深层联系比表层联系更能激发人们对展品的理解

记忆提取

如前所述，要估计参观者从一次博物馆参观中回忆起了什么是非常困难的。由于博物馆参观的性质和人们认识事物的性质，几乎不可能准确调查人们参观前/参观后对展览主题的"了解"程度。也就是说，挖掘潜在参观者对某个主题的了解程度是极其困难的，因为肯定会有一些对研究人员了解观众来说很重要的信息，但这些信息要么是研究人员认为不应该问，要么是参观者没有意识到其重要性。因此，参观者知道的可能比他们在问卷或访谈时表达出的内容要多得多。不管怎样，考虑参观者提取记忆的方式可能是有效的。哈德森（Hudson）和菲伍什（Fivush）(Hudson & Fivush, 1991) 进行的一项研究现已成为经典，他们所研究的是美国幼儿园儿童参观博物馆时的记忆，探究了儿童的研学旅行受时间流逝影响的情况。有趣的是，尽管工作记忆容量可能会随着时间的推移而增长，但几乎没有证据表明对长时记忆（LTM）的精准回忆能力会随着年龄的增长而变化，特别是情景记忆（Demetriou, Christou, Spanoudis, & Platsidou, 2002）。虽然人们能够更好地组织信息，以便在以后的语义记忆情况下（比如考试）能够回忆起这些信息，但长时记忆能力似乎变化不大。在研学旅行结束的当天、六周后、一年后、六年后，哈德森和菲伍什访谈了参加研学的孩子。当被问及他们在犹太博物馆参观中能够记住什么时，在参观博物馆的当天和六周后的采访中，孩子们一般都能够回忆起很多内容，而在参观一年后和六年后能够回忆起的事情会少一些。然而，当他们得到一项他们在博物馆中参加过的活动（在沙箱中玩耍）的提示和现场拍摄的照片时，他们回忆博物馆经历的能力大大提高。这些调查结果令人想起了史蒂文森（Stevenson, 1991）的研究，即使该项目的回忆间隔更长以及孩子们的年龄更小。甚至在六年之后，孩子们能够说出幼儿园时参观博物馆的细节。这些证据表明即使在事后很长一段时间，也存在可以唤起人们关于博物馆经历的记忆的方法。即便如此，这些孩子所记得的东西，可能是那些被认为"不太典型"的博物馆体验（例如制作手工，使用考古工具），这与前文讨论过的独特性概念（例如 Howe, 2006）不谋而合。在植物园的例子中，来自植物园的灌木树皮小屋制作经历可能会成为一个非常难忘的独特活动。再加上与父母对话的强化作用、鼓励他们拍照、上传网络、重温体验，这种类型的活动比那些不具有独特性和重温性的活动更有可能被编码在记忆中。

> **尽管参观记忆会随着时间的推移而减弱，但是线索有助于回忆，甚至在几年后也是如此**

与此同时，试图促进博物馆参观的回忆，也有可能造成记忆的歪曲。在虐待儿童的案例中，已经出现很多关于虚假记忆及其发生（或未发生）的情况（见 Goodman et al.，2003）。然而，考虑到记忆本身是一种无定形且多变的现象，有时"正常"事件可能会被误记或歪曲。恰好有一个案例出现在 St. 雅克和沙克特（St. Jacques and Schacter, 2013）的研究中。该研究的参与者携带着相机参观自然历史博物馆，两天后再参与"再体验"，即用幻灯片的形式向他们展示在博物馆中拍摄的展品照片，包括他们自己的照片（视角相同）或同一位置不同角度拍摄的照片（视角不同）。"再体验"两天后，参与者被要求判断照片，以观察他们对事件的记忆是否受到再体验的影响（相同或不同）。测试照片显示（1）参观者体验过的地点（目标）或（2）没有体验过的地点（干扰）。他们还被要求说明幻灯片在多大程度上让他们"重温"了博物馆的经历。对于那些在"再体验"博物馆经历方面得分较高的人来说，"再体验"的视角不同往往会导致他们把干扰照片误记为他们去过的地方；对于那些对"再体验"评价不高的人来说，这种误记情况较少出现。因此，St. 雅克和沙克特提出，"再体验会选择性地影响个体记忆的后续提取，而这种再体验可能因此而增强和歪曲事后记忆"（p.542）。也就是说，对过去经历的提取方式实际上可能会改变人们回忆这些经历的方式。

> 一些人的记忆很容易被"篡改"

回到灌木丛中的树皮小屋

现在，让我们想象当一个五口之家——两位三十多岁的家长，工程师桑迪（Sandy）和小学老师帕特（Pat），他们年幼的孩子萨姆（Sam，8岁）和乔（Jo，6岁），与祖母埃米莉（Emily）——参加皇家植物园的灌木丛树皮小屋建造活动时会发生什么。和许多参观者一样，他们是当地的一个年轻家庭。他们来自附近的社区，偶尔会来植物园参观。萨姆还和同学们一起参加学校旅行活动。

进入花园的新区域时，山姆说他不记得上次参观这部分花园了。事实上，这家人以前都没来过这里。他们通过看示例、图片和材料来了解这个区域。一旦他们意识到他们应该参与进来，自己建造一个小屋，孩子们就会兴奋起来，并开始整理木材。孩子们自己也不记得那些小屋了。然而，他们的父母和艾米莉都对这样的小屋有一些记忆，或者是以前的生活经历，或者是在学校里读到有关它们的故事。同时，两个孩子都带着搭建过小建筑（如玩具）的经验来到现场。尽管家庭成员对小屋的记忆各不相同，但都不是一张白纸，这与大多数个人记忆模式（如建构主义、信息处理）相一致。

当孩子们开始把树皮碎片拼在一起时，桑迪正在帮忙创建一个稳定的结构，利用过去储存的关于如何形成稳定结构的陈述性记忆,但也可能是从过去建造类似物品的事件中提取出特定的情景记忆。同时,埃米莉和帕特发现这个项目会让他们想起他们长时记忆库中的记忆;并且开始讨论有一次他们建造了一个类似的小屋,那时帕特比萨姆大一些。埃米莉还记得有一段时间,这种类型的小屋在城镇附近很是常见。这些小屋对该地区具有历史意义,帕特、桑迪和埃米莉对小屋的态度略有不同,这是可预料到的,因为他们的经历各不相同。他们每一个人都受到集体记忆的影响,这些记忆与该地区的原住民和移居者使用小屋的方式有关。这些类型的小屋所承载的含义可能在不同的世代之间有所不同。老一辈人可能倾向于把它们视为过去的标志,包括技术水平较低、更简单、也许更危险。然而,帕特可能觉得它们象征着原住民被移居澳大利亚的定居者压迫。尽管帕特的观点有些消极,但她与过去建造小屋的经历有着积极的情感联系。也就是说,有时个人记忆与集体记忆会发生冲突;博物馆工作人员也无法杜绝这种情况。不管怎样,预计这样的冲突会让所有成员在公园里的体验更加愉快。

对萨姆来说,这种体验可能会变得与众不同,因为那天晚些时候他们全家会出去为即将到来的露营旅行购买一顶帐篷。帐篷明显不同于小屋,特别是在材料方面,但有时帐篷的形状和功能与小屋相似。这是萨姆第一次体验帐篷,因此很可能会将灌木树皮小屋活动和帐篷联系起来。尽管萨姆年纪还小,但他也许会回想起这段经历,其中有一些事情会触发记忆,比如灌木树皮小屋的照片,或者接触到灌木树皮材料的新经历,甚至是未来住帐篷的体验。

当他们离开时,这家人注意到这个活动在 Instagram 上有一个话题标签。在回家的车上，孩子们继续上传他们小屋的照片，并开始查看其他家庭上传的小屋照片。有些小屋具有不同的结构，不如他们的小屋稳定或比他们的小屋更高。桑迪能够帮助回答关于不同结构如何承受（或不能承受）各种气候和天气的解释。在他们开车时，他们的对话再次重温了照片中看到的小屋和这个地区的历史，埃米莉能够从她孩提时就对这个地区产生的记忆提供更多的信息。这种对自身经历的协作性回忆可能会帮助每个人在工作记忆中重新塑造当天的经历，从而在LTM中创建一个相对稳定的情景记忆。同时花园中的标志所提供的有关历史背景的信息强化了埃米莉和帕特的记忆，这可能会通过语义转变的形式，帮助他们形成有关历史上和当下人们使用小屋方式的语义记忆、事实和概念。

语境化记忆

您的博物馆通过什么方式鼓励参观者创造有助于记忆的工具，比如对话、参考照片、网站和社交媒体？参观者的年龄会左右哪种设备最有用的选择吗？使用多种设备是否能创造更多的机会来使他们回忆自身经历？博物馆内是否有空间来方便设置传递这些信息的设备？

您如何唤起人们多年前参观过贵馆的记忆？有什么方法可以帮助参观者在参观博物馆之后回忆起他们的参观经历？贵馆是否倾向于依赖从人们刚刚参观展览后的回忆中获得评价？如果评估在几周或几个月后进行，会有什么不同？有没有可能利用一种更长期的学习方式或者从情景记忆转为语义记忆？

如何将参观者先前知识与你正在工作的展厅或展览所表达的想法联系起来？如何满足不同参观者对某个主题不同水平和背景信息的需求？参观贵馆之后会有什么独特之处？在多次参观贵馆之后，仍然还会独特吗？贵馆中有什么东西能让参观者产生强烈的情感？与这些情感的联系是否有助于参观者创造长时记忆？有什么方法可以克服儿童认为社会史和自然史比科学和艺术更令人难忘这一看法呢？

关于贵馆正在进行的展览或项目主题，参观者的集体记忆与博物馆制定的主题框架之间可能存在怎样的联系？博物馆工作人员如何看待这个主题的集体记忆？应该考虑哪些可供选择的集体记忆？有没有考虑集体记忆促进学习结果的方式？由于与特定事件相关的群体效应，是否只有"特定年龄"的个体才是开发某一主题展览的关键？

本章参考文献

Adelman, M., Falk, J., & James, S. (2000). Impact of National Aquarium in Baltimore on visitors' conservation attitudes, behavior, and knowledge. *Curator: The Museum Journal*, 43, 33-61.

Afonso, A. & Gilbert, J. (2006). The use of memories in understanding interactive science and technology exhibits. *International Journal of Science Education*, 28, 1523-1544.

Anderson, D. (2003). Visitors' long-term memories of World Expositions. *Curator: The Museum Journal*, 46, 401-421.

Anderson, D., Piscitelli, B., Weier, K., Everett, M., & Tayler, C. (2002). Children's museum experiences: Identifying powerful mediators of learning. *Curator: The Museum Journal*, 45, 213-231.

Anderson, D. & Shimizu, H. (2007). Factors shaping vividness of memory episodes: visitors' long-term memories of the 1970 Japan World Exposition. *Memory*, 15, 177-191.

Atkinson, R. & Shiffrin, R. (1968). Human memory: A proposed system and its control processes. In K. Spence & J. Spence (Eds.), *The psychology of learning and motivation: Advances in research and theory* (Vol. 2, pp. 89-195). New York: Academic Press.

Brown, J. S., Collins, A., & Duguid, P. (1989). Situated cognition and the culture of learning. *Educational Researcher*, 18, 32-42.

Bruner, J. (1990). *Acts of meaning*. Cambridge, MA: Harvard University Press.

Chi, M., De Leeuw, N., Chui, M., & Levancher, C. (1994). Eliciting self-explanations improves understanding. *Cognitive Science*, 18, 439-477.

Clark, J. & Paivio, A. (1991). Dual coding theory and education. *Educational Psychology Review*, 3, 149-210.

Connerton, P. (1989). *How societies remember*. Cambridge: Cambridge University Press.

Conway, M. (1990). *Autobiographical memory: An introduction*.

Philadelphia, PA: Open University Press.

Crowshaw, R. (2007). Photography and memory in Holocaust museums. *Mortality: Promoting the interdisciplinary study of death and dying*, 12, 176-192.

Demetrious, A., Christou, C., Spanoudis, G., & Platsidou, M. (2002). The development of mental processing: Efficiency, working memory, and thinking. *Monographs of the Society for Research in Child Development*, 67, 1-167.

Dewey, J. (1938). *Experience and education.* New York: Kappa Delta Pi.

Driver, R., Asoko, H., Leach, R., Mortimer, E., & Scott, P. (1994). Constructing scientific knowledge in the classroom. *Educational Researcher*, 23, 5-12.

Ellenbogen, K. (2002). Museums in family life: An ethnographic case study. In G. Leinhardt, K. Crowley, & K. Knutson (Eds.), *Learning conversations in museums* (pp. 81-101). London: Taylor & Francis.

Erikson, E. (1950). *Childhood and society.* New York: Norton.

Evans, S. (2013). Personal beliefs and national stories: Theater in museums as a tool for exploring historical memory. *Curator: The Museum Journal*, 56, 189-197.

Falk, J. & Dierking, L. (1990). The effect of visitation frequency on long-term recollection. *Visitor Studies: Proceedings of the 3rd Annual Visitor Studies Conference* (pp. 94-104).

Falk, J. & Dierking, L. (1997). School field trips: Assessing their long-term impact. *Curator: The Museum Journal*, 40, 211-218.

Falk, J., Scott, C., Dierking, L., Rennie, L., & Jones, M. C. (2004). Interactives and visitor learning. *Curator: The Museum Journal*, 47, 171-198.

Fischbach, G. & Coyle, J. (1997). Preface. In D. Schacter (Ed.), *Memory distortion: How minds, brains and societies reconstruct the past* (pp. ix-xi). Cambridge, MA: Harvard University Press.

Gatewood, J. & Cameron, C. (2004). Battlefield pilgrims at Gettysburg National Military Park. *Ethnology*, 43, 193-216.

Goodman, G., Ghetti, S., Quas, J., Edelstein, R., Alexander, K., Redlich, A., Cordon, I., & Jones, D. (2003). A prospective study for memory of child sexual abuse: New findings relevant to the repressed-memory controversy. *Psychological Science*, 14, 113-118.

Greunewald, D. (2003). The best of both worlds: A critical pedagogy of place. *Educational Researcher*, 32, 3-12.

Herbert, D. & Burt, J. (2004). What do students remember? Episodic memory and the development of schematization. *Applied Cognitive Psychology*, 18, 77-88.

Herz, R. (1997). The effects of cue-distinctiveness on odor-based context-dependent memory. *Memory & Cognition*, 25, 375-380.

Hmelo-Silver, C. (2004). Problem-based learning: What and how do students learn? *Educational Psychology Review*, 16, 235-266.

Howe, M. (2006). Developmental invariance in distinctiveness effects in memory. *Developmental Psychology*, 42, 1193-1205.

Hudson, J. & Fivush, R. (1991). As time goes by: Sixth graders remember a kindergarten experience. *Applied Cognitive Psychology*, 5, 347-360.

Hunt, R. (2006). What is the meaning of distinctiveness for memory research? In R. Hunt & J. Worthen (Eds.), *Distinctiveness and memory* (pp. 3-25). Oxford: Oxford University Press.

Latham, K. (2013). Numinous experiences with museum objects. *Visitor Studies*, 16, 3-20.

MacRae, C., Moran, J., Heatherton, T., Banfield, J., & Kelly, W. (2004). Medial prefrontal activity predicts memory for self. *Cerebral Cortex*, 14, 647-654.

McManus, P. (1993). Memories as indicators of the impact of museum visits. *Museum Management & Curatorship*, 12, 367-380.

Medved, M. & Oatley, K. (2000). Memories and scientific literacy: remembering exhibits from a science centre. *International Journal of Science Education*, 22, 1117-1132.

Miller, G. (1956). The magical number seven, plus or minus

two: Some limits on our capacity for processing information. *Psychological Review*, 63, 81-97.

Papert, S. (1980). *Mindstorms: Children, computers, and powerful ideas*. New York: Basic Books.

Pathman, T., Samson, Z., Dugas, K., Cabeza, R., & Bauer, P. (2011). A 'snapshot' of declarative memory: Differing developmental trajectories in episodic and autobiographical memory. *Memory*, 19, 825-835.

Pennebaker, J. & Gonzales, A. (2009). Making history: Social and psychological processes underlying collective memory. In P. Boyer & J. Wertsch (Eds.), *Memory in mind and culture: Cognitive predispositions and cultural transmission* (pp. 171-193). Cambridge: Cambridge University Press.

Piaget, J. (1970). *Genetic epistemology*. New York: Columbia University Press.

Proust, M. (1983). *Remembrance of things past* (trans. by C. K. Scott Moncrieff). London: Penguin.

Reisberg, D. & Heuer, F. (2004). Memory for emotional events. In D. Reisberg & P. Hertel (Eds.), *Memory and emotion* (pp. 3-41). New York: Oxford University Press.

Roschelle, J. (1995). Learning in interactive environments: Prior knowledge and new experience. In J. H. Falk & L. D. Dierking (Eds.), *Public institutions for personal learning: Establishing a research agenda* (pp. 27-51). Washington, DC: American Association of Museums.

Rowe, S., Wertsch, J., & Kosyaeva, T. (2002). Linking little narratives to big ones: narrative and public memory in history museums. *Culture & Psychology*, 8, 96-112.

Schacter, D. (1997). Memory distortion: History and current status. In D. Schacter (Ed.), *Memory distortion: How minds, brains and societies reconstruct the past* (pp. 1-43). Cambridge, MA: Harvard University Press.

Schacter, D., Gutchess, A., & Kensinger, E. (2009). Specificity of memory: Implications for individual and collective remembering. In P. Boyer & J. Wertsch (Eds.), *Memory in mind and culture* (pp. 83-111). Cambridge: Cambridge University Press.

Schmidt, S. (1985). Encoding and retrieval processes in the memory for conceptually distinctive events. *Journal of Experimental Psychology: Learning, Memory & Cognition*, 11, 565-578.

Sinatra, G., Heddy, B., & Lombardi, D. (2015). The challenges of defining and measuring student engagement in science. *Educational Psychologist*, 50, 1-13.

Skinner, E. & Fernandes, M. (2007). Neural correlates of recollection and familiarity: A review of neuroimaging and patient data. *Neuropsychologia*, 45, 2163-2179.

Smith, C., Wixted, J., & Squire, L., (2011). The hippocampus supports both recollection and familiarity when memories are strong. *The Journal of Neuroscience*, 31, 15693-

15702.

Smith, L. (2006). *Uses of heritage*. London: Routledge.

Smith, L. (2014). Visitor emotion, affect and registers of engagements at museums and heritage sites. *Conservation Science in Cultural Heritage*, 14, 125-132.

Sobel, D. (2004). *Place-based education: Connecting classrooms and communities*. Great Barrington, MA: The Orion Society.

Spock, M. (2000). 'When I grow up I'd like to work in a place like this': Museum professionals' narratives of early interest in museums. *Curator: The Museum Journal*, 43, 19-31.

Squire, L. (1992). Declarative and non-declarative memory: Multiple brain systems supporting learning and memory. *Journal of Cognitive Neuroscience*, 4, 232-243.

St. Jacques, P. & Schacter, D. (2013). Modifying memory: selectively enhancing and updating personal memories for a museum tour by reactivating them. *Psychological Science*, 24, 527-543.

Stevenson, J. (1991). The long-term impact of interactive exhibits. *International Journal of Science Education*, 13, 521-531.

Tulving, E. (1972). Episodic and semantic memory. In E. Tulving & W. Donaldson (Eds.), *Organization of memory* (pp. 381-403). New York: Academic Press.

Vosniadou, S. & Brewer, W. (1992). Mental models of the

earth: A study of conceptual change in childhood. *Cognitive Psychology*, 24, 535-585.

Wertsch, J. (2009). Collective memory. In P. Boyer & J. Wertsch (Eds.), *Memory in mind and culture: Cognitive predispositions and cultural transmission* (pp. 117-137). Cambridge: Cambridge University Press.

Witcomb, A. (2013). Understanding the role of affect in producing a critical pedagogy for history museums. *Museum Management and Curatorship*, 28, 255-271.

Zerubavel, E. (1996). Social memories: Steps to a sociology of the past. *Qualitative Sociology*, 19, 283-299.

8　学习中自我与身份的角色

通过日常用品表达黑人女性身份的艺术①

有色人种女性博物馆（Colored Girls Museum）讲述了美国黑人女性的故事，运用了有形的物件如蕾丝、桌巾、木制雕像、原创艺术作品和照片，以及无形的物件如音乐和故事。有色人种女性博物馆位于费城日耳曼镇博物馆馆长和创始人的家中。该博物馆有十个房间，展示了黑人女性历史的不同方面。例如，卧室展示成人关系；有色人种男孩房间呈现了在黑人女性的生活中塑造这些成年人关系的想法；洗衣房呈现洗衣女工的概念；厨房里陈列着由黑人女性艺术家创作的陶瓷制品和串珠饰品；客厅里陈列着二十多名黑人女性创作的艺术作品；楼上的房间已经变成了一个祈祷和冥想室；工具室以摄影材料为主，关注女工的生活和工作。

杜布瓦（DuBois）现在还住在这栋房子里，她把有色人种女性博物馆当作室友，并且相信这个博物馆的名字，以及它是一座正有人居住的住宅，都让它变得平易近人，包容一切。杜布瓦为

---

① 该案例是作者整合有色人种女性博物馆网站和博客上的信息所编写的，并已获得博物馆的许可。

有色人种女性博物馆设计的理念赋予了一个生活博物馆新的意义——让参观者感到周围环境是像家一样的生活空间和场所。她把博物馆设想成一种场所,这里正在建立及收藏黑人女孩和妇女的历史,但也是共同建设和分享的地方。

杜布瓦的设想和强烈的想法使有色人种女性博物馆得到了当地社区和当地艺术家的大力支持,他们中的许多人捐赠了物品。事实上,它通过共同创作的艺术家集体,使博物馆的概念得以实现。不同的艺术家利用物品在捐赠它们的黑人女性生活中所具有的特殊意义和地位,来策划这十个房间。每个房间使用了对黑人女性捐赠者的生活经历有意义的物品,融合了艺术、社会历史和社会评论,同时反映了在美国长大的黑人女性的集体经历。

图8.1 A客厅朝向壁炉的视角,在那里可以看到黑人艺术家的艺术品
黛比·勒曼拍摄。©有色人种女性博物馆和黛比·勒曼

例如，工具室关注作为工厂工人的黑人妇女；洗衣房致力于呈现洗衣女工；甚至还设有一个黑人男孩的房间，旨在创造黑人女性和男孩之间的对话，在这儿黑人女性能反思黑人男孩如何塑造了她们的自我意识和身份。这些房间里摆满了黑人女孩和妇女捐赠的日常用品，包括花瓶、木制小雕像、桌子、椅子、海报、绘画、老照片、时钟、床单、刺绣、手工娃娃、连衣裙和木制熨衣板。艺术作品和艺术设施也因为艺术的原动力而在博物馆中占有独特的地位。杜布瓦认为艺术在黑人女性的生活中扮演核心角色，因为它可以帮助她们处理和理解她们的日常经历。

有色人种女性博物馆所体现的理念是如此的强大，以至于它吸引了美国各地越来越多的兴趣和支持。黑人女性的故事与美国作为一个国家的诞生交织在一起，因为黑人女性一直在塑造美国，也一直在被美国塑造。正如博物馆网站上所说："有色人种女性有独特且复杂的历史，这是深刻悲剧和伟大胜利形成的历史——这些历史与其他历史交叉和重叠，但是其独特性在于有色人种女性所身处的双重环境——有色人种和女性。"

引言

学习和身份密切相关，两者都是通过人们在生活中所获得的实践发展而来。在博物馆情境中，自我与身份至少在两种学习方式中起着关键作用。例如，在展览中身份的表征方式会影响参观者如何理解这些身份的表征，因为它会强化或挑战对某主题或某群人的刻板印象。参观者的自我意识和身份影响人们在展览中选择参与和学习的内容，自我意识和身份反过来也被这些内容所影响。在博物馆中,身份的表征和确立像一个硬币的正反面。以上文的案例为例,它表明个人和集体身份如何协调人们对身边世界体验的理解、应对和反思:物件——比如蕾丝小桌布或工厂女工的旧照片——传达女性个体的经历和身份。与此同时,它们也与女孩和年轻黑人女性的经历产生共鸣,即她们作为一个社会群体,可能会认同这个特殊的群体以及她们在美国长大、工作和生活的经历。有色人种女性博物馆选择将黑人女性的日常用品和经历作为一种艺术设施来展示,从而提供了探索女性个人和集体认同感的艺术视角(艺术的原动力)。

除了个人(个人身份)与社会和文化(集体身份)之间的关系之外,自我与身份是理解人类思维如何运作的核心。自我与身份是这些问题的核心:"我们是一成不变的吗?什么是可塑的?作为个人和群体一员意味着什么?"(Lindholm,2001,p. vii)这些问题在我们跨越不同社会和文化背景包括博物馆时(Oyserman et al.,2012,p.71),努力"理解人们如何在这个世界生活、做出选择以及使得自己的经历有意义"中发挥了核心作用。例如,在第9章中,我们将讨论即使是选择参观或不参观的决定,都会受到人们身份的影响。

特别是在21世纪,由于现代化和全球化的撞击和影响,对身份的追求变得愈加重要。随着世界变得更加全球化和互联化,身份变得更加碎片化和流动化,引发不同的构建方式和实践认同。根据鲍曼(Bauman,2000)的观点,这种每个人身上共存的多重身份是20世纪下半叶发生的一种转变的结果,当时人们越来越强调自由(生活和享受生活、消费和购买)。这种转变为新的生活追求和自我实现创造了机会,但也带来了独特的挑战:

人们需要变得更灵活和擅长适应，并及时抓住新机会。这带来了不确定性和不安感。虽然传统社会向其成员提供了身份类型的示例，但在后传统社会中，身份及其形成是一项持续进行的过程。在这种背景下，身份如何与这些身份的意义调合变得重要（Côté & Levine，2002；Holland et al.，1998）。例如，有色人种女性博物馆一直积极寻找为历史上遭受压迫、经历和声音被压制的黑人女性提供发言权的途径。通过收藏他们的个人物品、日常用品，博物馆为黑人女性个人和集体发声和表征。

至今为止的讨论逐渐明确了自我与身份是社会科学理论和心理学（Côté & Levine，2002；Simon，2004）、社会学（House，1977）、人类学（Holland et al.，1998；Sökefeld，1999）以及文化研究（Hall，1996；Redman，2000）等学科研究的一个主要领域。追溯起来，身份的概念有长久的传统——例如西方关于自我的本质的辩论，可以追溯到柏拉图的能动理论（Plato's theory of agency），随后被基督教神化，并且由圣奥古斯丁（St. Augustine）（公元354年—430年）在其自传中加以修改（见Lindholm，2001）。我们自己对身份文献的研究表明，在所有学科中，关于自我与身份的研究都倾向于将身份定位于个人经验的背景下，或社会和文化内部及跨界的集体模式中。这两大类解释身份的研究理论的区别是它们如何解释差异。人格身份的研究倾向于把身份看作是自我建构的，并且强调使一个人有别于他人的独特性和个性。对集体身份的研究强调塑造身份的社会和文化维度，并关注与社会权力和社会地位相关的社会群体成员或地位（性别、阶级、宗教、种族或性取向）。这些关系结构的问题将在第10章进一步讨论。

跨学科分享和更有意识地结合学科观点，进一步加强了作为社会模式的身份研究方向。它们往往强调身份的"多维性"（例如，参见模型，其来源于 Côté & Levine，2002，pp.131-139），并常常通过借鉴跨学科的观点，努力开发可以更全面理解身份的框架。例如，特别值得关注的是来自文化心理学的方法，以及它们对自我、身份或能动性进行概念化和研究的方式，以及自我功能的文化差异的阐释（Markus & Kitayama，1991，2010；Miller，2001；Oyserman et al.，2012）。这种多学科框架可以为我们理解自我身份的多个维度带来独特的见解，并且框架能回答更复杂、更现实的问题，也因此与博物馆紧密相关，例如，在展览或项目中如何表现身份，以及参观者如何形成这些身份等问题。①

为了把这一点置于博物馆情境中，让我们暂时将注意力转向如何在博物馆中研究身份。身份被用作研究其他现象的透镜，如博物馆如何构建叙事（如第 5 章所讨论），这反映了特定的国家或文化身份（Macdonald，2003），以及身份如何协调参观者的学习和塑造参观者博物馆体验，无论是在实际参观期间和之后（Stainton，2002；Paris & Mercer，2002），还是通过数字资源（Walker，2006）。在非正式学习环境中进行的研究强调个人和/或集体身份在筛选博物馆体验方面所起的作用，同时也强调其被博物馆体验影响（Falk，2006；Falk et al.，2008；Falk，2009；

---

① 本章研究的是博物馆参观者如何形成身份认同的实证研究，而不是博物馆如何呈现身份认同。不管怎样，这项研究可以为博物馆展览或项目中身份的表征提供信息，例如，它可以为参观者如何看待这些提供证据，或者突出可能存在的误解，甚至是对特定群体的身份的刻板印象的再现。

Fienberg & Leinhardt, 2002; Latchem, 2006; Leinhardt & Knutson, 2004; Rounds, 2006)。最近，一些研究已经调查出性别身份如何与其他类别身份（如种族和阶级）交叉，并且在博物馆空间中展演导致包容或排斥参观小组其他成员，进而影响他们的学习体验（Archer et al., 2016）。到目前为止，可以说在博物馆研究中，只有一些维度或身份类型被用来作为分析工具，以调查如人们为什么参观博物馆、他们如何使体验有意义或如何记住参观经历等问题。另一方面，在博物馆实践中，当规划展览空间（如场景所示）和项目时，还有在人们选择参观博物馆、与展品或其他参观者和工作人员互动时，个人和集体的身份都会有意无意地发挥作用。身份理论的普遍性与应用的局限性之间的差距，以及学习中身份所起作用的经验证据，是本章讨论的重点之一。

我们将开始批判性地讨论有关身份的个人、社会、文化和跨文化维度的特定学科观点。然后，在这些观点之间架起桥梁，并讨论一些新出现的框架，这些框架为理解个人和社会如何制造出身份和差异带来新的见解。本章最后还讨论如何在博物馆环境中使用这些框架。

身份的基础

本节将研究大量来自不同理论视角的看似不相干的理论。这主要有两个原因。首先，尽管在展览或项目开发过程中，身份都在如何通过参观者的身份来感知或筛选信息中发挥核心作用，但许多理论关于自我与身份角色所做的假设大多缺乏实证支持。这在自然主义语境中尤其明显（参见 Altschul, Oyserman, & Bybee, 2006）。例如，在博物馆情境中，许多博物馆项目的开发都考虑到继承和新生身份的证据，并且许多观众研究也收集了这些证据，这些研究往往使用特定的学科理论。但是，它们往往是在无意识的情况下使用的，也存在不明显的误区批判，博物馆研究文献中充满这样的例子。尽管这种方法会带来种种问题，但博物馆专业人士发现难以使用身份理论的另一原因是，其应用在最乐观的情况下也无法立即生效，而在最糟的情况下，不仅令人费解，而且无法跨情景应用。这就引出了为什么接下来的介绍包含了许多不同理论的第二个理由。我们希望我们可以让大家更容易了解它们，并展示出它们在思考和研究身份在博物馆学习中作用方面的潜力。

综述和关键概念

身份的定义往往涉及这一概念的不同方面或维度，从审视个人和自我身份的定义，到探讨如民族、社会或文化认同等集体共有的身份定义。人们在多大程度上能够采取行动，或者他们的行动能力是否受到社会结构的制约，也是不同学科之间争论的问题。在社会学文献中，这通常被称为"结构-能动性之争"（structure-agency debate），指的是能动性的相对重要性［即人们有意识的（能动的）行为/行动是否能够］超过结构［即人类行为是否受到社会结构（如家庭、宗教、教育、媒体、法律、政治和经济）的约束］。术语和定义不仅反映了学科视角，而且反映了学科内部和跨学科的特定理论和方法论研究。主流社会和发展心理学倾向于认为身份是个人的专有特性。因此，关注焦点为个体的独特性

(Côté & Levine, 2002; Heider, 1958)。

然而，最近学界对文化心理学研究——文化心理学①（有时称为心理人类学）、跨文化心理学和本土心理学——重新燃起兴趣，产生了一些研究。这些研究通过将自我的心理学、社会学和人类学观点结合起来，调查了个人和集体身份之间的关系（Lindholm, 2001; Greenfield, 2000; Miller, 2001; Markus & Kitayama, 1991, 2010）。学者运用这些研究方法在自我和文化的相交层面上进行了大量的调查，尝试将自我与其社会和文化环境联系起来。这些方法论证了自我以及心理学理论本身的文化基础（Miller, 2001），并且揭示了自我运作的文化基础。后者包括两种不同的自我或能动性意义：独立（独立自主的实体）和相互依存的自我（在社会环境中观察自我与他人的关系），以及这些共存的自我元素在不同文化中的优先级（Geertz, 1975; Markus & Kitayama, 1991; Lindholm, 2001, pp. 210-213）。目前的观点是，在以社会为中心（社会规范和期望塑造个体的行为，相互依赖的自我）和以自我为中心（个体变得独立于他人，其行为是自己的思想和感情的结果，见上述自我独立）的社会中都存在一致性和对他人意见的关注以及自主和自我表达的价值观（Lindholm, 2001, pp. 213-217）。

根据欧萨尔曼等人（Oyserman et al., 2012）的观点，后一种同时考虑了独立型和互依型自我的研究特别重要，因为它表明无论在文化内部还是跨文化层面，人们有一系列由线索激活的自

---

① 本章中，我们使用术语文化心理学（cultural psychology）来指代文化中的心理学（psychology of culture），这是文学作品中最常用的术语。

我概念（例如，个体"我"或个人主义的概念，和社会"我"或集体主义的概念），当人们在不同环境、不同时刻，随着时间的流逝对线索或情境做出反应时，这些概念会动态发展。这些自我概念影响决策和行为，并塑造人们理解世界的方式。这意味着，尽管人们体验到的自我与身份是稳定的，但它们也是在环境中动态构建的。例如，该案例展示了物品如何能够代表黑人女孩和妇女的个人经历，以及它们如何作为线索，能够激发"我"的概念。与此同时，它们能创造并代表在美国长大的黑人女性的一系列经历，作为社会"我"概念的线索。此外，当它们被视为艺术品/设施时，它们可以为黑人女性提供一种让她们理解并融入于自己的日常经历的方式。

　　自主性和互依性之间的界限，被认为是个人主义和集体主义自我之间的关系，也一直是人类学和文化研究的中心主题之一。从更广泛的角度来看，这两门学科更关注支配关系，例如，知识的组织方式，主导文化和意识形态的心理内化方式，以及塑造个体个性的方式（Lindholm，2001，pp. 217-218）。林霍尔姆（Lindholm，2001）认为，人类学和社会学的许多研究都受到安东尼奥·葛兰西（Antonio Gramsci）的文化霸权概念的影响，该概念指由情绪驱动的对于正义和善良的形象（2001，p.218）。该研究调查这种正义与善良的形象正当化的方式以及受压迫者在心理上内化它的方式。换句话说，由于社会阶层、种族或性别等原因而被边缘化的人被动地接受外部世界塑造他们的个性。这就导致他们不可避免地接受自己的劣势地位，这也将在第10章中讨论。例如，有色人种女性博物馆的一个房间里讨论的洗衣女工概念，表明了直到两代人以前美国黑人妇女所能获得的就业机会非常有限。

如果我们认可文化霸权的社会再生产是不可避免的,那么又如何解释社会变化呢?换句话说,个人能在多大程度上抵抗这种社会化过程?事实上,一些理论和实证研究侧重于较低社会阶层群体成员的抵抗行为——其中大多数通常是无意识的。霍兰德等人(Holland et al., 1998)的研究就是这样一个例子。霍兰德等人(Holland et al., 1998)在回顾有关文化与自我之间关系的人类学和文化心理学文献时指出,人类学(以及其他学科)的一个重要转折是人类学家能够提出解决权力、能动性和活动问题。循着这一思路,霍兰德等人研究了一些问题,如"具体的、往往具有社会影响力的文化对话和实践是如何帮助人们定位自己并为他们提供资源以应对他们发现自己所处的困境"(1998, p.32)。该理论框架——下文将在"关于身份的社会学和人类学视角"中详细解释——关注被压迫群体隐藏的或者有时是无意识的抵抗行为。本章中的案例提供了一个很好的特定文化对话和实践案例:洗衣房及其中与美国黑人妇女在就业方面所面临的种族不平等有关的物品现在被置于一种艺术语境中,这为参观者提供了可选择的故事与图片,为他们详细介绍了不同的文化表达方式。正如霍兰德等人(Holland et al., 1998, p.5)评论的那样,身份是"人们创造新活动、新世界和新生存方式的重要基础"。他们将身份的形成和维持定位于社会实践中,并将其视为"大量社会工作"以及"未完成的和正在进行的"的结果(Holland et al., 1998, p.7)。

定义自我、身份及能动性

尽管自我、身份和能动性(agency)的研究一直是不同学科的焦点,但这些术语仍然有些模糊。在讨论与身份相关的术语及其目的时,欧萨尔曼等人(Oyserman et al.,2012,p.94)指出,"虽然自我与身份经常可以互换使用,但是它们可被看作一系列嵌套的结构,自我作为最包罗万象的术语,自我概念嵌入自我之中,身份嵌入自我概念之中,以此建立一定的清晰认识。"欧萨尔曼(Oyserman,2015,pp.1-14)指出,自我是暂时的(它有许多过去和现在的身份,以及可能的未来身份),并具有激励性(它提出了行动的可能性,使人们获得某些未来的身份,这些行动可能会或可能不会与这些有意识的未来身份相容)(见图8.2)。提到能动性的概念,尤其是马库斯和北山(Markus and Kitayama,2010,p.421)评论说,这是"最具普遍性或全球性的术语,指的是在世界上采取行动",而瑟克费尔德(Sökefeld,1999)补充认为,能动性确实指的是"根据自己的解释采取行动的能力",但也总是"需考虑到他人",也因此提醒我们不同社会地位或团体归属的存在。

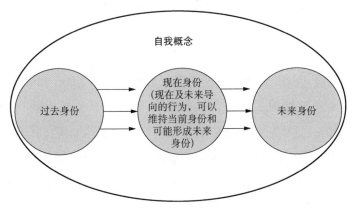

图 8.2 嵌套于自我概念中的过去、现在和未来身份之间的关系说明图

欧萨尔曼等人（Oyserman et al.，2012）提出观点，即自我是其所能承担的多种身份的上级范畴。这也在自我与身份的人类学概念化中得以强调（Sökefeld，1999）。例如，在这种情况下，一个人可以假设自己属于非裔美国人群体，同时假设自己具有与这一群体不同的其他身份，如性取向或宗教身份，或是说英语和法语两种语言的人。自我概念（关于个人自我信仰的集合）与自我接受的身份相关。无论什么时候自我与所有的身份进行协调时，它就会起作用（要了解这些术语的含义以及它们在博物馆中的实际应用情况，请参阅下文的《回到有色人种女性博物馆》）。然而，很难定义自我、身份和能动性的概念，并且对它们的定义也没有一致的看法。在提及所使用的各种术语以及它们是如何跨学科定义和操作时，欧萨尔曼等人（Oyserman et al.，2012）认为这些可能会引起很大的混淆。

社会和文化心理学视角下的身份

身份的主观方面也特别重要，"因为意识的主观能动性似乎在个体的自我感知或身份的基础上发挥重要作用"（见 Simon，2004，p. 5）。西蒙（Simon）引用了哲学家和心理学家埃里克·埃里克森（Erik Erikson）、威廉·詹姆斯（William James）和欧文·弗拉纳根（Owen Flanagan）的著作（见 Simon，2004，p. 4-10）。这项研究以现象学为导向，尝试描述如何在社交世界中协调身份，根据这种理论，身份经验和自我意识都有助于个体构建自我的自我反思故事（Simon，2004，p. 19）。西蒙（Simon，2004）强调活动和自制力在集中注意力和根据兴趣设定目标时所起的作用。西蒙的研究对与身份有关的参观动机理念的发展非常有影响（Falk，2009），如下文所示。同时，身份、兴趣和动机之间的联系也将在第9章中介绍。从参与不同社区的背景中也可以发现身份、兴趣和动机。在第10章中，我们将讨论特定社区的成员资格如何使其成员能够参与任何特定社团（或非社团）提供的、具有社会和文化意义的活动。第10章具体探讨了某些个体和群体是如何被排除在获取社会组织和文化资源之外的。

学习身份

在正式和非正式学习的背景下，一些文化心理学研究聚焦于自我意识、身份和能动性对促进学习的作用。在这里，"学习身份"（learning identity）一词被用于指个人如何将自己视为学习者，以及他们如何发挥自己在诸如艺术或文学等任何知识领域活动中的能动性（Hull & Greeno，2006；Renninger，2009）。学习身份的概念包括几种不同的形式：作为通过与物质资源和他人的互动而形成的具体体验（Wenger，1998）；在学习者的个人叙事中作为个人信念和态度的反映（Hull & Greeno，2006；Kelly，2007；Sfard & Prusak，2005）；作为角色和状态，也就是说，学习者在学习过程中每时每刻特定角色和状态的交互（Holland et al.，1998）。

这些不同概念的共同点是，身份发展与特定领域的参与和学习密切相关。在这种背景下，"科学身份"等特定领域的术语被用来指代个体在不同背景下表现出来的对科学的擅长胜任感，以及这种表现在多大程度上被其他重要人物认可为科学人士（Carlone & Johnson，2007）。卡洛内和约翰逊（Carlone and Johnson，2007）指出，能力、表现和认可的组成部分可能受到种族、民族和性别的影响。更广泛地说，培养科学身份被视为与发展其他根深蒂固的文化身份同时存在，并依赖于这些文化身份，如种族、性别、社交网络（Bell et al.，2009）、对科学和年龄相关的身份的兴趣（Renninger，2009）。

赫尔和格林诺（Hull and Greeno，2006）的研究认为，课外活动是身份形成的重要环境，也涉及参与性意义上的学习身份。在他们的研究中，学习身份的概念包括三个方面：人际关系、认知和话语（Hull & Greeno，2006，p. 83）。首先，身份是在人们与他人互动的过程中培养出来的，也是由人们参与活动的内容培养出来的。当人们的专业知识和对活动主题内容的理解通过学习得到提高时，他们就发展出认知身份。当一个人通过学习的过程讲述他曾经是谁，现在是谁以及想成为谁的故事时，他们就会发展出对话身份（2006，p. 84）。身份和对话之间的联系也在第5章进行了研究。这里需要指出的重要一点是，学习身份可以被看作是一种"定位身份"，它使学习者能够在实践中发展出具有主动性的身份。

这一观点与斯法德和普鲁萨克（Sfard and Prusak，2005）以及霍兰德等人（Holland et al.，1998）的观点产生了共鸣，后者的研究将身份与交流活动联系起来。在他们的研究中，身份被概念化为"故事"，故事里"人们告诉别人他们是谁，但更重要的是，他们告诉自己，并试图成为他们自己所说的那种人（Holland et al.，1998，p. 3）。身份被看作话语，并能被定义为关于个人故事的集合或使个人具体化、有意义、可认可的叙事（Sfard & Prusak，2005，p. 16）。简言之，一个人不仅通过参与活动和就某个领域与自己进行谈判，还通过向他人讲述自己的故事而变成他想成为的人，进而发展出学习身份。个体将自己的故事与他人交流的观点与在第 5 章中提及的布鲁纳的研究产生了共鸣。

接受身份和能动性具有定位性，意味着身份可能会在参与实践的基础上发生变化，而不是某种固定的或静态的东西。毕竟，随着人们与可用资源和他们的期望相互作用（Hull & Greeno，2006），以及人们的活动与他们在活动期间对"已经发生、正在发生和可能发生的事"的期望进行交互（Lave，1988，p. 185），实践也可能发生改变和转换。这进一步支持了上面提出的观点，即参观者的身份可以通过活动（例如在参观博物馆期间）从已经存在的身份转换到另一种身份。这里出现的问题是，博物馆的专业人员如何能够促进这种可能性。此外，身份的定位性意味着它会在不同的环境中发展。这就引出了另一个有趣的问题：在参观博物馆的过程中，这些身份是如何相互交织、相互影响的？博物馆由于其藏品的开放性，可能会调解在不同环境中发展起来的不同身份之间的联系。这在情感展览和那些涉及有争议或有挑战性的主题的展览中尤为重要，在这些展览中，挑战先入为主的观念或展示有关主题的另类知识可能非常重要。在这儿，定位身份的概念——可能在参与实践的基础上改变这点变得至关重要，因为它允许成见的改变和自我成长的发生。这个自我成长和发展的过程是理解一个人作为学习者的身份的核心。博物馆是为参观者提供这种可能性的重要场所。

特别是在博物馆中，学习身份的概念最近才被引入（Bell et al.，2009）。阿彻等人（Archer et al.，2016）在科学博物馆进行的研究表明，科学身份在实践中如何发挥作用，该研究将在下一节中介绍。还有一些与学校环境的间接联系。学习身份和基于特定领域的身份（如科学身份）也与动机密切相关，详见第 9 章的讨论。

社会学和人类学视角的身份

社会学、人类学和文化研究倾向于探索影响身份的社会和文化背景，这可能类似于从社会或文化心理学角度所做的一些研究。社会学中关于身份的讨论往往围绕着"结构-能动性"问题展开（Côté & Levine，2002），并提出这样的问题：人类的自我定义是由外部（社会）、政治、文化和经济力量决定的，还是由内部力量和个人潜力（能动性）决定的？最近，关于身份形成的社会学观点试图通过在理论中同时囊括"内部"和"外部"特征来摆脱外部-内部二分法（Jenkins，2000，2008）。例如，詹金斯（Jenkins，2000，p.7）解释自我认同出现在社会群体和个体之间相似和差异关系的相互作用中。认同过程也会受到"外部"比较的影响：个体的自我意识受到"客观"的社会环境塑造和影响，这些社会环境表现为日常的互动、社会角色、文化制度和社会结构。

上面介绍的社会结构与个人能动性之间的辩证关系是布迪厄（Bourdieu）实践理论（1977）的核心。该实践理论使用的关键概念包括惯习、资本和场域（场域的概念将在第 10 章中讨论）。在这一章中特别重要的是惯习的概念，他用这个概念来描述"人体内社会秩序的永久内化"（Eriksen & Nielsen，2001，p.130），这是通过潜移默化或浸入式学习而不是正规学习发生的。

惯习的重要性在于它能让我们了解文化是如何塑造身体的，

以及这对个体/能动者、机构和社会的影响。具体来说，惯习作为一种结构力量作用于个体并将其与其他个体区别开来。这种将社会秩序内化于人体的过程——表现在姿势、手势、个人行为方式上——形成了"永久性气质"。在这种背景下，气质①是指人们通过现有的生活经历形成的根深蒂固的习惯和技能，还可以包括——除其他外——对文化的审美取向，以及面对特定休闲和文化活动领域的品味。

这些气质很重要，因为它们促使个体以特定的方式行事。例如，个体在他们的生活中很早就形成了对博物馆的积极倾向，通常是在家庭中形成，并发展成为可以预测其文化参与模式和参与文化制度的质量的"永久性气质"（Bourdieu & Darbel，1991）。这些参加和投入的模式可以通过个体身体和智力上与文化资源接触的方式来辨别［例如，参见下文阿彻等人的研究（Archer et al.，2016）中所讨论的男孩如何参与科学］。惯习通过将文化参与与社会决定的内化、具身的体验联系起来，有助于解释文化参与的兴趣是如何产生的及演变的。在这种背景下，家庭成为阶级轨迹和个人轨迹之间的联系：对于那些生长在特权阶级的人来说，其惯习就像他们的第二天性，而对于那些新来的人来说，文化资本是需要他们不断努力和维护的东西（Wilkes，1990）。在这个过程中，阶级惯习造成了社会差异。值得一提的是，在博物

---

① 布迪厄（1990，p.13）认为这些气质是具体化的、表演的，而且可由个体转变，"通过能动性的实践，他或她的干预和即兴创作的能力"。此外，正如康德（Conde）（2011，p.7）指出，惯习的概念与整个"气质系统"有关，它是个体受到整个社会影响的基础。这种气质差异不仅结合了结构因素和制度因素，而且还结合了跨文化因素和"连接文化的、基于事件的、情境的或互动的"因素。

馆和其他文化组织①环境中,文化资本的概念被认为是积极的[即作为一种探索观众如何重视和参与(或不参与)博物馆的方式]或消极的(作为再生产的劣势和促进社会再生产)。

惯习和文化资本的概念已经被不同学科的研究人员采用和调整。例如,霍兰德等人(Holland et al.,1998)研究了身份如何在预定的社会地位和行为之间起调解作用。当我们研究与身份相关的参观动机时,我们将在本章的下一节回到社会地位的概念(Falk,2009)。但是,首先让我们审视一下霍兰德等人(Holland et al.,1998)的研究。霍兰德等人(Holland et al.,1998)借鉴布迪厄、维果茨基和巴赫金(Bakhtin)的理论贡献,提出自我形成理论,探讨身份如何在预定的社会地位和行为之间进行调解。他们假设人们所处的社会类别(例如学生、病人、警察)与特定的期望模式有关,这有助于我们理解彼此,也有助于了解我们自己与这些世界的联系。这就是作者所说的图形世界。这些社会类别是"社会和文化构建的解释领域",它们塑造了人们应该如何行动的预期(Holland et al.,1998,p.52)。它们还决定了在这些图形世界中哪种结果更有价值。一个重要的区别是,图形世界与群体文化的概念无关;相反,重点是活动(例如,人们积极参与到他们的环境中)。"每一个(图形世界)都是简化的世界,由一系列能动者(在浪漫的世界里:魅力四射的女人、男朋友、情人、未婚夫)组成,这些能动者在特定力量(吸引力、爱、欲望)的推动下进行有限范围内的有意义的行为或状态的改变(调

---

① 进一步的讨论,请参见克鲁克(Crooke,2007)。我们还想补充的是,本书所回顾的研究,对资本采取了相当积极的态度,以及说明如何将资本发展成为一种对抗劣势影响的方式。

情、恋爱、分手、做爱)。"(Holland et al., 1998, p.52) 通过持续参与图形世界,它变得具体(例如,我们可以感觉、听到、看到、触摸、品尝它),它既能被表演出来,也能被复制。

图形世界的概念把它在不同环境中经历和表现出来的人们的社会地位,以及我们为自己塑造或形成其他身份的能力结合在一起。"身份是我们在这些集体生活维度中寻找联系的方式;指出为社会组织个体和反之个体以温和的方式重组社会的地点,我们生活世界的轴心"(Holland et al., 1998, p.287)。这里提到的"温和的方式"表明身份(个人和集体)的形成需要时间,并且短时间内无法设计和实践在世界中存在和行动的方式。对于我们开发展览或项目的方式以及我们希望对参观者生活产生影响的预期,记住这一点是非常重要的。让我们来看看有色人种女性博物馆是如何帮助参观者与美国历史上黑人女性的社会地位产生联系,同时让他们探索不同的身份。我们已经确立了社会地位的作用,特别是老一辈黑人妇女在美国社会中的作用。对于她们中的许多人来说,手工的非技术性工作(例如工厂工人或洗衣女工)是她们唯一能做的工作。这意味着她们在社会上有特殊的地位。有色人种女性博物馆的积极支持和维护着黑人女性通过借助艺术媒介来确定自我身份的这一新途径。通过让她们参与将不同时代不同肤色女性的各种身份联系起来的艺术活动,博物馆鼓励女性批判性地思考、扩展或重塑自己的个人和集体身份。这可以让她们创造自己可以积极选择的定位。

总结

本节讨论主要集中在将心理学、社会学和人类学方法结合起来探讨身份的尝试，其从不同的角度探讨身份的概念。虽然研究是多样化的，但它们的共同之处是关注身份的性质方面——即与个体或群体相联系的气质——以及身份的形成和维持过程，这被视为个体和集体身份之间的对话。根据欧萨尔曼等人的观点（Oyserman et al., 2012, p. 70）：

自我与身份理论假设人们关心自己，想知道自己是谁，并且可以利用这些知识来理解世界。预测自我与身份会影响人们行为的动机、如何思考和理解自己与他人、采取的行动、感受和控制自己的能力。

如上所述，许多理论提出了有关自我与身份的重要假设，但在自然主义的背景下支持这一假设的实证主义研究有限。欧萨尔曼等人（Oyserman et al., 2012, p. 82）讨论了在证明自我与身份是否在做出选择和行为方面发挥作用仅有有限的可用证据，并强调了存在着"理论-证据鸿沟"以及大量出版物未能认识到这一点。他们（Oyserman et al., 2012）还指出，收集关于环境如何以及何时会影响自我与身份以及塑造行为的证据很重要。以下部分重点介绍在博物馆背景下收集的数量有限的身份相关证据的研究。

博物馆情境中的自我与身份

在本节中，我们将讨论两个与参观和参与博物馆有关的关键术语："身份"和"学习身份"的不同要素。在博物馆观众研究文献中，除社会学意义上的研究外，关于"能动性"作用的讨论要少得多（见 Bourdieu & Darbel, 1991; Archer et al., 2016）。

参观者身份一直不是主流博物馆学习研究和实践的明确焦点。然而，出于营销目的许多应用型观众研究利用了参观者身份中容易识别的那一面——社会经济特征。身份在博物馆的政策、实践和应用研究中也变得更加突出，尤其是在博物馆的影响方面和关于博物馆价值的辩论中（Newman & McLean，2004；Bunting，2007；Burns Owens Partnership，2005；Hooper-Greenhill，2007；Matarasso，1997）。这使得弥合上述提及的理论-证据鸿沟变得更为重要。接下来的讨论将从社会身份着手，讨论博物馆受众研究中对身份的直接引用和间接引用。

从人口统计资料到身份的形成和改变

早期的博物馆受众研究几乎倾向于只关注博物馆参观者的人口统计学特征（如年龄、性别和社会经济背景），以此来了解他们是谁，他们如何行动以及如何更好地吸引他们（Lindauer，2005；1996）。重点是将人口统计学特征用作静态个体变量。这些研究从某种特定的角度看待集体身份：身份未被置于其环境中考虑，而是被视为永久的、一般的或普遍的，以及特指社会角色（例如男性或女性）和结构差异（例如社会阶层）。由于人口统计学特征是固定不变的，因此它们被用来预测参与情况（如参观的频率和参加的人数），以及在不同类型的博物馆中提供教育的参与模式（Davies，1994，2005）[①]。

这些类型研究之后的研究，尽管没有明确提到身份，但调查

[①] 参见史密森政策与分析办公室（www.si.edu/opanda/exhibitions）的一些早期报告。热带雨林的参观者视角：基于1988年《热带雨林：消失的宝藏》的报告。

了参观者动机和文化参考框架（例如 Doering & Pekarik, 1996），目的是更好了解参观者的博物馆体验。直到 21 世纪初，一项主要从社会文化视角进行的研究（即，Leinhardt et al., 2002）才在博物馆学习中明确引入了身份的概念。这项早期的研究逐渐影响了更为主流的博物馆学习研究，过去的研究是在建构主义框架下进行的（Falk & Dierking, 1992），而现在的研究借鉴了社会建构主义学习方法的概念（Falk, 2006）。

然而，身份一词并不总是有明确定义，在经过多次编辑的书中似乎尤其如此。例如，莱因哈特等人（Leinhardt et al., 2002）的著作总共十三章，在八章中特别提及或暗示身份，并且在这八章中的四章里对它下定义（Leinhardt & Gregg, 2002; Fienberg & Leinhardt, 2002; Stainton, 2002; Paris & Mercer, 2002）。在这本书的章节中，身份的定义可能包括作者自己的定义或者理论驱动而得的定义。理论驱动（或缺乏理论驱动）的身份定义的各种方法表明，在博物馆中对身份及其在学习和意义建构中的作用进行操作化和实证研究是困难的。

正如莱因哈特和克努森（Leinhardt and Knutson, 2004）所指出的那样，由于身份和学习紧密相连，身份的研究者选择考虑的方面对于他们如何学习至关重要。这就需要明确身份如何定义，以及如何在学习研究中发挥核心作用。对于莱因哈特和克努森（Leinhardt and Knutson, 2004, p. 18）来说，博物馆学习受到多个维度或因素的影响和衡量，其中之一是参观者群体的身份与展览内容的关系。关于身份，莱因哈特、克努森（Leinhardt and Knutson, 2004）和费恩伯格、莱因哈特（Fienberg and Leinhardt, 2002）侧重于身份的两个维度：动机和先前知识。虽然在社会文化的学习方法中，身份的这两个方面显然很重要，但不太清楚为什么只选择了身份的这两个方面。身份是一种激励因素的观点与欧萨尔曼（Oyserman，2015）对身份的定义相一致，我们在此处采用了这一定义（参见上文对自我、认同和能动性的定义）。

个人和集体的身份影响学习

在博物馆内及拓展环境中身份的确立：动机、先验知识、经历和参观记忆

莱因哈特和格雷戈（Leinhardt and Gregg，2002）与职前实习教师一起研究，这些职前教师参观了阿拉巴马州的伯明翰民权学院，以此作为他们教师培训课程的一部分。这次参观包括一系列活动，既有个人体验，也有小组体验，还有大组讨论。设计这些活动的目的是将博物馆作为一个独特的学习环境，以便让职前教师在参观一个充满情感的展览时能参与有关种族和民权运动的对话。参观前和参观后的数据对比表明，在非常短的时间内，职前教师不仅增加了他们的知识，而且还能够批判性地进行有关种族问题的、更细致和复杂的对话，并将民权运动的一部分纳入他们自己的身份。职前教师对民权运动获得了相当多的知识和理解，从参观结束后的讨论可以看出，他们对民权运动的了解更多的是分析和整合信息，而不是罗列无关的信息。这种高水平的参与被视为职前教师从实践边缘到实践中心时获得教学专业知识发展的重要方面。例如，他们能够利用博物馆展示的元素设计课程计划和活动，当考虑时间限制和学校可利用资源的类型时，这种课程设计在一个典型的学校环境中是不可能实现的。此外，他们

对民权的认识是建立在他们自己的认同感以及这些资源是他们接受职业培训的一部分的基础之上，即他们的职业认同。这也适用于其他博物馆参观者——尤其是有组织的教育团体——他们将利用自己身份的不同方面来理解博物馆的内容。本研究中记录的高参与度反映了关注类型和兴趣类型，以及对参观体验的反思，这些都是由精心设计的参观前和参观后活动以及内部活动引发。当学校团体的博物馆之旅经过精心策划和设计时，他们的学习经历也可能是如此。它还特别强调了学生先前的知识和经验如何影响他们对充满感情的展览的反应。这些活动应该如何设计以使学生经历得到的更多？体验中的一部分可能会让他们感到不舒服，或者要求他们处理不熟悉或与禁忌话题相关的材料和问题，比如种族问题。

> 博物馆资源的更高水平投入，可以增加知识和专业性，加深理解

> 通过精心设计的参观前后和博物馆内活动，可以促进更深入的理解

身份如何在不那么情绪化的展览中发挥作用呢？费恩伯格和莱因哈特（Fienberg and Leinhardt，2002）通过对历史博物馆中参观者群体进行访谈和录音对话，研究了参观者身份和他们在博物馆的对话之间的关系，并以此衡量他们与博物馆内容之间的联系。研究重点是"玻璃：粉碎观念"展览，展示了宾夕法尼亚州西部的玻璃制造史。他们使用了多种身份特征，包括与展览内容相关的背景知识和/或兴趣、博物馆体验水平，以及与展览所在

地匹兹堡或宾夕法尼亚州西部的联系（Fienberg & Leinhardt，2002）。费恩伯格和莱因哈特（Fienberg and Leinhardt，2002，p.209）发现参观者的身份会影响他们参观过程中交谈的性质。因此，对玻璃有高水平知识和兴趣的小组"往往比其他小组进行更广泛的'解释水平'谈话"（同前，p.209）。也有结果表明，"某些社会角色的存在，如父母/子女关系，可能与小组内解释性谈话的增加有关，但这些小组不一定拥有高水平的内容知识"（Fienberg & Leinhardt，2002，p.209）。参观者对话不仅仅反映参观者身份。也有人认为，它们支持博物馆内容和其他群体成员的联结感（Fienberg & Leinhardt，2002）。通过这种方式，它们都反映、维持和建立个体和社会身份。

> 个人身份的要素会影响对话的性质和时长，反过来对话的性质和时长又将参观者与博物馆内容和其他组员联系起来

我们现在把注意力转向参观博物馆的记忆，以及过去的身份在实际参观后 15 到 30 年的记忆中所起的作用。大卫·安德森（David Anderson）及其同事（Anderson，2003；Anderson & Shimizu，2007）进行了一系列研究，调查人们对世博会展览的回忆。虽然这些研究主要关注记忆——正如第 7 章①所介绍的那样——一些结论也与身份有关。

安德森（Anderson，2003）发现，人们在参观时的社会文化身份塑造了参观当下的体验方式，以及参观后这些体验如何被记

---

① 在这一章中，我们只关注这些研究中特别涉及身份的要素。有关这些研究的详细资料，请参阅第 7 章。

住。他将社会文化身份定义为"一系列固有的兴趣、态度、信仰、社会角色、生活状态和行为，这些共同决定了参与者在世博会期间的经历"（Anderson，2003，p. 406）。具体来说，他发现个体的社会文化身份的社会维度会引发对他们经历最强烈的记忆，而不是特定的展览和展品。不管怎样，他指出，重要的不仅仅是个体记住的内容，还有他们如何通过其身份的"框架"和这次参观中所扮演的角色来反思他们的经历。安德森的结论是，"绝大部分情况下参观时个体的社会文化身份会支配和调节记忆"（Anderson，2003，p. 409）。博物馆如何理解和利用人们的社会文化身份来开发展览或活动呢？迄今为止，因为博物馆参观者具有某些特征如社会角色或年龄（即家庭组、成年人或年轻人）而被任意地分为若干组。这些特征符合安德森所定义的社会文化身份的某些标准，但肯定不是所有的。事实上，家庭这样的群体并不能代表任何其成员的兴趣、态度或信仰。这个问题将在第 9 章中从一个略微不同的角度进行讨论。接下来，我们将研究两项研究，它们试图探究人们参观博物馆时，是什么类型的身份发挥作用。

> 参观博物馆最强烈、最持久的记忆与参观者的社会文化身份有关（也可参见第 7 章）

身份作为激励因素和"过滤器"

福克（Falk，2009，p. 158）关注小"我"的身份（即与集体身份相对的个人身份），特别是那些在每次参观之前会发生变化的身份方面。他认为参观者体验是由短暂构建的关系组成，这种关系在任何特定的参观中都是独一无二的。因此，在该模型中，参观者可以在不同的日子里多次去同一个博物馆，每次都以不同的身份去。福克（Falk，2009）认为这些小"我"身份是通过参观者的两种思想流汇合而成的。意识流的概念来自西蒙（Simon，2004）对"意识的主观流质"的分析，已在理论部分提到。西蒙的研究来自社会心理学，对福克的身份概念的发展产生关键影响。第一种思想流派包括个人希望通过某种休闲活动来满足的需求。第二种思想流的观点是"包括博物馆在内的各种休闲场所的特定心理模型，这些模型单独或共同支持各种与休闲相关的活动"（Falk，2009，p.158）。当个体决定去参观一个特定的博物馆时，若这两种想法汇聚在一起，这个决策过程就会产生五种"与博物馆动机相关的身份"中的一种。它们分别是：探索者、促进者、经验寻求者、专业/业余爱好者和充电者。好奇心驱使着探索者去参观博物馆，因为他们珍视这些博物馆提供的认知体验。促进者对应具有社会动机的参观群体，他们的主要动机是满足群体中其他成员的需求和愿望。家庭团体可能属于这一类，尽管不太可能所有家庭成员都是促进者。体验寻求者对应那些寻求某种体验类型的人，观光者可归为这一类别。专业/业余爱好者对应专家。充电者对应的是艺术爱好者，他们寻求一种"精神上的"体验，可用福克之前对他们的称呼"精神朝圣者"来表示（Falk & Storksdieck，2005）。福克（Falk，2009）认为个体的参观动机为参观创造了基本的轨迹，可以预测参观者将如何与他们所在的环境互动。他认为，尽管可以预测参观的一般模式，但每个参观者的体验细节都是高度个性化和独特的。根据福克（Falk，2009，p.160）的观点，如果与身份相关的感知需求和博物馆的可供性相匹配，且假定参观者基于动机的身份在参观过程中没有发生变化，那么他们的博物馆体验就是令人满意的。这与上文提出的一些关于身份的社会文化方法相反（参见 Oyserman et al.，2012）。这种认同方法也忽略了身份在预先确定的社会地位和能动性之间的调解作用（Holland et al.，1998）。

个人身份能形成一般的参观模式

与身份相关的博物馆动机概念引起了博物馆从业者的广泛关注，但也引起研究中使用身份概念的研究者的大量批判。这些批判似乎集中在两个主要问题上。第一，为了简化和实施非常复杂的理论概念，有人认为，使用的分析框架最终都是简化的。第二，所使用的理论概念没有按照最初的设想得到应用。在这里，以社会定位（positionality）的概念（借用自 Holland et al.，1998）为例。社会定位是指个体的社会地位，由性别、性、社会阶层等所界定（即福克所说的大"我"身份），并塑造个人的行为和他或她的观点。例如，道森和延森（Dawson and Jensen，2011）认为福克在对小"我"身份的使用问题上没有强调人口统计学因素在身份构建中的作用。道森和延森（Dawson and Jensen，2011）讨论了其他研究者所进行的研究，这些研究强调阶级角色（参见 Willis，1977）、教育程度（参见 Bourdieu & Darbel，1991）、社会排斥（参见 Bourman，1996；Jensen，2010）和个体决定是否参加的其他社会文化因素，以及文化机构参观对特定个人的最终价值。

道森和延森（Dawson and Jensen，2011）还认为，当参观者遇到新的想法和体验时，他们最初的期望会发生变化，而福克的模型没有考虑到这一点。这在观众研究中是一个有争议的观点，德林和佩卡里克（Doering and Pekarik，1996）和福克（Falk，2009）都认为博物馆很难改变参观者的身份或初始叙事，而瓦格纳和延森（Wagoner and Jensen，2010）则认为博物馆可以改变他们。霍兰德等人（Holland et al.，1998）的研究进一步证明博物馆参观活动中发生的调整或即兴行为能够改变（或维系）身份。

参观中身份会发生转变

对福克身份概念及其在博物馆参观中的作用的另一个批判来自朗兹（Rounds，2006），他从认知的角度而不是经验主义的角度来看待这个问题。他将参观博物馆作为一种体验，使参观者参与到"身份研究"中。"身份研究"——定义为"我们构建、维持和调整个人认同感并说服别人相信身份的过程（Rounds，2006，p.133）——作为一个概念来描述在博物馆环境中常见的浏览行为，并支持参观者合理地使用部分博物馆的展览内容。重要的是，朗兹承认结构（外部世界及其局限性和可承受性，参见上文理论部分）为身份的出现提供场所、方式和原因方面的作用。除了在将身份与博物馆参观联系起来以及开辟新研究领域这些方面的价值之外，上述方法还标志着博物馆学习理论和实践的转变。

将身份及其在博物馆参观中的作用概念化的另一种方法来源于在艺术博物馆中进行的研究。在斯泰里努-兰伯特（Stylianou-Lambert）关于人们——包括参观者和非参观者——如何感知艺术博物馆以及这些感知如何形成参观模式的研究中，她（Stylianou-Lambert，2009）将自我身份（即个人身份）作为一个维度，来形成人们感知博物馆的方式。这项研究完全是在塞浦路斯进行的，采用半结构化的访谈方式对六十人进行访谈。斯泰里努-兰伯特（Stylianou-lambert，2009）确定了一系列不同的"过滤器"（filters）（被称为"博物馆感知过滤器"），这些过滤器是访谈时由人们的个人认同感所塑造。"博物馆感知过滤器"影响人们对艺术博物馆的感知以及他们的参观决定。这些过滤器包括"专业""热爱艺术""自我探索""文化旅游""社交参观""浪漫""拒绝"和"冷漠"。使用不同博物馆感知过滤器的参观者的个人身份似乎有所不同，使用"专业"和"自我探索"过滤器的参观者与个人身份高度关联，而使用"热爱艺术"和"文化旅游"过滤器的参观者高度到中度关联。最后，那些使用"社交参观"过滤器的人与个人身份的关联很低。

> 个人身份塑造了过滤器的角色，通过这个过滤器感知博物馆并影响参与程度

塑造性别和阶段身份

接下来的研究稍微转移关注点，使用了来自人类学和文化研究的概念和理论。这些研究强调支配关系，例如，知识的组织方式，主导文化和意识形态的心理内化和塑造个性的方式。例如，遵循这一思路，保罗·威利斯（Paul Willis，1977）研究了工薪阶层的白人男孩失学后如何体验社会再生产。威利斯研究了一群处于乐队底层的男孩，以及他们如何形成反抗学校的亚文化［类似于下文阿彻等人（Archer et al.，2016）所描述的粗野好斗行为，这种行为被视为一种有意识的抵抗行为，即工薪阶层男孩拒

绝所有的学校价值观，选择失败]。在博物馆情境中，这就相当于选择不去参观博物馆，或者博物馆不参与到个体生活中（要么是因为个体不知道它们的存在，要么是因为这不是他们及其社区会参与的那种活动）。在第一种情况下，他们积极地选择拒绝博物馆，而第二种情况更多的是消极地拒绝博物馆。回到在其他环境中进行的研究，一些研究关注人们如何有意识或无意识地抵制这种社会化过程。此处的重点是属于较低社会阶层群体成员的抵抗行为——其中大多数通常是无意识的。这些类型的研究让人想起霍兰德等人（Holland et al.，1998）的研究。

> 害怕被形成刻板印象或被评判（如不知道如何参观博物馆或在博物馆情境中怎样行动）会导致种族和民族歧视

虽然是在学校环境中进行的，但克劳德·斯蒂尔（Claude Steele）及其同事所进行的一个比较有影响力的研究仍值得一提（Steele，1997，2003；Steele & Aronson，1995），这个研究关于非裔和拉美裔美国学生的学业表现，从历史上看，两者在正规教育和更广泛的社会活动中都被边缘化。斯蒂尔（Steele，1997，2003）的研究聚焦于其所谓的"身份威胁"——如恐惧被别人形成对自身的刻板印象或害怕被基于性别、种族或年龄来评判——这存在于不同的情境中，并且可以帮助解释在正规教育中存在的种族和民族成就差距，或在更广泛的社会中所处的不利地位。特别有趣的是，他关注情境或环境线索，例如在某些情况下，因为课程不能代表黑人学生的经历，因而在实际上使他们边缘化。例如，从白人和黑人学生收集的证据表明，当他们被告知一项测试将测量他们的认知能力时，黑人学生的表现往往不如白人学生，因为他们害怕证实黑人学生智商较低的刻板印象（Steele，2003；Steele & Aronson，1995）。虽然采用了不同的方法，但斯蒂尔对情境线索的引用让人想起欧萨尔曼等人（Oyserman et al.，2012）提出的观点，即嵌入不同情境的线索可以激活某些自我概念。这对希望设计探索式线索的博物馆环境而言，是个有趣的概念。但是，其中许多无意识的线索也可能带来挑战，比如缺少女性、儿童或来自不同文化背景的人的图像，这可能会导致他们与博物馆环境的疏离。

> **性别身份会鼓励人们参与或不参与博物馆的内容**

现在我们把注意力转向在科学博物馆进行的一项研究，该研究针对的是一群与同学一起参观的男孩。阿彻等人（Archer et al.，2016）开展的这项研究是为数不多的民族志研究之一，主要关注身份的建构和表现，跟踪博物馆背景下参与者每时每刻的互动和反思。它清楚地提及其理论基础：使用社会学和文化研究的方法来概念化社会和文化身份（特别是本章前一节中提到的布迪厄的研究，以及更具体的性别和种族概念①）。身份表现被视为"说话、手势、身体和行为的结合"（Archer et al.，2016，p.450），所使用的分析框架反映了这一理论立场。这项研究的重点是 36 名男孩与他们的同学一起参观科学博物馆时所表现出的男性特征。学生们来自市区学校，有不同的种族背景，主要来自工薪阶层家庭。数据来源包括参观期间的民族志现场笔记、学生

---

① 有大量的文献关注社会身份的各个方面，如性别和种族，我们在这里无法涵盖。读者可以直接阅读 Hall（1990），Butler（1990）的著作，以及 Archer et al.（2016，pp.443-448）中其他相关著作的概述。

和教师的照片和录音,以及参观前和参观后与学生的讨论和对教师的访谈。

阿彻等人(Archer et al.,2016)的研究表明,参与本研究的男生们在参观期间表现出了三种男性特征:(1)"粗野好斗"(laddishness),通常包括抗拒行为,如"拒绝做功课、捣蛋、大男子主义行为、参与性别歧视/性玩笑或想办法(似乎)拒绝做任何科学工作"(Archer et al.,2016,p.454),(2)"智力碾压"(muscular intellect),包括"展现自身卓越的知识和智力表现"(同前,p.455),和(3)"变化的男性特征"(translocational masculinity)。最后一种偶尔出现,男生们似乎超越前面两种典型男性特征的表现,相反,利用"自己不同的文化资源和经验,在自己的生活、兴趣、价值观和博物馆环境之间建立联系和共同点"(同前,p.457)。粗野好斗是迄今为止最常见的男性特征,几乎所有男孩都表现出来,其次是智力碾压(14个男孩)。在少数情况下,12个男孩表现了变化的男性特征。

据我们所知,阿彻等人(Archer et al.,2016)的研究是第一个调查粗野好斗或智力碾压(或其他被视为不服从或侵略/虐待的行为)对其他学生不参与博物馆内容的影响的研究。我们认为,重要的是要考虑如何通过使用某些群体自己的文化资源来支持他们(如本研究中的工薪阶层男孩)参与博物馆的内容。另一个值得考虑的问题是,博物馆空间中哪些文化上合适的资源和背景线索可以支持更积极的身份。

回到有色人种女性博物馆

这是一个周六的早晨,丹尼斯(Denise)(她是两个孩子的母亲,是一名全职社会工作者,居住在费城)带着10岁的女儿杰维恩(Jeveane)和一个朋友的女儿8岁的莫娜(Monna)去有色人种女性博物馆。莫娜的妈妈有一家珠宝店,周六上班,所以今天丹尼斯邀请莫娜出来玩。莫娜和杰维恩是非常好的朋友,她们的母亲在同一个社区长大同一个学校上学,也是很好的朋友。去年7月,丹尼斯和她的家人参加了在弗林根茨大楼举行的边缘艺术节。她从一个朋友那里听说了有色人种女性博物馆,朋友告诉她,他们都喜欢的全球灵魂音乐DJ伊恩·弗拉迪(Ian Friday)将组织一场音乐和舞蹈派对。费城建有有色人种女性博物馆的想法让她非常兴奋。丹尼斯和她的家人通常不会去博物馆寻找有趣的东西,但这次不一样——这是关于黑人女性的,这引起了她的共鸣。她还希望女儿能看到黑人创作的艺术品。"这是我们的孩子在学校学不到的东西",她想。就在上周,她还在收听伊恩·弗拉迪的HouseFM.net节目。这让她想起了博物馆,于是她决定周六带女儿去那儿。

博物馆参与了边缘艺术节,并与黑人社区所熟知的黑人艺术家合作,这与丹尼斯的自我概念息息相关。毕竟,博物馆的主要目标之一是展示一系列经历,反映美国黑人女性作为女孩和妇女的不同方式,以及青春期和成年阶段的不同阶段的生活。博物馆的名称也吸引黑人参观者的身份的特定维度,同时也影响参观者在参观前和展厅内参观的动机。它还体现了丹尼斯个人和文化身份发展的不同可能性,如黑人女性、母亲和妻子,以及全职社会工作者。这与来自文化心理学、人类学和社会学的自我、身份和能动性理论相一致,这些理论认为人们有一系列的自我概念。它们包括"我"和社会"我"的概念,这两个概念都是由暗示激活的。这些暗示既可以是消极的（例如被认为是"身份威胁"），也可以是积极的，它们促进身份的发展，人们能够将自己的个人、家庭和更广泛的社区体验融入环境并加以理解。

早上的早些时候，杰维恩和莫娜对一起度过这一天感到非常兴奋，但不确定她们是否会喜欢参观博物馆。她们都在学校的参观活动中去过博物馆。虽然她们中的一些人觉得"还行"，但总有一些事情是他们因学校要求才做的，并且还不太有趣。她们也从来没有足够的时间去做她们觉得有趣的事情，学校参观活动总是匆匆忙忙的。但她妈妈说，这是她从来没有去过的博物馆，她需要去看看某些物件。"是关于像你这样的女孩子的，"她说。当这群人走近博物馆时，她们都很惊讶。事实上，它不像她们所知道的任何其他博物馆。这房子看起来很普通。当她们走进花园时，一位女士迎接她们，并把她们带到工具室，那里满是黑人妇女的照片。这些照片看起来很旧，引起了女孩们的注意。她们的导游告诉她们这些妇女过去在工厂工作。她还向她们展示了一些针线活，并告诉她们如何做这些针线活，以及做这些针线活的黑人女性多么有创造力。丹尼斯告诉杰维恩和莫娜，这些很像两个女孩的祖母曾经做过的桌布。这让她们都感到很惊讶：她们从来没有想过祖母具有创造性的一面，也从来没有想过针线活是一种创造性的活动。她们还惊讶地发现，她们的母亲在小时候曾经自己制作过刺绣徽章。杰维恩和莫娜也想试试，让丹尼斯在她们回家后给她们展示一下。与社会文化认同的方法一致，通过使用群体成员所收集的个人物品并在家中的私密空间展出，以及通过开发像工厂工人针线活这样反映黑人女性集体生活的展品，该展览触及这两个人的身份。此外，它与布迪厄的文化资本概念以及如何将其作为一种文化资产有着明确的联系。从这个意义上说，杰维恩和莫娜都已经有了看刺绣的习惯，并且能够将在博物馆中看到的刺绣物品与其他常见的日常物品联系起来。她们很欣喜自己和家人在家中拥有的物品"有博物馆价值"。这有助于她们将这些物品与"自我"联系起来，因为它们是她们惯习的一部分。

丹尼斯和两个女孩走进客厅时，首先映入眼帘的是放在壁炉钩针垫上的小雕像，以及挂在壁炉上方的一个黑人小女孩的肖像。她们都很漂亮，画像中的小女孩看起来和她们的年龄相仿。杰维恩认为她妈妈是对的，这个博物馆是为像她和莫娜这样的女孩而建。气氛中存在一些东西，就在那里。它更个人化，也更适合动手操作。与此同时，丹尼斯也有同样的想法。回忆如潮水般涌来。她真的能感觉到她像是回到了还是小女孩的时候。与其说是特定的物品，不如说是所有这些东西的组合：颜色、图案、照片、气味、声音和音乐。特别是音乐似乎在向她内心深处的女孩说话。这让她想起了小时候周六早上帮妈妈做家务的时光。她很激动，很高兴自己带着女孩们来了。她迫不及待地想把这件事告诉莫娜的妈妈和其他的家人。他们都需要看看这儿。她拿出手机，拍了一些照片，分享到脸书（Facebook）上。

这个博物馆的位置和内部陈列，以及它是某人居住的房子的事实，强化了这样一件事，即这是这个家庭群体自己世界的一部分，是她们"图形世界"的一部分。一些有形和无形的物品强化了她们的自我形象，例如，通过音乐丹尼斯如何看待自己，或者女孩们如何通过刺绣将她们的祖母视为富有创造力的黑人女性。

随着这群人从一个房间走到另一个房间，她们看到了更多的东西，这些东西让丹尼斯想起了自己的童年，也让她想起了家里的一些人。在她还是个小女孩的时候，他们家也有类似的东西，比如，她祖母曾经用过的木质熨衣板。在所有的房间里，她们都受到艺术家的欢迎，艺术家们和她们谈论每个房间，以及每个房间背后的故事，并且所有的艺术品都是由黑人女性艺术家创作的。丹尼斯看到杰维恩和莫娜脸上带着一丝惊讶和无比自豪的表情。她也感到骄傲、高兴和振奋。她认为她也应该尝试上一些艺术课，或者像莫娜的妈妈那样做一些珠宝。她在心里记下要问她朋友这件事。将艺术作为一个棱镜，从近代史上黑人女性在家庭和工作中的状态这个角度来观察熟悉的物品，似乎让丹尼斯能够构建出与传统所认为的黑人女性不同的新身份。在这里，丹尼斯开始把自己视为一个有新兴趣和学习如何创作艺术的人。这与学习身份理论和个人发展新兴趣的能动性理论一致，这是成为她想成为的人的一种方式。这个例子也符合社会文化理论所提出的身份的定位性。换句话说，如何在参观实践的基础上改变身份，比如这次博物馆参观实践。

其间，杰维恩和莫娜喜欢从一个房间走到另一个房间，特别是当她们上到二楼经过一个狭窄的楼梯时，"这是多么激动人心的一天啊，真是一次冒险，"莫娜想。她妈妈的朋友丹尼斯阿姨说得很对，她说过这会与她在学校活动中参观过的任何博物馆都不一样。莫娜特别喜欢艺术。她也喜欢在真实的房子里展示艺术，这让她想起了剧院的场景。"上次和家人在一起的戏叫什么来着？"她不记得了，但她记得有一个壁炉，上面放有一些人像，就像她们走进博物馆时在客厅里看到的那些人一样。当丹尼斯与其他参观者以及博物馆工作人员交谈时，莫娜开始和杰维恩讨论这些雕像。她们都想再见到他们。那里也有一些手工制作的娃娃。大人们不停地说话，女孩们感到有点无聊。杰维恩的妈妈指着不同的东西告诉女孩们，她们的曾祖母和其他黑人女性也有类似的东西。杰维恩听着她的母亲回忆她童年的日常用品，比如老式的蒸汽熨斗。杰维恩的母亲告诉她，她的祖母，也就是杰维恩的曾祖母，也有过类似的物品。她总是努力工作，靠洗衣服养家。杰维恩和莫娜现在开始有点焦躁不安了。她们真的很想回到那个她们瞥见了木制雕像的房间，壁炉上方还有一幅穿着白色连衣裙的小女孩的画像。莫娜不停地对杰维恩耳语，请求回到有那幅画像的房间，然而丹尼斯看上去显然很激动。杰维恩在对母亲和朋友的忠诚之间左右为难，考虑采取不同的行动。"哦，我知道了，"她想。然后她问她的母亲曾祖母是否曾经做过针织品，并主动提出带她去能看到桌布的地方。女孩的行动显示了她管理自己身份的能力——作为一个女儿、一个特定家庭单元的成员、一个非裔美国人群体的成员以及一个朋友。她也通过探索各种可能的行动来展示她的能动性，她选择了一个，并让她的母亲和朋友参与其中（即建议参观挂有肖像和针织台布的房间）。

在这里，杰维恩参与了不同身份之间的表现和协调过程，比如作为一个女儿和一个朋友的身份，以及相互竞争的忠诚。根据学习的社会文化方法，她利用她对家族史和对黑人群体有价值的东西（如文化资源和实践）的理解，以达到参与博物馆的内容、交流对她来说重要的东西、同时也能与她的群体成员交流的目的。

丹尼斯、杰维恩和莫娜沿着楼梯往回走回到客厅时，丹尼斯翻看了她的手机，发现她的很多朋友和家人都"喜欢"她之前在脸书上分享的照片。她对自己微笑……

语境化自我身份

您所在博物馆现有的展览或项目呈现出什么样的身份？不同类型的群体对这些展览或项目有什么反应？他们如何展现自己的身份，以及在参观过程中，群体构成和每个参观者在小组中扮演的角色如何塑造他们的身份？身份的特定表现如何接纳或排斥其他组员或其他参观者？博物馆环境中有意和无意的提示如何影响参观者的身份？

对于那些目前还没有参观贵馆的人，他们的文化参考和实践，您了解或者能找到些什么？他们有什么兴趣？他们如何深化这些兴趣？您知道或了解非传统观众在什么环境下进行日常和休闲活动吗？您如何开发与实际参观者和潜在参观者产生共鸣的展览和节目的主题及解释？在贵馆，如何以一种对参观者及其文化实践有意义的方式，将学习机会与人们的身份联系起来？如果您把您的博物馆想象成一个图形世界，您将如何让不同类型的参观者在不同的时间，以不同的群体成员身份参观这个图形世界？您有能力改变/塑造贵馆图形世界的哪些方面？您如何提供活动和资源，让不同的参观者可以用它们来构建自己的世界？展览或节目叙事将会是什么样？

参观者如何利用这些叙事来了解自己并表现自己的身份？您如何根据参观者的活动来进行评估？您如何根据小组其他成员的活动来进行评估？贵馆收藏的哪一类艺术品能让人们协调自己的想法和感受？观众可以扮演什么样的新角色（如博物馆内容的共同创造者）？为了改变人们参与展览或活动的方式，您需要提供哪些可用资源？如何让人们意识到跨情境学习的可能性（而不是跨越不同情境学习相似内容）？如何建构和实践跨情境的内容？例如，如果您在社会历史博物馆工作，您知道人们在日常生活中如何使用物品吗？您如何帮助他们在博物馆藏品和日常用品之间建立联系？您如何支持家庭在博物馆、家庭、学校文化实践之间架起桥梁，让他们的孩子更好适应环境？对于非参观者、第一次参观或经常参观博物馆的人，您需要提供何种程度的帮助？为了让您的参观者进行一段学习之旅，其中一部分主题或许会让他们感到不舒服，或者要求他们处理不熟悉的材料和问题，或相关的禁忌话题，例如种族等，您该如何设计这些活动？

您如何利用身份的概念作为一种分析类别来研究它如何在贵馆空间中表现出来？您可以用什么分析类别来研究身份？在开发这些分析类别时，您如何利用身份的表现或形式——例如语言、行为、选择要做的事或使用/参观的空间、要与谁或哪些社区交流、要参与哪些活动？与不同社会文化身份有关的群体类型是什么？您的工具能捕捉到这些吗？

本章参考文献

Altschul, I., Oyserman, D., & Bybee, D. (2008). Racial-ethnic self-schemas and segmented assimilation: Identity and the academic achievement of hispanic youth. *Social Psychology Quarterly*, 71, 302-320.

Anderson, D. (2003). Visitors' long-term memories of World Expositions. *Curator: The Museum Journal*, 46, 401-421.

Anderson, D. & Shimizu, H. (2007). Factors shaping vividness of memory episodes: Visitors' long-term memories of the 1970 Japan World Exposition. *Memory*, 15, 177-191.

Archer, L., Dawson, E., Seakins, A., DeWitt, J., Godec, S., & Whitby, C. (2016). "I'm being a man here": Urban boys' performances of masculinity and engagement with science during a science museum visit. *Journal of the Learning Sciences*, 25, 3, 438-485.

Bauman, Z. (2000). *Liquid modernity*. Cambridge: Polity Press.

Bell P., Lewenstein B., Shouse A. W., & Feder M. A. (2009). *Learning science in informal environments: People, places and pursuits*. Washington, DC: The National Academies Press.

Bourdieu, P. (1977). *Outline of a theory of practice*. Cambridge: Cambridge University Press.

Bourdieu, P. (1984). *Distinction: A social critique of the judgment of taste*. Translated from French by R. Nice. London: Routledge.

Bourdieu, P. (1986). The forms of capital. In J. Richardson (Ed.), *Handbook of theory and research for the sociology of education* (pp. 241-258). New York: Greenwood.

Bourdieu, P. & Darbel, A. (1991). *The love of art: European art museums and their public*. Cambridge: Polity Press.

Bunting, C. (2007). Public value and the arts in England: Discussion and conclusions of the arts debate. www.artscouncil.org.uk/publication_archive/public-value-and-the-arts-in-englanddiscussion-and-conclusions-of-the-arts-debate/

Burns Owens Partnership (2005). New directions in social policy: Developing the evidence base for museums, libraries and archives in England. London: mla. (http://webarchive.nationalarchives.gov.uk/20111013135435/research.mla.gov.uk/evidence/documents/ndsp_developing_evidence_doc_6649.pdf)

Carlone, H. & Johnson, A. (2007). Understanding the science experiences of women of color: Science identity as an analytic lens. *Journal of Research in Science Teaching*, 44(8), 1187-1218.

Clifford, J. (1994). Diasporas, *Cultural Anthropology*, 9, 302-338.

Cohen, R. (1996). Diasporas and the nation-state: From victims to challengers, *International Affairs*, 72, 507-520.

Côté, J. E. & Levine, C. G. (2002). *Identity formation, agency, and culture: A social-psychological synthesis*. Mahwah, NJ/London: Lawrence Erlbaum Associates.

Crooke, E. (2007). *Museums and community: Ideas, issues and challenges*. London: Routledge.

Davies, S. (1994). *By popular demand: A strategic analysis of the market potential for museums and art galleries in the UK*. London: Museums and Galleries Commission.

Davies, S. (2005). Still popular: Museums and their visitors 1994-2004. *Cultural Trends*, 14(1), 67-105.

Dawson, E. & Jensen, E. (2011). Towards a contextual turn in visitor studies: Evaluating visitor segmentation and identity-related motivations. *Visitor Studies*, 14(2), 127-140.

Doering, Z. D. & Pekarik, A. J. (1996). Questioning the entrance narrative. *Journal of Museum Education*, 21(3), 20-22.

Eriksen, T. H. & Nielsen, F. S. (2001). *A history of anthropology*. London: Pluto Press.

Erikson, E. H. (1959). *Identity and the life cycle: Selected papers, with a historical introduction by David Rapaport*. New York: International University Press.

Falk, J. & Dierking, L. (1992). *The museum experience*. Washington, DC: Whalesback Books.

Falk, J. & Storksdieck, M. (2005). Using the contextual model of learning to understand visitor learning from a science center exhibition. *Science Education*, 89, 744-778.

Falk, J. H. (2006). An identity-centered approach to understanding museum learning. *Curator*, 49(2), 151-166.

Falk, J. H. (2009). *Identity and the museum visitor experience*. Walnut Creek, CA: Left Coast Press.

Falk, J. H., Heimlich, J., & Bronnenkant, K. (2008). Using identity-related visit motivations as a tool for understanding adult zoo and aquarium visitors' meaning making, *Curator*, 51:1, 55-80.

Fienberg, J. & Leinhardt, G. (2002). Looking through the

glass: Reflections of identity in conversations as a history museum. In G. Leinhardt, K. Crowley, & K. Knutson (Eds.), *Learning conversations in museum* (pp. 167-212). Mahwah, NJ: Lawrence Erlbaum Associates.

Geertz, C. (1975). *The interpretation of culture.* London: Hutchinson.

Greenfield, P. M. (2000). Three approaches to the psychology of culture: Where do they come from? Where can they go? *Asian Journal of Social Psychology*, 3(3), 223-240.

Hall, S. (1996). Cultural identity and diaspora. In J. Rutherford (Ed.), *Identity, community, culture, difference* (pp. 222-237). London: Lawrence and Wishart.

Heider, F. (1958). *The psychology of interpersonal relations.* New York: Wiley.

Holland, D., Skinner, D., Lachiotte Jr, W., & Cain, C. (1998). *Identity and agency in cultural worlds.* Cambridge, MA: Harvard University Press.

Hooper-Greenhill, E. (2007). *Museums and education: Purpose, pedagogy, performance.* London/New York: Routledge.

House, J. (1977). The three faces of social psychology. *Sociometry*, 40(2), 161-177.

Hull, G. A. & Greeno, J. G. (2006). Identity and agency in nonschool and school worlds. In Z. Bekerman et al. (Eds.), *Learning in places: The informal education reader* (pp. 77-97). New York: Peter Lang Publishing.

Jenkins, R. (2000). Categorization: Identity, social process and epistemology, *Current Sociology*, 48, 3, 7-25.

Jenkins, R. (2008). *Social identity* (2nd edition). New York: Routledge.

Johnson, R. (1993). Towards a cultural theory of the nation: a British-Dutch dialogue. In A. Galena, B. Henkes, and H. te Velde (Eds.), *Images of the nation: Different meanings of Dutchness* 1870 - 1940 (pp. 159 - 217). Amsterdam: Rodopi B. V.

Kelly, L. J. (2007). *The interrelationships between adult museum visitors' learning identities and their museum experiences*. Doctoral Thesis. Sydney University of Technology.

Kroger. J., Martinussen, M., & Marcia, J. (2010). Identity status change during adolescence and young adulthood: A meta-analysis. *Journal of Adolescence*, 33, 683-698.

Larraín, J. (2000). *Identity and modernity in Latin America*. Cambridge: Polity Press.

Latchem, J. (2006). How does education support the formation and establishment of individual identities? *International Journal of Art & Design education*, 25(1), 42-52.

Leinhardt, G., Crowley, K., & Knutson, K. (Eds.)(2002). *Learning conversations in museums*. New Jersey: Lawrence Erlbaum Associates.

Leinhardt, G. & Gregg, M. (2002). Burning buses, burning crosses: Pre-service teachers see civil rights. In G. Leinhardt,

K. Crowley, & K. Knutson (Eds.), *Learning conversations in museums* (pp. 139 - 166). Mahwah, NJ: Lawrence Erlbaum Associates.

Leinhardt, G. & Knutson, K. (2004). *Listening in on museum conversations*. Walnut Creek, CA: Altamira Press.

Leurs, K. & Ponzanesi, S. (2011). Mediated crossroads: Youthful digital diasporas. *M/C — A Journal of Media and Culture*, 14(2).

Lindauer, M. (2005). What to ask and how to answer: A comparative analysis of methodologies and philosophies of summative exhibit evaluation. *Museum and Society*, 3(3), 137-152.

Lindholm, Charles (2001). *Culture and identity: The history, theory, and practice of psychological anthropology*. London: McGraw-Hill.

Macdonald, S. (2003). Museums, national, postnational and transcultural identities. *Museum and Society*, 1(1), 1-16.

Marcia, J. E. (1966). Development and validation of ego-identity status. *Journal of Personality and Social Psychology*, 3(5), 551.

Marcia, J. E. (1993). The status of the statuses: Research review. In J. E. Marcia, A. S. Waterman, D. R. Matteson, S. L. Archer, & J. L. Orlofsky (Eds.), *Ego identity: A handbook for psychosocial research* (pp. 22-41). New York: Springer-Verlag.

Markus, H. R. & Kitayama, S. (1991). Culture and the self: Implications for cognition, emotion, and motivation. *Psychological Review*, 98, 224-253.

Markus, H. R. & Kitayama, S. (2010). Cultures and selves: A cycle of mutual constitution. *Perspectives on Psychological Science*, 5(4), 420-430.

Matarasso F. (1997). *Use or ornament? The social impact of participation in the arts*. London: Comedia.

McLean, F. (2006). Introduction: Heritage and identity, *International Journal of Heritage Studies*, 12, 3-7.

Mcmanus, P. (1996). Frames of reference: Changes in evaluative attitudes to visitors. *The Journal of Museum Education*, 21(3), 3-5. Retrieved from www.jstor.org/stable/40479067

Mauss, M. (1979). *Sociology and psychology: Essays*. London: Routledge & Kegan Paul.

Meeus, W. (2011). The study of adolescent identity formation 2000-2010: A review of longitudinal research. *Journal of Research on Adolescence*, 21, 75-94.

Miller, J. G. (2001). The cultural grounding of social psychological theory. In A. Tesser & N. Schwarz (Eds.), *Blackwell handbook of social psychology: Vol. 1. Intraindividual processes* (pp. 22-43). Oxford: Blackwell.

Newman, A. & McLean, F. (2004). Presumption, policy and practice: The use of museums and galleries as agents of social inclusion in Great Britain. *International Journal of Cultural Policy*, 10(2), 167-181.

Nonini, M. D. & Ong, A. (1997). Chinese transnationalism as an alternative modernity. In A. Ong and D. M. Nonini (Eds.), *Ungrounded empires: The cultural politics of modern Chinese transnationalism* (pp. 3-33). London: Routledge.

Oyserman, D., Elmore, K., & Smith, G. (2012). Self, self-concept, and identity. In M. R. Leary & J. P. Tangney (Eds.), *Handbook of self and identity* (2nd edition, pp. 69-104). New York/London: The Guilford Press.

Paris, S. G. & Mercer, M. (2002). Finding self in objects: Identity exploration in museums. In G. Leinhardt, K. Crowley, & K. Knutson (Eds.), *Learning conversations in museums* (pp. 401-423). Mahwah, NJ: Lawrence Erlbaum and Associates.

Rounds, J. (2006). Doing identity work in museums. *Curator: The Museum Journal*, 49(2), 133-150.

Sfard, A. & Prusak, A. (2005). Telling identities: In search of an analytic tool for investigating learning as a culturally shaped activity. *Educational Researcher*, 34(4), 14-22.

Simon, B. (2004). *Identity in modern society: A social psychological perspective*. Oxford: Wiley-Blackwell.

Sökefeld, M. (1999). Debating self, identity, and culture in anthropology. *Current Anthropology*, 40(4), 417-447.

Spencer, M. B., Harpalani, V., Fegley, S., Dell'Angelo, T., & Seaton, G. (2003). Identity, self, and peers in context: A culturally-sensitive, developmental framework for analysis. In R. M. Lerner, F. Jacobs, & D. Wertlieb (Eds.), *Handbook of applied developmental science: Promoting positive child, adolescent, and family development through research, policies, and programs* (Vol. 1, pp. 123-142). Thousand Oaks, CA: Sage.

Stainton, C. (2002). Voices and images: Making connections between identity and art. In G. Leinhardt, K. Crowley, & K. Knutson (Eds.), *Learning conversations in museums* (pp. 213 - 249). Mahwah, NJ: Lawrence Erlbaum and Associates.

Steele, C. M. (1997). A threat in the air: How stereotypes shape intellectual identity and performance. *American Psychologist*, 52, 613-629.

Steele, C. M. (2003). Stereotype threat and African American student achievement. In T. Perry, C. M. Steele, & A. G. Hilliard, III (Eds.), *Young, gifted and black: Promoting high achievement among African-American students* (pp. 109-130). Boston, MA: Beacon Press Books.

Steele, C. M. & Aronson, J. (1995). Stereotype threat and the intellectual test performance of African-Americans. *Journal of Personality and Social Psychology*, 69, 797-811.

Stylianou-Lambert, T. (2009). Perceiving the art museum.

Journal of Museum Management and Curatorship, 24(2), 139-158.

Wagoner, B. & Jensen, E. (2010). Science learning at the zoo: Evaluating children's developing understanding of animals and their habitats. *Psychology & Society*, 3(1), 65-76.

Walker, K. (2006). Story structures: Building narrative trails in museums. In G. Dettori, T. Giannetti, A. Paiva, and A. Vaz (Eds.), *Technology-mediated narrative environments for learning* (pp. 103-114). Rotterdam: Sense Publishers.

Weigert, A. J., Teitge, J. S., & Teitge, D. W. (1986). *Society and identity: Toward a sociological psychology.* Cambridge: Cambridge University Press.

Wenger, E. (2000). *Communities of practice: Learning, meaning and identity*, Cambridge: Cambridge University Press.

Willis, P. (1977). *Learning to labour: How working class kids get working class jobs.* Farnborough: Saxon House.

9 动机：从参观到奉献

> 通过认真的追求，把博物馆和人联系起来①

由伦敦考古档案博物馆（Museum of London Archaeological Archive）实施的志愿者融入计划（Volunteer Inclusion Programme，VIP）开发了一种志愿者模式，将不同个体和观众的动机与博物馆使命的关键要素联系起来。其中一方面包括藏品管理和藏品研究，另一方面包括外延服务和公众参与；其直接与博物馆"拓展思维及接触更多人"的战略相联系。通过吸引和维持 VIP 志愿者的积极性，伦敦考古档案博物馆成功地将这些通常在博物馆中被视为独立领域的工作元素结合在一起。

伦敦考古档案博物馆是世界上最大的考古档案博物馆（2012 年吉尼斯世界纪录），是伦敦博物馆考古收藏部门的一部分。它位于伦敦东部哈克尼的莫蒂默·惠勒之家（Mortimer Wheeler House），管理近 9 000 处遗址的考古调查记录，拥有过

---

① 此案例由前考古收藏部门经理格林·戴维斯（Glynn Davies）和现任伦敦考古档案博物馆考古收藏部门经理亚当·科尔西尼（Adam Corsini）提供。这些信息以笔记、访谈和一篇论文的形式构成（Davies, 2014）。该章节由作者撰写，并由格林·戴维斯、亚当·科尔西尼和罗伊·斯蒂芬森（Roy Stephenson）进一步编辑。

去100多年来收集的、逾3 500份的详细挖掘档案。管理如此庞大的藏品是一项艰巨的任务，特别是因为许多考古发现需要被（重新）处理，以满足近10至20年来引入的当前藏品管理标准。英格兰艺术委员会资助了VIP项目，其中包括这些标准制定之前藏品的存放。档案馆一直在尝试关注保护藏品的志愿者项目。例如，最低标准项目（2002—2005年开展）和档案馆志愿者学习项目（2006—2007年开展，其在VIP项目之前开展）都让志愿者参与了管理藏品的活动。基于"最低标准计划"的经验，文化遗产彩票基金会资助"档案馆志愿者学习计划"，强调提高志愿者的学习体验，并为他们提供各行业通用的技能。它也是第一个招募被认为"有社会排斥危险"的志愿者的项目。

图9.1　参与处理动物骨骼的VIP志愿者
©伦敦博物馆

VIP建立在上述项目的精神以及其运行的方式之上。在早期，VIP的构想为社会包容项目，让那些面临社会排斥风险的人同更为普遍的学生和退休志愿者群体走到一起。VIP的关键要素之一是激发人们的动机，并将其与档案管理层职员的实际工作及其愿景联系起来。档案馆与VIP合作的关键要素包括培养他们的考古所有权和促进档案馆用户对伦敦相关知识的了解。这些因素都与志愿者加入VIP的动机直接相关，通过参与公共活动，VIP及其志愿者促进了不同观众对"考古重要性"的认识。VIP的公众参与元素与志愿者表达的培训需求和动机相一致，也与潜在受众在参与当地考古活动时的期望相一致。需要指出的是，在大多数情况下，这些参观者并不是专门来参加VIP志愿者组织的考古文物处理活动的。VIP志愿者面临的挑战是如何让不同的参观者以一种有意义的方式参与到考古中。这是激励VIP志愿者参与公共活动的动机之一。

  VIP的指导原则是志愿者和藏品同等重要。志愿者的动机及其参与VIP的期望是招募志愿者的出发点。通常情况下，每个VIP群体都由学生、退休人员和求职者组成，或者是由慈善机构招募的人组成，如无家可归者和遭受精神健康问题折磨的人。在为期三个月的时间内，一个独立的VIP项目包括为期十天的团队工作并由档案馆工作人员监督。这些任务因参观和项目而异，但它们都反映了档案馆工作人员每天需要完成的基本任务，包括藏品的照管、藏品文件的归档以及对藏品高效且有效的打包工作。每个项目启动前都要做大量的准备工作，以确保任务的计划表虽不同但能满足志愿者的需求和不同的动机。志愿者所执行的任务与档案馆查找材料的两个主要部门密切相关，即一般查找和登记查找。与登记查找（单个藏品）相关的任务是审核这些藏品，并检查其包装和更新文档；与一般查找（大量考古材料）相关的任务是重新包装和装箱。每天变换工作内容很重要，这可以维持志愿者的兴趣和积极性从而保持高水准工作。此外，VIP志愿者完成任务的真实性可以提高其学习质量，促进社会发展和促使其高水准完成工作。该体验旨在培养志愿者具备新的可转移技能或提高现有技能，使他们有更多机会寻求进一步的志愿服务、工作或学习机会。

VIP的有效性和寿命在很大程度上取决于持续的项目评估，这有助于项目的发展，从而更好地满足博物馆和志愿者的需求。档案馆工作人员已改进 VIP 模式，并进行调整以使其适应社区考古活动。已经参与过 VIP 的志愿者被招募来协助观众参与项目，目的是在伦敦郊区推广考古学。根据志愿者的社会经济和文化背景以及他们在社会背景下从事考古活动的动机范围，能更好地反映他们参与的不同社区的构成。项目扩展也为其参与者提供了一种可持续的 VIP 项目。VIP 模式经久不衰的一个标志就是它已被其他组织使用。

最近（2016年），档案馆将这种公众参与方式与博物馆展览相结合。"传递过去"展览以展示 20 世纪 70 年代发掘的考古文物为特色，并得到公众参与藏品保护工作、文物处理和考古之行的支持，所有的这些活动都以同一发掘档案为中心。在三个月的时间里，34 名志愿者贡献了超过 1 500 小时的服务（相当于超过 11 000 英镑的博物馆附加值），其中有五名志愿者是在项目后期自愿报名参加项目的参观者，他们在前期参观过这个项目。超过 14 000 名博物馆参观者（占参观人数的 12%）参与了这个项目，他们在这个过程中重新打包了 300 箱考古文物。

引言

动机的概念已经被用来解释和说明人类的行为。心理学通过实证研究人类行为,动机是心理学许多分支领域的核心概念。一些最广为人知的动机理论来源于非常传统和略显过时的方法。例如,从行为心理学的子领域来看,人的内在驱动力或操作性学习(即通过相应的奖励或惩罚来鼓励或阻止某些行为)被视为动机的原因(Skinner,1969)。另一个被过度使用(但很少被质疑)的动机理论是马斯洛(Maslow,1943)的需求层次理论,它来源于人文主义心理学的视角。需求层次理论因其西欧文化视角而受到广泛批评(Hofstede,1984),尽管它基于一个非常狭窄和特定的样本(即1%的最高成就的大学生,或在其职业领域内非常知名的人,如爱因斯坦),它已被应用于不同的情境和不同类型的人(Mittelman,1991)。此外,有人指出,没有多少实证能够支持关于人类需求的等级顺序和优先次序的主张(Wahba & Bridwell,1976;Tay & Diener,2011)。

本章试图研究是什么激励人们利用博物馆并参与它们的内容和实践。博物馆的利用和参与包括一系列实践,从较为常见的博物馆参观到志愿服务。可以说,它涵盖了博物馆实践本身,因为博物馆从业者选择在博物馆工作的原因各不相同。此外,对于许多早期的博物馆从业者来说,博物馆体验对他们决定从事博物馆相关事业起到了重要作用(Spock,2000),越来越多的博物馆工作人员选择从参与博物馆志愿者项目,如案例中的VIP项目,开始他们的职业生涯(Stebbins,2007)。大多数情况下,博物馆动机研究聚焦于那些选择在空闲时间参观博物馆的人。志愿服务作为一种业余活动、志愿者自娱自乐的动机、在促进他人娱乐和/或参与博物馆实践时,很少受到博物馆观众研究的关注。非参观者和有组织的教育群体也是如此。

例如,某些地区的人(尤其是非白人或工薪阶层背景的人、残疾人或 LGBT 群体)不去参观博物馆的原因很少受到关注(更多的讨论参见第 8 章)。有组织的教育群体的动机也很少受到关注。对有组织的教育群体缺乏动机研究,似乎是基于这样一种假设,即这些参观是由课程驱动的,该课程提供了参观背景并塑造了群体成员的动机。有一些研究质疑这种假设(Osborne, Deneroff, & Moussouri, 2005)。我们在这一章选择的案例突出了动机理论和研究上的一些差距,即狭隘地关注(没有概念化)是什么构成了博物馆观众,而这些观众只代表了更广泛人群中的小部分。

在分析现有的博物馆动机研究时,另一个显而易见的问题是只有有限的研究关注了在实际参观过程中的动机(关于人们参与动机的讨论,参见 Moussouri 等人的研究)。然而,却有许多基于预设的参观动机来推断人们在参观时可能会做什么的假设。尽管这是博物馆观众研究本身的一个重大遗漏,但这部分研究的缺口所带来的影响不仅仅是缺乏信息或证据来说明是什么激励人们投入并继续参观。真正的问题是动机已被概念化为个人内在或基于个人需求,并且脱离情境的。然而,正如动机的社会文化方法所表明的那样,动机是一种复杂的现象,它是人们在特定的环境中进行活动时产生的。这种方法将在下文"动机的社会文化方法"中进一步讨论。

以这种方式概念化动机的假设存在两个主要问题。首先，将参观动机与环境（即位于特定文化背景下的特定的博物馆）和参观活动本身分离且并没有认识到博物馆参观体验（或人们在生活世界中的任何体验）的建构本质及其意义。换句话说，现有的研究博物馆中动机的方法无法解释参观者在参观过程中是如何做出保持着行为一致性的各种决定的。其次，对任何博物馆的认同程度和对其内容的参与程度上，都隐含着一种同质性。事实上，我们知道只有一部分人会选择参观博物馆，即使是在参观者中，博物馆在他们生活中的参与度、认同感和重要性也会因参观的频率和参观的"专业知识"不同而有很大差异（Moussouri，1997，2003，2007）。霍兰德等人（Holland et al.，1989）指出："未经检验的同质性假设是一个问题［…］，因为这些假设忽视了文化知识的社会分配及其在权力关系中的作用。"正如下文所讨论的，社会文化理论（尤其是情境理论）对动机的去情境化方法提出了挑战。

下一节关于动机的讨论，将辨析并讨论在文化心理学和社会学中发展起来的一些动机理论背后的关键概念，然后讨论它们在博物馆研究中的应用。我们还将提出相关的补充理论，这些理论似乎还没有被引入到博物馆观众研究中。

动机的基础

"动机"的拉丁词根是"移动"，早期的心理学研究调查了什么能促使人们采取行动。习惯上，动机一直被作为一种个体现象来研究，关注行为或认知，这两者都与个体的先天特征或环境如何强化特定行为有关（Weiner，1990）。最近，对动机的解释已经考虑到人们行动的更广泛的社会和文化背景，并赋予经验意义。关注不同的环境（如家、博物馆、学校）是如何提供资源的，人们正是依赖这些资源来确定他们以某种特定的方式行动的目标和价值准则（Sivan，1986）。

在以个人为导向的动机理论中，我们将研究两种理论，"心流"（flow）理论和自我决定理论（Self-Determination Theories，SDT）。"心流"是契克森米哈伊（Csikszentmihalyi）提出的内在动机理论，指的是"一种状态，在这种状态下，人们如此投入到一项活动中以至于其他事情似乎都无关紧要；体验是如此愉快，以至于即使代价变大人们仍持续进行，纯粹是为了做这件事"（Csikszentmihalyi，1990，p.4）。由于心流和SDT都关注内在动机，它们都可以解决一个核心问题，即什么能激励人们利用博物馆并与博物馆互动。SDT和心流都关注幸福和实际的功能。心流使用了SDT提出的一些关键概念，但更侧重于心流的实际体验。此外，心流被应用于专业活动和休闲活动中，这一事实使得心流理论与博物馆动机理论和研究特别相关。它能阐明吸引并驱使人们行动的体验各个方面，并且它也适用于博物馆的参观者和志愿者。

接下来，我们将介绍一种来自社会学（休闲研究）的理论——严肃休闲理论——它考虑了动机的个人以及社会和文化因素。"严肃休闲"是一种理论观点，主要是通过分析定性数据发展而来（即采用扎根理论的方法）。但是，它也使用了其他理论的概念，如心流理论，试图将个人休闲活动的经验建立在其发生的、更广泛的社会和文化背景之下。与心流理论类似，严肃休闲理论也被用于研究相关的专业活动和休闲活动。

自我决定理论（SDT）

SDT 是德西和瑞安（Deci and Ryan，1985）提出的一种研究动机和人类发展的方法。它考察了人类普遍的需求，这些需求是内在动机的基础；以及如何培养和培育这些需求。内在动机指参与那些本身就令人愉快或有趣的活动。当人们为了某件事本身的目的、兴趣和乐趣而去做这件事，还有当他们在一项活动中而不是在活动结束后获得一种满足感时，他们就会受到内在动机的激励。对内在动机的关注来自由德西（Deci，1971）进行的早期实验研究，其主要使用行为测量来进行实验，这被称为"自由选择"测量，在这种情况下人们接触到一系列任务，然后有一段时间的"自由选择"，他们可以决定自身是否想要参与一些任务/活动。

SDT 基于个体天生具有学习和发展的能力这一假设，所有的行为都是由三种心理驱动力或需求激发，即能力、自主性和相关性（Ryan & Deci，2000）。当人们自愿、自主行动时，会有一种自主感和自由感。能力感来源于参与活动，人们觉得自己有能力实现目标。最后，相关性指对一个群体或社区的归属感，在这个群体或社区中，某些活动和目标是重要的或有意义的。满足能力、自主性和相关性的需求会带来更强的自我决定和幸福体验。VIP 项目的设计方式似乎就满足了 SDT 所确定的这三个需求。志愿者选择从事考古学家从事的活动。这些活动具有挑战性但难度适当，因此志愿者在档案馆工作人员的指导和同行的帮助下可以有效地完成。这培养了他们对自身工作的归属感以及促进他们对伦敦考古学知识的了解。

SDT 的目的是研究不同的社会环境中促进或破坏个体能力、自主性和相关性体验的条件。有人认为（Ryan & Deci, 2000），促进对资源和活动的高质量激励和参与，并提高表现和创造力，所有这些都对快乐和幸福产生积极影响。当环境破坏个体的能力、自主权和相关性体验时，就会对幸福感产生负面影响。提及设计社会学习环境如学校（也可以认为博物馆展览、资源和活动也是该项目的一部分），瑞安和德西（2000）认为更加自主决定的学习是更有自主性的，也是更有内在动机的，由此内在动机的学习环境需要满足这三个基本需求。换句话说，当个体接触到新思想、训练新技能时，需要"支持一种内在的需求，这种需求让人感到连贯、有效和具有能动性。"

心流理论

契克森米哈伊和霍曼逊（Csikszentmihalyi and Hermanson, 1995, p.35）认为动机的心流理论与 SDT 类似，其出发点是人们生来就有学习的欲望，并且这种"天生的动机"是"根植于中枢神经系统"的。契克森米哈伊（Csikszentmihalyi, 1975, 1990）早期在多种环境下进行了关于内在动机的研究，调查了激励人们参与各种各样活动的因素，即使是在没有任何外在奖励的情况下。研究的重点是理解攀岩或下棋等一系列内在奖励活动的乐趣，体验的快乐乃是即时发生的。心流体验被视为享受活动的不可分割的一部分，并被定义为"人们在全身心投入行动时所感受到的整体感觉"（Csikszentmihalyi, 1975, p.36）。契克森米哈伊和霍曼逊（Csikszentmihalyi and Hermanson, 1995）进一步阐述了"心流"一词，其被用来描述"一种自发的、几乎是自动的心理状态，就像一股强电流"（p.70）。当一个人处于心流状态时，他或她就会失去时间感和自我感知。

心流理论已经被引入博物馆，也被用于观众研究，本章接下来将对此进行讨论。

事实上，契克森米哈伊和霍曼逊（Csikszentmihalyi and Hermanson，1995）试图了解博物馆如何通过"博物馆体验的内在奖励"来帮助人们学习。在这篇论文中，他们解释了心流理论，同时将其应用于博物馆环境，并表明好奇心和兴趣是人们在参观博物馆时选择做什么和看什么的先决条件。然而，他们指出积极的参与和发展需要长期参与博物馆展览和活动，这需要具有内在奖励。心流状态的特征是既能突出个体性（即充分表达自我和发展个体的独特性）又能保持整体性（即感觉自己与其他实体有联系，可能是认同世界大于自己的过程）。在心流状态的促进下，分化和整合的发展可以促进个体的成长。由此可见，"整合与分化之间的辩证是我们学习的过程"，"心流活动的关键是自我的成长"（Csikszentmihalyi & Hermanson，1995，p.71）。

基于他们之前对跨越不同环境的心流活动的研究，契克森米哈伊和霍曼逊（Csikszentmihalyi & Hermanson，1995，p.70）确定了心流体验的三个普遍特征。这些特征包括"明确的目标和适当的规则""即时和明确的反馈"，以及"采取行动的机会与个体能力相平衡"。

SDT 与心流的比较

SDT 和心流理论以及它们使用的主要概念之间有明显的相似之处。SDT 与心流相互补充，它们依赖于相似的概念如能力、效能、自主行为和控制。此外，它们都尝试提供一个"动机的近端理论"（proximal theory of motivation）（Csikszentmihalyi, Abuhamdeh, & Nakamura, 2005, p.599），其中的重点是，当个人和群体将注意力充分投入于具有内在激励的活动中时，掌控和控制相关的行为是如何为他们带来奖励的。我们还可以观察到一些差异。SDT 尝试理解产生内在动机的过程，而心流理论则研究某项活动的内在动机形成后个体享受的变化。心流理论考察个体的实际经历，关注此时此地的经历，并研究正在进行的活动经验（Csikszentmihalyi et al., 2005）。它试图解释当人们参与某种类型的活动或行动时所涉及的过程，而不是结果。

VIP 项目包括 SDT 的一些关键要素和心流理论。参与者参与的活动多种多样，反映了档案馆工作人员开展的典型活动因素。这些因素使活动有意义，也使参与者能够控制他们所参与的活动。它们也是具有挑战性的活动，需要参与者高度集中注意力。活动的目标明确，参与者得到档案馆工作人员和其他 VIP 成员的支持，这些人会立即给予参与者反馈，并帮助参与者发展成功完成活动的技能和能力。

严肃休闲理论

严肃休闲理论考察人们在空闲时间参与的活动。与之前的理论相同，其重点是内在动机或人们空闲时间因满足或是自我价值实现而自主选择的"非强制性活动"[①]（Stebbins, 2001, 2005）。

[①] 斯特宾斯（Stebbins, 2001, 2005）有意使用"非强制"一词，而不是"自由选择"来表示任何选择都受到各种条件的约束。

斯特宾斯（Stebbins）认为这种活动是以目标为导向的，人们在精神上和身体上都经常参与其中。根据斯特宾斯（Stebbins，2007，p. xiv）"活动可以分为工作、休闲或非工作义务"，它们构成了人类活动和体验的所有领域，并跨越广泛的社会和文化背景。

他定义了三种虽然相互关联但又彼此不同的休闲形式：严肃休闲、日常休闲和项目休闲。他将严肃休闲定义为"一种系统地追求业余、兴趣爱好者或志愿者的核心活动，个体能体会到这些活动非常充实、有趣和令人满意，在典型的情况下，他们开始投入（追求乐趣）的事业中，其核心是获得和使用其特殊技能、知识及体验"（Stebbins，2007，p. 5）。日常休闲，尽管其也有内在奖励，但是相当短暂，并且参与者不需要任何特殊的训练就能进行享受。最后，项目休闲可以是一次性的或偶发性的活动，虽然相当复杂，但也具有挑战性和回报性。

最近，斯特宾斯引入了严肃追求的概念，将严肃休闲和奉献性工作结合起来（2012）。奉献性的工作使得业余活动和职业活动的界限交融在一起，并指"参与者感到强烈的热爱或强烈的、积极的归属感"的活动类型；这是一个让他们感到自豪的职业"（Stebbins，2013，p. 15）。严肃休闲理论特别有趣之处在于它涵盖了任何类型的人类活动和专业实践中的所有业余-专业参与者。斯特宾斯（Stebbins，2014）将不同类型的活动参与（包括业余者、爱好者、志愿者、专业人士和志愿奉献者工作等）定义为成就事业（即本身就是充实的、系统性进行的活动）。并且，事实上，所有这些活动都是极具吸引力的成就事业，驱使人们以不同的能力或角色参与其中。这些类型的活动或成就事业的特点是高水平的个人投入,并与广泛的奖励或利益相关,无论是个人还是社会层面。

由于本章所使用的案例关注严肃休闲活动类型,提到这类活动的特性可能会很有趣(Stebbins,2010,pp.19-20):

> 第一个特性是偶尔需要持之以恒,比如学习如何成为一名有能力的博物馆导览员。然而,很明显,在某种程度上,对这项活动的积极感受来源于无论多少艰难险阻都坚持下去的毅力,来源于战胜逆境的喜悦。第二个特性是在严肃休闲角色中寻找职业,它是由其自身特殊的偶然性、转折点和成就或参与阶段所塑造的。严肃休闲的职业通常依赖于第三个特性:基于专门获得的知识、训练、经验或技能的,有意义的个人努力。第四,到目前为止,人们主要通过对业余爱好者的研究,确认了严肃休闲的一些持久益处或广泛成果。它们是自我发展、自我充实、自我表达、自我再生或更新、成就感、自我形象的提升、社会交往与归属以及活动的持久物质产物(如一幅画、科学论文、家具等)。另一个好处是自我满足,或表面享受和深层满足的结合。在这些好处中,自我成就——充分发挥个体的天赋和品质,个体的潜力——是最强大的。严肃休闲的第五个特性是围绕着每一个实例培养起来的独特气质。这种气质的一个核心组成部分是其特殊的社会世界,参与者在其中追求他们的业余兴趣……第六个特性取决于前五个:严肃休闲的参与者往往强烈认同他们所选择的追求。

与严肃休闲活动相关的各种各样的特性,与本章开头介绍的参加VIP项目的不同动机相呼应。从个体户到失业者，从已经选择考古作为职业的考古学学生到寻找职业变化的人，激励他们首先成为志愿者，然后全身心参与的原因是：VIP参与者与协调员在参与项目过程中共同创造的社会世界或社区精神；他们在现实生活中参与富有挑战性的、有意义的和有回报的任务，他们可以参与其中直到完成这些任务，并与其他参观者分享。

动机的社会文化方法

本节探讨学习与认知的社会文化与情境理论如何研究动机。尽管存在一些差异，但所有这些方法都基于这样一个前提：思维、行为和实践都受到环境的影响。对人类活动的社会和文化背景的关注，使得这些动机的研究方法，至少在某些方面，与动机的严肃休闲理论相兼容。这一领域的研究跨越了文化心理学和人类学（及其分支）领域，并且我们已在第4章和第5章中介绍了其中一些研究情况，所以此处不会再详细讨论。与动机讨论特别相关的是动机被概念化为个人因素和情境因素之间的相互作用，当人们在任何给定的情境/环境中行动时，动机开始发挥作用。当下采取行动的可能性（如当人们在环境中行动时），以及不同社会和文化环境的差异，是社会文化动机方法的焦点要素（Järvelä & Volet，2004）。

根据这种视角，激励人们行动（和学习）的价值观起源于社会文化背景，如家庭、博物馆或工作环境（Sivan，1986）。情境学习和认知的方法更强调情境的作用，因为他们认为知识属于并分布于情境要素中，即工具（如语言或物品/人工制品）、技术（如网络或智能手机）和社会仪式（如对话或杂货店购物）。这种知识观不再把它看作是个人头脑中拥有或存在的东西（许多认知方法是这样看待知识的），而是转向创造和分享知识的社会情境。知识和意义都是通过人们在世界中行动时的集体经验、使用工具以及与他人互动和思考来建构的。此外，人们附加到活动的价值是他们在特定环境中行动时产生的。这个系统的相互关系、价值和可用工具的配置方式因环境而异。这为不同情形出现不同知识创造了可能性。在这点上，"因此，活动的动机似乎是一种复杂的现象，源于与经验相关的构成秩序"（Lave，1988，p.184）。

接下来，我们将关注一个动机理论，借助不同环境和区域中人们的生活，这个理论经历了艰辛的发展，并得到实证的检验。它来自达芙娜·欧萨尔曼（Daphna Oyserman）和她的同事们（Oyserman，Bybee，& Terry，2006；Oyserman et al.，2012；Oyserman，2015）长达十多年的研究。他们提出的理论被称为基于身份的动机（Identity-Based Motivation，IBM），是自我身份概念和动机之间的桥梁。因此，自我身份被看作是激励人们行动的力量。这个理论的名字与福克（Falk，2009）最近提出的与身份相关的博物馆动机模型非常相似，但此处未提到 IBM。我们相信，随着时间的推移，与身份相关的博物馆动机模型可以从与 IBM 理论的联系中获益。因为 IBM 与自我身份有关，欧萨尔曼及其同事的研究也在第 8 章中提及。

IBM 基于社会文化理论——尤其是情境认知——关注情境和在情境中行动的个体（Oyserman et al.，2012；Oyserman，2015）。IBM 基于先前的理论研究和实证研究，这些研究表明对于人们发现自己所处的任何给定环境，他们都要评估行动的可能性，并与当时脑海中浮现的已有的知识框架相关联。此外，任何特定环境也会暗示人们应该关注和回应它的哪些方面。例如,在处理考古发现时,VIP志愿者需要获得关于文物处理的知识,这是VIP培训的一部分,但与罗马壶相比,动物骨骼有关的文物处理要求则完全不同。所以志愿者需要获得特定的知识来满足文物的隐含需求,但同时,他/她也会利用这些手头情况的隐含需求来理解自己的想法。欧萨尔曼(Oyserman,2015,p.2)假设"将情境推理的这三个特征结合起来,人们的行为方式会变得有意义,因为他们所想到的东西和情景中所表达的东西之间有联系"。

综上所述,IBM理论关注"环境的特征如何影响人们思考他们是谁(自我)时脑海中出现的想法,以及想到的内容和环境特征的相互作用对于动机自我显现的影响"(Oyserman,2015,p.2)。这里存在的困难是,我们很难确认身份与行为间的联系,这有许多原因,主要可以分为三类:(1)浮现在人们脑海中的身份类型和他们的意义依赖于前后事件和动态结构过程的一部分;(2)在任何给定时间中,一个特定环境下的各处身份提供的行为动机有限。因为行为只有在那个特定的时间,与特定的环境相关联;(3)人们解释困难的方式发挥重要作用,尤其是当他们朝着一个新的或可能的身份努力时,因为他们可能认为这个身份在那一刻对他们来说是不可能的。确定了身份与行为的联系的三个重点之后,IBM理论让我们解决身份何时以及如何影响行为的问题(Oyserman,2007,2009a,2009b,2015)。最近,欧萨尔曼和路易斯(Oyserman and Lewis,2017)利用IBM研究了非裔美国人、拉丁裔美国人和印第安人在学业表现和成就方面的差异。通过使用IBM,他们研究了不同种族的群体成员和社会经济地位

(例如父母的教育程度、收入)，以及与这些成员身份和职位相关的污名，还有这些身份和职位如何造成学生选择和限制的情况。

使用 IBM 作为指导原则，我们可以重新研究志愿者，还有他们在 VIP 项目中可能想到的与当前情况有关的身份及其可能触发何种参与行为。VIP 项目为志愿者在社会环境中工作、与档案馆工作人员和其他志愿者互动创造了个人和社会身份体验的可能性。例如，对于一名有转行意愿的志愿者来说，成为一名业余考古学家是他个人和社会身份的重要组成部分，这激励他参与考古发现并重新打包藏品的工作。在本章的最后，我们将跟随这位业余考古者参与考古实践，并观察在情境化的动机激励下，这种活动如何形成与其身份相一致的行为。

博物馆中的动机

早期的一些博物馆动机研究将参观者的人口统计学和/或心理特征作为探索工具，以区分博物馆参观者和非参观者，鉴别参观障碍，并针对不同的观众及其需求提出合适的学习建议（如 Hood，1989）。随着与"心流理论"相关的研究广为人知，如何触发动机成为一些相当有局限性的博物馆研究的重点，这些研究调查参观者在参观期间的动机（Cameron & Gatewood，2000；Prentice et al.，1998）。在博物馆实践中，利用其他情境中形成的"心流"条件来指导内在激励或最佳学习体验的发展。

最近，我们见证了不同学科领域发展起来的理论和方法之间的概念交叉，并通过新技术的使用加速了这一过程（Macdonald，2002；Moussouri，2003；Moussouri & Roussos，2013；Falk，

2006）。这影响了所有的博物馆研究，包括动机的研究，还导致了动机的不同概念化方法和不同的研究参观动机的方法。来自社会学的概念，例如严肃休闲，结合数字技术为实时获取博物馆参观体验提供的可能性，使得研究参观和参与博物馆内容和资源的动机成为可能。这可能是第一次能记录"我们如何做我们所做的"，使用视频记录和数字定位跟踪，不同的研究人员还可多次观看和询问。

参观者和非参观者动机：人口统计学和心理统计学

胡德（Hood，1989）结合了个性特征、态度和生活方式（被称为心理统计学特征）来研究某些群体不去参观博物馆的原因。然而，她并没有为她的研究提供更进一步的理论解释。胡德的研究表明，家庭重视包括社交互动、积极参与和娱乐在内的休闲体验。与此同时在博物馆进行的其他研究也突出了参观在社交方面的重要性（McManus，1992）。

利用上述心理特征，该研究的目标之一是帮助博物馆识别非参与者中的潜在参观群体，并消除可能存在的参观障碍。这项研究也是第一批将参观动机与特定社会经济和文化特征如教育、年龄、文化背景、职业和收入、与社区和休闲活动的关联及参与等联系起来的研究之一，确定了具有这些特征的特定观众群体，例如家庭群体、成人群体、学校群体、老年人和年轻人。自此以后，其他研究证实了动机与社会经济和文化特征之间的联系，但也发现了社会经济和文化特征的地方差异通常与是否参观博物馆有关（见Davies，1994，2005）。例如，尽管博物馆参观的一般数据表明，在英国参观博物馆的人更多来自社会中高收入阶层，但这并不适用于全国所有的博物馆。戴维斯（Davies，2005）指出，特定类型的博物馆和美术馆如社会/地方历史博物馆和国家博物馆，似乎能吸引工薪阶层（即半熟练和非熟练体力劳动者、国家养老金领取者、临时工或失业者）。事实上，工薪阶层背景的参观者与中产阶级背景的参观者所占参观比例不同，在社会/地方历史博物馆的比例是 1∶1，考古博物馆的比例是 1∶4。此外，尽管不断变化的人口结构可能已经改变了典型参观者的特征，这些特征决定了参观（或不参观），但毫无疑问这些特征确实发挥了作用。（详见 Dawson & Jensen，2011 中的讨论）

> 参观动机与社会经济和文化特征有关

> 特定类型的博物馆和美术馆对代表特定社会阶层的参观者具有吸引力

动机和个人身份

关于自我身份的作用以及它们如何塑造参观者动机的研究仅在过去十年间才开始出现（Falk & Storksdieck，2005；Falk，2006；Falk et al.，2008；Falk，2009）。福克（Falk，2006）认为参观博物馆的动机受到参观当天参观者身份的影响。根据对基于社会心理学现有理论的分析，福克假设可能有五种与动机相关的身份：探索者、促进者、专业/业余爱好者、寻求体验者和充电者（之前称为精神朝圣者）。由于该模型中动机与身份的重叠，影响该模型发展的身份理论已在第 8 章中详细介绍。在这一章中，根据福克及其同事的研究，我们更关注参观者在他们实际参观之前或之后表达出来的动机（Falk，2006；Falk et al.，2008）。根据博物馆参观动机将参观者分为五组也是基于现有博物馆参观者赋予博物馆的休闲属性。这个关于人们参观博物馆的动机的假设模型主要是通过实证来测试，大部分是基于自我报告的方法来获取参观者所陈述的、关于参观动机的参观前和参观后信息，以及一些与他们参观后的思考相关的内容（Heimlich et al.，2004）。

第8章提到过，相关结果和后续研究（其中绝大多数已经在科学博物馆进行）精炼了五种与动机有关的身份，并将人们的参观前身份（entering-identities）与参观者类型、博物馆为其提供的体验类型相匹配（Falk，2005，2009；Falk et al.，2008）。这些研究表明探索者是受好奇心的驱使而去参观博物馆，因为他们重视博物馆提供的智力体验。他们会根据自己的兴趣更多地关注自己在参观过程中发现的有趣事物。促进者与具有社交动机的家庭参观者相似，将他们的参观和记忆集中于其他人感兴趣的事情。寻求体验者与观光游客相似，倾向于反思"当天的完形心理"和他们对游览的享受（Falk et al.，2008，p.72）。专业/业余爱好者与专家相似，并在参观期间追求非常具体的、与兴趣相关的内容。充电者在精神层面上类似于艺术爱好者。他们也像寻求体验者一样关注"当天的完形心理"，但与寻求体验者不同的是他们更关注一种放松的体验。

如上所述，福克（Falk，2006）论点的核心是博物馆参观者的个人身份与他们的参观动机（entering motivations）密切相关，可以用它们来理解和预测博物馆参观的长时记忆和学习结果。换句话说，个体的参观动机为参观创造了基本轨迹，使我们能够预测参观者将如何与博物馆的内容和资源互动（Falk，2006，2009）。福克（Falk，2009）认为尽管可以预测参观的一般模式，但每个参观者的体验细节都是高度个性化和独特的。根据福克（Falk，2009，p.160）的观点，如果参观者与身份相关的需求与博物馆提供的内容相匹配，那么参观者的博物馆体验是令人满意的。福克进一步指出与身份相关的动机比基于传统人口统计学变量的参观者分组更具有预测性，后者的分组方法已然过时；且与阶级（基于经济和文化）和凝视（gaze）之间联系的研究结果相矛盾（Fyfe & Ross，1996；另见 Dawson & Jensen，2011）。另一个有趣的观点是该模型是基于自我报告的参观动机，而不是评价参观者参与博物馆活动的动机及在实际参观过程中如何协商。换句话说，这项研究将动机视为一种可量化的结果，而不是一个动态的过程。

> **令人满意的博物馆参观体验是那些能满足与身份相关需求的体验**

其他从社会文化角度关注身份的研究表明，身份是人们在特定的社会生活环境中行动时动态构建的（例如见 Holland et al.，1998；Lave，1988；Garfinkel，1967）。事实上，福克等人（Falk et al.，2008，p.57）甚至承认了这一点：

> 尽管（在理论上）科学中心的参观者可以拥有无数与身份相关的"自我面"（self-aspects），但事实并非如此。人们所给出的参观每个科学中心的原因，以及他们参观后对体验的描述，往往集中于几个基本的原因和描述类型，这反过来

似乎反映了公众对参观科学中心的感受。

尽管霍兰德等人（Holland et al., 1998）的研究成果已用于该模型的开发，但作者并未在实践中测试参观者。当然，这些研究小组（一方是福克及其同事，另一方是霍兰德及其同事）在方法论上站在不同的立场上。霍兰德等人（Holland et al., 1998）进行了非常详细的民族志研究，而福克及其同事（Falk et al., 2008）进行了大量的定量研究。后一种类型的研究并不倾向于研究身份如何激励人们行动的，也不研究动机在特定环境下的动态构建和定位。第8章对身份相关动机模型的批评进行了更详细的讨论和介绍。

> 身份是动态构建的，并且研究需要关注特定情境中个体的行为；参观前的身份无法解释参观中的动态身份

动机作为这个世界的社会构成并在体验中塑造

其他研究是根据社会文化方法或社会学概念进行的，这些方法或概念考虑到文化及其在人类行为情境化方面的作用。这些研究评估了博物馆在人们生活中所体现的与价值相关的参观动机，而不是可测量的预期影响。德林及其史密森协会的机构研究办公室（最近更名为政策和分析办公室）的同事调查了史密森博物馆十年来进行的参观者研究的价值，他们使用"入口叙事"（entrance narratives）模型来描述博物馆参观者所扮演的角色类型（Doering & Pekarik, 1996; Doering, 1999; Pekarik et al., 1999）。德林（Doering, 1999）受到麦克唐纳（Macdonald, 1992）研究的影响——如下文所示——她发现参观者进入一个展览时，会带

有与主题相关的预先存在的特定想法或信息。这是社会文化文献中普遍存在的一种观点（例如见 Tulviste & Wertsch，1994 的叙事模板概念；Wertsch，2002；Holland et al.，1989 的文化世界；以及社会学中 Garfinkel，1963，1967 研究中的结构秩序概念）。第 5 章介绍了入口叙事模型，因此此处的讨论将只集中于与动机相关的方面。

入口叙事（如先前经验、知识和记忆）构成人们感知和解释世界的方式（基本框架）、他们对任何给定主题的知识（由基本框架形成），以及"验证和支持这种理解的个人经验、情感和记忆"（Doering & Pekarik，1996，p. 20）。因此，根据这种方法，人们通常会去参观展览以确认先前对世界的看法。德林和佩卡里克（Doering and Pekarik，1996）还指出正规教育水平是预测参观模式的因素之一。尽管不同的博物馆之间存在差异（Davies，1994），但不同类型、规模和地点的博物馆中进行的研究似乎已证实这种观察（Moussouri，1997，2003，2007；Hooper-Greenhill & Moussouri，2001a，2001b）。因此，尽管人口特征本身可能还不够，但它们塑造了我们正在研究的个体动机，并可能在决定个体在世界中的地位及其可以接触的组织类型（包括博物馆）方面发挥关键作用。关系结构的概念已在第 8 章进一步讨论。

参观者带着与主题相关的预先存在的想法或信息来参观展览

参观者的教育水平决定了他们的参观模式

麦克唐纳（Macdonald）用"文化工程"的概念来描述博物馆在参观者的社会生活中所扮演的角色，以及这一角色是如何由文化决定的，非常类似于"入口叙事"。具体来说，麦克唐纳（Macdonald，1992，1993，1995；Macdonald & Silverstone，1990，1992）在伦敦科学博物馆进行的研究表明，参观者的参观动机表明存在"一系列关于博物馆的文化工程——关于博物馆根据参观者的社交生活感知定位"（Macdonald，1993，p. 12）。麦克唐纳承认文化对动机塑造的影响，他把参观博物馆的动机称为"文化行程"（cultural itineraries）：

> 行程的观念……让思考参观博物馆的动机成为可能，由于两者都以某种方式融入了更广泛的社会文化模式——参观者的自我表达中，非常明显地出现了"客观存在"的"参观列表"——同时也为参观者提供足够的空间来思考他们自己的策略来制定个人的参观列表或路线。

文化行程的概念来源于拉韦（Lave，1988）的研究。在她的著作《在实践中认知》（*Cognition in Practice*）中，拉韦以杂货店购物为例进行情境实践，研究了形成实践的动机和价值观。她区分了影响人们做出选择的更广泛的价值观（在杂货店购物时，他们可能会关注健康饮食、体重及其与美貌的关系等）和特定购物清单，其中可能包括特定的商品以及"非特定类别，如儿童的零食"（Lave，1988，p. 155）。拉韦研究了杂货店购物者如何使用这两种选择标准（即更广泛的价值观和杂货店清单），以及超市的结构化资源是如何被购买者用来组织和决定购买的物品顺序的。

参观博物馆的动机是由人们生活中的文化决定的

以科技馆为例,参观者的文化行程包括:生活周期、地点、家庭活动和教育。在参观者中,教育行程(参观路线)的重要性较低,而家庭生活周期和地点似乎更占主导地位。麦克唐纳(Macdonald,1993,p.12)认为"博物馆要吸引参观者,其特色文化路线越多——而且每条路线完成度越高——就越好。"换句话说,当行程相互关联时,参观者的参观动机会更加强烈,而占主导行程可能会决定参观者的参观频率。后一个观点得到梅里曼(Merriman,1991)的研究和我们自己的研究(Moussouri,1997)的证实,后者也强调了动机和参观频率之间的密切联系。

参观者参观博物馆的动机不止一个,这让他们的参观愿望更加强烈

穆萨莉(Moussouri)用麦克唐纳的文化行程概念来使动机概念化,在过去的20多年里,她独立或和同事在大量的博物馆和不同类型的参观者群体中进行研究。(Moussouri,1997,2003,2004,2007;Falk et al.,1998;Hooper-Greenhill & Moussouri,2001a,2001b;Moussouri & Johnsson,2006;Osborne,Deneroff,& Moussouri,2005;Moussouri & Roussos,2013;Moussouri & Vomvyla,2015)。到目前为止,穆萨莉及其同事已经确定了与参观展览有关的十类[①]不同的动机(见表9.1)。它

[①] 在我们进行的研究中除一项(Falk et al.,1998)之外,收集参观者的动机是开放式访谈的一部分,这鼓励参观者用自己的方式表达观点,虽然他们回答了一系列与参观目的无关的问题。

们是，教育/参与、地点、社会活动、生命周期、娱乐、心流、亲生命性①、内省、政治/参与和治疗（education/participation, place, social event, life cycle, entertainment, flow, biophilia, introspection, political/participation and therapeutic）。几乎可以在所有类型的博物馆中找到一些行程，如科学博物馆、儿童博物馆、艺术博物馆或考古博物馆，并且这些行程与人们对博物馆的重视程度息息相关（Moussouri, 1997; Hooper-Greenhill & Moussouri, 2001a, 2001b）。横跨不同类型博物馆的行程包括：教育/参与、社会活动、生命周期、地点和娱乐。由于其主题、藏品类型以及——在某种程度上——它们的位置（例如能够在城市环境中享受自然资源），似乎与特定类型博物馆有关的行程包括：亲生命性、心流、内省和政治/参与。例如，在动物园、水族馆、公园和其他自然中心，亲生物性更为常见（Moussouri & Roussos, 2013）。内省更有可能促使观众参观以历史或社会历史为重点的博物馆或展览（Moussouri & Johnsson, 2006）。艺术博物馆的参观者往往会提到心流（Hooper-Greenhill & Moussouri, 2001b）。最后，政治/参与与倡导"良知"的博物馆或展览，或者那些有社会或政治原因的博物馆或展览有关。政治/参与反映了采取行动以影响个体在自然、社会和文化环境或遗产福祉的明确愿望（Moussouri & Johnsson, 2006; Moussouri & Roussos, 2013; Moussouri & Vomvyla, 2015）。这些原因包括提高

---

① 在爱德华·O. 威尔逊（Edward O. Wilson, 1984）的著作《生物癖：人类与其他物种的联系》（*Biophilia: The Human Bond with Other Species*）中，他使用了"亲生命性（biophilia）"这个词来描述他所认为的我们对自然界的天生亲和力。

环境意识或反对歧视或排斥。因此，在社会历史博物馆和动物园中出现政治/参与的行程就不足为奇了。穆萨莉及其同事进行的所有研究都有一个共同的发现，即人们有多种询问动机。这适用于所有类型的参观群体，包括家庭群体（Moussouri，1997，2003，2004，2007），成年参观者（Falk et al.，1998；Hooper-Greenhill & Moussouri，2001a，2001b；Moussouri & Johnsson，2006）和学校儿童及其教师（Osborne et al.，2005）。另外，我们的研究（Falk et al.，1998）表明参观者并不认为这些原因（即想要学习和娱乐）相互冲突。这一发现得到了其他研究的支持（Packer，2006；Packer & Ballantyne，2002）。

亲生命性、心流、内省和政治/参与是基于具体的内容或藏品；教育/参与、社会事件、生命周期、地点和娱乐与所有类型的博物馆或藏品有关

所有类型的参观群体都有多样的博物馆参观动机

表9.1　不同类型观众和博物馆的文化行程列表

文化行程	定义
教育/参与	学习特定内容，更多的时候则是泛学；让自己或他人（如学生、儿童）接触博物馆的美学、信息或文化内容，参与该博物馆相关社群（如动物学或艺术相关群体）的实践。
热爱生命的天性	"对生物的爱"——这是人类对其他生命有机体与生俱来的情感联系。它描述的是一个人觉得非常轻松、愉快的状态。
场所	博物馆被视为代表一个地区或区域休闲/娱乐/文化的地方；它可以是一个目的地或景点；能看到一些独特的东西，如博物馆建筑或与博物馆所在区域（如伦敦）相关的特定类型的展览。许多人因为这个原因参观博物馆，如度假，或一日游，或携外地客人参观。
娱乐	追寻乐趣，这是一件令人愉快的事。

（续表）

文化行程	定义
心流	在活动中忘我；失去时间感和自我意识；沉浸在活动中
生命循环	一个人在生命的某些阶段做重复活动；通常与童年有关
自省	与心流有关但又有别于心流；思维需要回到事件发生的时间和地点；需要自我反思，感受并重新认识与自己/家庭/所属群体历史的联系；通常会产生一种（个人的和集体的）成就感和自豪感
疗愈	与个体生理状况相关。描述那些患有疾病或残疾的人的动机，他们在参观时会出现在其脑海之中。参观是他们及其家人把注意力从某事情上转移开的一种方式。
政治/参与	一些人认为去博物馆是一种积极参与个人和/或团体活动的方式，这些活动能促进社群利益和福祉，或者促进自然环境的保护。部分观众表示有意提高人们对自己社群或所生活环境的认识和支持，并采取会带来改变的行动。
社会活动	与家人、朋友的特别的社交体验，单独或共同享受自我的机会。

来源：Moussouri & Roussos，2013，p. 25

穆萨莉最早的一项研究（1997）表明，与动机一起，参观策略是参观过程中心流和决策过程的重要方面。"参观策略"一词既指访谈时参观者所表达的他们在博物馆中所见所做的具体计划，又指通过收集观察数据记录参观者在展览空间内的可观察行为（Moussouri，1997）。参观策略类似于拉韦（Lave，1988）提及的杂货店购物列表。本研究利用访谈和观察的数据，确定了三种类型的参观策略：开放的、灵活的和固定的。采用开放参观策略的参观者通常从未参观过博物馆，他们乐于参与不同的展览、活动或资源。采用灵活策略的参观者关注他们待做清单上所列的博物馆/展览细节，但他们也有其他开放的选择。最后，采用固定参观策略的参观者在到达博物馆之前就有一个明确的待做清单。穆萨莉（Moussouri，1997）还发现，文化行程可能会影响他们的参观策略。这一点在经常参观博物馆的情况下尤为突出。

> **参观的具体策略在决策和保持参观心流方面起关键作用**

穆萨莉（Moussouri，1997）的研究强有力地表明，某些类型的动机可能与特定的博物馆参观策略有关。为了进一步研究这一联系，穆萨莉及其同事开始更详细地研究参观者动机和参观策略之间的关系。在伦敦动物园进行的一项研究中，我们在参观者参观前访谈他们，以了解他们参观的动机（如文化行程）。通过手机定位感知技术记录参观者详细的游览路线，以此了解他们的参观策略（Moussouri & Roussos，2013）。研究结果表明，特定类型的动机决定了家庭选择参与的地点和活动的类型，而这些选择是基于这些地点或活动所发挥的功能。根据其功能确定了两种类型的活动：一种是展览活动，另一种是非展览活动（即游乐场、餐馆、咖啡馆）。研究确定了与具有不同动机的社会群体直接相关的两种参观策略：具有教育/参与动机的家庭积极寻求参加与展览相关的活动，而具有社交活动或娱乐动机的家庭在参观期间可能至少参与一项非展览活动。这一发现加强了之前通过自我陈述方法获得的、关于动机和参观策略关系的证据（Moussouri，1997；Falk et al.，1998）。

> **具有教育/参与动机的家庭选择参加与展览有关的活动，而具有社交活动或娱乐动机的家庭在参观期间可能至少会参加一项非展览活动**

在麦克唐纳（Macdonald，1995）研究的基础上，穆萨莉及其同事开发的动机方法有助于我们将动机理解为文化模型，有学者称之为文化世界，也有学者则称之为构成秩序之间的相互作用；同时还有另一组互动，一方面是文化模型中存在的价值观，另一方面是日常生活中的经验。这项研究揭示了文化如何影响人们认为具有并能够解释的动机类型（即文化行程）。这项研究还展示了这些文化构建的动机是如何触发行为的（即在特定的一天参观博物馆，并根据参观的自我陈述和可观察的参观策略，列出当天的待做清单），以及它们如何赋予这些行为意义和如何塑造人们对这次参观的记忆。穆萨莉（Moussouri，1997）早期研究提出的参观策略概念导致了对其更深入的研究（Moussouri & Roussos，2013）。这项研究表明，文化行程与参观策略之间存在着密切联系，以及如何在博物馆情境中发挥或实施文化行程。但这项研究提出的问题也比它能够回答的要多。主要的问题有"动机如何在博物馆环境中实时发挥作用"。穆萨莉及其同事（Moussouri et al.，研究中）开始研究环境、参观者行为和活动是如何交叉的、如何促使参观者参与博物馆的内容和活动，这也是下文所要讨论到的。

在情境中动态构建的参与动机

到目前为止，我们已经确定了观众研究中存在的差距，即参观者在参观过程中如何体验和感知参观活动，以及参观活动如何推动行动（即当人们从一个展览转移到另一个展览时，与博物馆资源的互动以及参观的展开）。契克森米哈伊及其同事可能是一个例外，因为他们在博物馆情境中实施研究。正如他们指出的那样，"人们在行动时往往会忽视感受。然而，个体会不断地评估他们的体验质量，并且常常会根据他们的评估决定继续或终止特定行为"(Csikszentmihalyi et al., 2005, p. 602)。动机的情境观（即 Lave, 1988; Oyserman, 2015）与这一观点是一致的，即它认为活动的动机是在特定的环境中起到作用，或能够利用特定身份的同时产生和发展。

穆萨莉采用了一种情境化的动机方法，开始探究自我陈述的参观前动机和展厅内突发动机之间的关系。在与莎拉·普莱斯（Sara Price）和凯里·朱伊特（Carey Jewitt）的合作中，我们已经开始探究文化定义的参观前动机和展厅内动机之间的相互作用，这反映了个人如何在博物馆展览中创造意义（Price et al.,评议中）。这个想法是基于我们之中的一个研究者（Moussouri, 1997）之前进行的动机研究，该研究使用了文化行程的概念，并表明文化行程作为行动和意义建构的背景。这项早期的研究还表明文化行程的动力取决于博物馆世界对参观者的重要性以及参观者的博物馆"体验"水平（例如参观频率）。

参观动机是行动和意义建构的背景

通过结合参观前动机和参观过程中与展品身体互动的研究，初步发现参观前动机是通过参观者、展览（或展品元素）和环境之间的微互动而实时发挥作用的。具体来说，最近的研究（Price et al.,评议中）表明家庭通过基于触觉的感官体验来产生意义，这些感官体验通过其他家庭成员及其周围的人以及特定环境中的展品和其他可用资源所调节。研究还表明，家庭成员的参观前动机和"突发动机"决定了他们所创造的意义。当参观者在博物馆空间中行动和导航、参与活动、资源和相互交流时，就产生了突发动机。参观者参与的模式反映了关于活动冲突可能性的决定,这导致了不同的人在不同的时间做出不同的决定。参观者选择参加的内容和参与的活动表明了他们的价值观,并反过来赋予了参观本身意义(Moussouri et al.,准备中)。博物馆展览的社会和物理情境参数可作为一种"课程"。有迹象表明,由于博物馆展览的开放性,在每次参观者参观同一展览时,"课程"本身可能变得更加复杂。另一方面,参与的复杂性似乎与参观者对博物馆的"体验"水平和参观频率有关。该发现也说明需要理解与展览环境中的活动(活动中的人)相关的动机。

> 在基于触觉的互动中,意义形成于群体中的其他成员或其他参观者之间的协商

回到 VIP 项目

马可(Marco)三十出头,是一名自由建筑师。从他记事起,就一直对考古学感兴趣。他儿时最早的记忆之一是观看电视节目《时代队》(*Time Team*)。在这个节目中,一队考古学家和其他专家将在三天内进行一项考古发掘。他喜欢那个节目并开始痴迷于在自家花园挖洞,他的挖洞爱好在那之后一直延续,他和家人去的任何地方都是如此。他只是喜欢尝试挖掘任何他能找到的古老的东西,并梦想着挖掘到考古发现——也许是一个罗马时期头骨或一些硬币!当然,他从来没有发现过这样的东西。他最激动人心的发现是在伦敦泰晤士河岸边发现的一个陶瓷片。他的父亲说它看起来"有点维多利亚风格"。马可当时听起来觉得它很有年代了。渐渐地,他的知识有了很大的发展,很快他就能鉴定这些发现。他还常常沉浸在挖掘和清

理这些物品的活动中。这与自我决定和心流理论相一致,即人们失去了时间感和空间感,沉浸在具有挑战性但感觉自己有能力去做的活动中。这种活动给予个体一种自我成就感。这也符合严肃休闲理论,即人们在精神上和身体上都在从事一项跨越时间和不同环境的核心活动。

考古挖掘和参观考古博物馆逐渐成为马可小时候最喜欢的两项活动。他的父母从他小时候就支持他对考古学的兴趣。但当他回到中学,要在考古学和建筑学之间选择职业时,父母都鼓励他选择建筑学。他很享受自己的学习,作为一名学生和实习建筑师,他总是被历史建筑和自然保护区相关的项目所吸引。这些通常涉及在考古学家和文物保护人员参与的团队中工作。在保护伦敦一处一级建筑的工作中,他从与他一起工作的建筑考古学家玛莎(Martha)那儿了解到档案馆。她告诉马可他们为公众举办了主题开放日。他决定晚上上网查询。他对自己在档案网站上的发现感到非常兴奋。他们不仅举办开放日,还举办了一个志愿者项目。他不假思索地就申请了下一个阶段,即马上到来的9月到12月的志愿者项目。然后就是痛苦的等待,以及一封邀请他参观档案馆的电子邮件。参观当天,他确信这就是他一直想做的事。他希望考古学不仅仅是一个爱好;他想在这方面多花些时间。在填好一些表格后,他很快被招募成为一名志愿者,并调整了他的工作日程,很快参与了一系列活动,包括负责收集档案、文件和打包考古发现。在做志愿者的几个星期后,他开始认真地考虑改变职业。作为一名VIP志愿者,马可致力于考古学,这让人想起斯特宾斯的理念,即把业余活动和职业活动的界限融为一体,马可觉得这项活动特别有吸引力和令人满足。他愿意做出牺牲,投入大量的个人时间。

对马可来说,作为业余考古学家已经成为他个人和社会身份的重要组成部分。他特别积极地参与处理考古发现和重新打包藏品的工作。他发现这种实践本身非常有激励作用,因为它是在档案馆背景下进行的。他知道这正是档案馆工作人员所做的工作,与工作人员的互动使他感到与考古实践联系在一起。在档案馆工作期间,马可作为志愿考古学家的身份变得比他当前作为自由建筑师的身份更为重要。有一群志同道合的同伴——他的 VIP 群体——他们分享这部分的身份,并加强了他对考古学的投入和热情。正是这个地方的氛围和它提供的所有提示和线索驱使他前进,并帮助他更好地处理考古发现。他可以通过空间组织和布局的方式重视整个过程。他的团队今天需要处理的动物骨头都放在桌子上,袋子就放在旁边。打包所有东西的箱子放在他身后的一张桌子上。隔壁房间存放着所有箱子。他看到其他志愿者一起工作时使用鉴定表对发现的物品进行分类。前几天,档案管理员彼得(Peter)提到,下一次公众参与活动将在下个月开展。马可迫不及待地想与团队中的其他人分享他的爱好。参考档案馆的环境,以及马可如何在这个特殊的环境中利用不同的身份,都与社会文化的动机方法有关。对考古学实践的参考,其中嵌入的价值观以及马可如何通过档案馆中的具体活动使他的经历具有意义,这也直接与社会文化的动机方法联系起来,特别是从情境认知的角度让人联想到拉韦的想法。

情境化动机

假设你正在博物馆开发一个新展览,你可以使用哪些内容、资源、活动、有形和无形的物品？如何使用它们来挑战参观者的入口叙事？展览如何满足不同类型群体如家庭、学校或成人群体的动机？对于展览的主题以及它与参观者的社会生活之间的关系，参观者可能会关心哪些方面？例如，它是否与环境问题或社区的福祉有关？

想想你怎样才能突出参观者特别关心的问题，让他们觉得有趣并激励他们参与。你能将这些内容与博物馆其他类似的内容联系起来以激励参观者去探索吗？把志愿者看作是你的资产和资源之一，你如何让他们参与支持参观者的体验，并激励他们更深入地参与物品和其他资源？把志愿者作为观众，你如何增加他们工作的自主性，并加深他们对博物馆藏品的了解？

如何设计展览空间，以支持参观者在参观过程中所做的决定，并维持参观活动的沉浸感？需要牢记的是，人们经常以团体的形式出现，在提供活动多种可能性的同时，你如何支持和促进团体决策？你该依据不同个性的观众提供什么样不同的资源，使他们都能够参与其中？

本章参考文献

Cameron, C. & Gatewood, J. (2000). Excursions into the un-remembered past: What people want from visits to historical sites. *The Public Historian*, 22(3), 107-127. doi: 10.2307/3379582

Csikszentmihalyi, M. (1975). *Beyond boredom and anxiety*. San Francisco, CA: Jossey-Bass Publishers.

Csikszentmihalyi, M. (1990). *Flow: The psychology of*

optimal experience. New York: Harper & Row.

Csikszentmihalyi, M. & Hermanson, K. (1995). Intrinsic motivation in museums: Why does one want to learn? In J. Falk & L. Dierking (Eds.), *Public institutions for personal learning: Establishing a research agenda* (pp. 68 - 74). Washington, DC: American Association of Museums.

Csikszentmihalyi, M., Abuhamdeh, S., & Nakamura, J. (2005). Flow. In Elliot, A., *Handbook of competence and motivation* (pp. 598-698). New York: The Guilford Press.

Davies, G. (2014). Opening up to archaeology — the VIP way. *The Museum Archaeologist*, 35, 47-61.

Davies, S. (1994). *By popular demand: A strategic analysis of the market potential for museums and art galleries in the UK*. London: Museums and Galleries Commission.

Davies, S. (2005). Still popular: Museums and their visitors 1994-2004. *Cultural Trends* 14(1), 67-105.

Dawson, E. & Jensen, E. (2011). Towards a contextual turn in visitor studies: Evaluating visitor segmentation and identity-related motivations. *Visitor Studies*, 14(2), 127-140.

Deci, E. L. (1971). Effects of externally mediated rewards on intrinsic motivation. *Journal of Personality and Social Psychology*, 18, 105-115.

Deci, E. L. & Ryan, R. M. (1985). *Intrinsic motivation and self-determination in human behavior*. New York: Plenum.

Demby, E. (1974). Psychographics and from whence it came.

In W. D. Wells (Ed.), *Lifestyle and psychographics* (pp. 9-30). Chicago, IL: American Marketing Association.

Doering, Z. D. (1999). Strangers, guests, or clients? Visitor experiences in museums. *Curator: The Museum Journal*, 42, 74-87. doi:10.1111/j.2151-6952.1999.tb01132.x

Doering, Z. D. & Pekarik, A. J. (1996). Questioning the entrance narrative. *Journal of Museum Education*, 21(3), 20-22.

Falk, J. & Storksdieck, M. (2005). Using the contextual model of learning to understand visitor learning from a science center exhibition. *Science Education*, 89, 744-778.

Falk, J. H. (2006). An identity-centered approach to understanding museum learning. *Curator*, 49(2), 151-166.

Falk, J. H. (2009). *Identity and the museum visitor experience.* Walnut Creek, CA: Left Coast Press.

Falk, J. H., Heimlich, J., & Bronnenkant, K. (2008). Using identity-related visit motivations as a tool for understanding adult zoo and aquarium visitors' meaning making. *Curator*, 51(1), 55-80.

Falk, J., Moussouri, T., & Coulson, D. (1998). The effect of visitors' agenda on museum learning. *Curator: The Museum Journal*, 41(2), 106-120.

Fyfe, G. & Ross, M. (1995). Decoding the visitor's gaze: rethinking museum visiting. *The Sociological Review*, 43, 127-150. doi:10.1111/j.1467-954X.1995.tb03428.x

Garfinkel, H. (1963). A conception of, and experiments with, 'trust' as a condition of stable concerted actions. In O. J. Harvey (Ed.), *Motivation and social interaction: Cognitive determinants* (pp. 187-238). New York: Ronald Press.

Garfinkel, H. (1967). *Studies in ethnomethodology*. Englewood Cliffs, NJ: Prentice Hall.

Heimlich, J., Bronnenkant, K. Witgert, N., & Falk, J. H. (2004). *Measuring the learning outcomes of adult visitors to zoos and aquariums: Confirmatory study*. Technical report. Bethesda, MD: American Association of Zoos and Aquariums.

Hickey, D. T. & Zuiker, S. J. (2005). Engaged participation: A sociocultural model of motivation with implications for assessment. *Educational Assessment*, 10(3), 277-305.

Hofstede, G. (1984). The cultural relativity of the quality of life concept. *Academy of Management Review*, 9(3), 389-398.

Holland, D., Skinner, D., Lachiotte Jr, W., & Cain, C. (2001). *Identity and agency in cultural worlds*. Cambridge, MA: Harvard University Press.

Hood, M. (1989). Leisure criteria of family participation and non-participation in museums. In B. Butler & M. Sussman (Eds.), *Museum visits and activities for family life enrichment* (pp. 151-167). Philadelphia, PA: The Haworth Press.

Hooper-Greenhill, E. & Moussouri, T. (2001a). *Making meaning in art museums 1: Visitors' interpretive strategies at Wolverhampton Art Gallery* [West Midlands Regional Museums Council & Research Centre for Museums and Galleries report]. Leicester: University of Leicester.

Hooper-Greenhill, E. & Moussouri, T. (2001b). *Making meaning in art museums 2: Visitors' interpretive strategies at Nottingham Castle Museum & Gallery* [Research Centre for Museums and Galleries report]. Leicester: University of Leicester.

Järvelä, S. & Volet, S. (2004). Motivation in real-life, dynamic and interactive learning environments: Stretching constructs and methodologies, *European Psychologist*, 9(4), 193–197 (Special section: Motivation in real-life, dynamic, and interactive learning environments).

Lave, L. (1988). *Cognition in practice: Mind, mathematics, and culture in everyday life.* New York: Cambridge University Press.

Macdonald, S. (1992). Cultural imagining among museum visitors: A case study. *Museum Management and Curatorship*, 11, 401–409.

Macdonald, S. (1993). *Museum visiting* (Working Paper no. 1). Department of Sociology and Social Anthropology, Keele University, UK.

Macdonald, S. (2002). *Behind the scenes at the Science Museum,*

Oxford: Berg.

Macdonald, S. & Silverstone, R. (1990). Rewriting the museums' fictions: Taxonomies, stories and readers. *Cultural Studies*, 4(2), 176-191.

Macdonald, S. & Silverston, R. (1992). Science on display: The representation of scientific controversy in museum exhibitions. *Public Understanding of Science*, 1, 69-87.

McManus, P. (1992). Topics in museums and science education. *Studies in Science Education*, 20, 157-182.

Maslow, A. (1943). A theory of human motivation. *Psychological Review*, 50(4), 370-396.

Merriman, N. (1991). *Beyond the glass case*. Leicester: Leicester University Press.

Mittelman, W. (1991). Maslow's study of self-actualization: A reinterpretation. *Journal of Humanistic Psychology*, 31(1), 114-135.

Moussouri, T. (1997). *Family agendas and family learning in hands-on museums*. Unpublished doctoral thesis. University of Leicester, UK.

Moussouri, T. (2003). Negotiated agendas: Families in science and technology museums. *International Journal for Technology Management*, 25(5), 477-489.

Moussouri, T. (2004). *Komodo dragons exhibit summative evaluation report*. Unpublished evaluation report.

Moussouri, T. (2007). Mediating the past: Museums and the

family social life. In N. Galanidou & L. H. Dommasnes (Eds.), *Telling children about the past: An interdisciplinary perspective* (pp. 261 – 278). Ann Arbor, MI: International Monographs in Prehistory.

Moussouri, T. & Johnsson, E. (2006). *The West Indian front room research project: Engaging in conversations about home*. Unpublished research report.

Moussouri, T., Price, S., & Jewitt, C. (in preparation). Examining emergent motivation to engage with museum content during the visit activity.

Moussouri, T. & Roussos, G. (2013). Examining the effect of visitor motivation on observed visit strategies using mobile computing technologies, *Visitor Studies*, 16(1), 21-38.

Osborne, J., Daneroff, V., & Moussouri, T. (2005). *The challenge of materials: Theoretical and methodological approaches to examining learning in an informal science institution*. Paper presented at the Annual Conference of the National Association for Research in Science Teaching, Dallas, TX.

Oyserman, D. (2007). Social identity and self-regulation. In A. Kruglanski & T. Higgins (Eds.), *Handbook of social psychology* (2nd edition, pp. 432 – 453). New York: Guilford Press.

Oyserman, D. (2009a). Identity-based motivation: Implications for action-readiness, procedural-readiness, and consumer behavior. *Journal of Consumer Psychology*, 19, 250-260.

Oyserman, D. (2009b). Identity-based motivation and consumer behavior: Response to commentary *Journal of Consumer Psychology*, 19, 276-279.

Oyserman, D. (2015). Identity-based motivation. *Emerging trends in the social and behavioral sciences: An interdisciplinary, searchable, and linkable resource.* New York: John Wiley & Sons.

Oyserman, D., Bybee, D., & Terry, K. (2006). Possible selves and academic outcomes: How and when possible selves impel action. *Journal of Personality and Social Psychology*, 91, 188-204.

Oyserman, D., Elmore, K., & Smith, G. (2012). Self, self-concept, and identity. In M. R. Leary & J. P. Tangney (Eds.), *Handbook of self and identity* (2nd edition, pp. 69-104). New York/London: The Guilford Press.

Oyserman, D. & Lewis, N. A., Jr. (2017). Seeing the destination AND the path: Using identity-based motivation to understand and reduce racial disparities in academic achievement. *Social Issues and Policy Review*, 11(1), 159-194.

Packer, J. (2006). Learning for fun: The unique contribution of educational leisure experiences. *Curator: The Museum Journal*, 49(3), 329-344.

Packer, J. & Ballantyne, R. (2002). Motivational factors and the visitor experience: A comparison of three sites. *Curator: The Museum Journal*, 45(3), 183-198.

Pekarik, A. J., Doering, Z. D., & Karns, D. A. (1999). Exploring satisfying experiences in museums. *Curator: The Museum Journal*, 42, 152-173. doi:10.1111/j.2151-6952.1999.tb01137.x

Prentice, R., Witt, S., & Hamer, C. (1998). Tourism as experience: The case of heritage parks. *Annals of Tourism Research*, 25(1), 1-24.

Price, S., Jewitt, C., Moussouri, T., & Vomvyla, E. (forthcoming). The role of interactive digital exhibits in supporting scaffolded family interaction. *International Journal of Computer-Supported Collaborative Learning*.

Rounds, J. (2006). Doing identity work in museums. *Curator: The Museum Journal*, 49(2), 133-150.

Ryan, R. M. & Deci, E. L. (2000). Self-determination theory and the facilitation of intrinsic motivation, social development, and well-being. *American Psychologist*, 55, 68-78.

Sivan, E. (1986). Motivation in social constructivist theory. *Educational Psychologist*, 21(3/4), 290-233.

Skinner, B. F. (1969). *Contingencies of reinforcement: A theoretical analysis*. New York: Appleton-Century-Crofts.

Spock, M. (2000). 'When I grow up I'd like to work in a place like this': Museum professionals' narratives of early interest in museums. *Curator: The Museum Journal*. 43(1): 19-

31.

Stebbins, R. A. (2001). Volunteering-mainstream and marginal: Preserving the leisure experience. In M. Graham & M. Foley (Eds.), *Volunteering in leisure: Marginal or inclusive?* (Vol. 75, pp. 1-10). Eastbourne: Leisure Studies Association.

Stebbins, R. A. (2005). Choice and experiential definitions of leisure. *Leisure Sciences*, 27, 349-352.

Stebbins, R. A. (2007). *Serious leisure: A perspective for our time*. New Brunswick, NJ: Transaction.

Stebbins, R. A. (2010). Addiction to leisure activities: Is it possible? *Leisure Studies Association Newsletter*, 86 (July), 19-20. Also available online: www.seriousleisure.net/uploads/8/3/3/8/8338986/reflections_24.pdf

Stebbins, R. A. (2012). *The idea of leisure: First principles*. New Brunswick, NJ: Transaction.

Stebbins, R. A. (2013). *Planning your time in retirement: How to cultivate a leisure lifestyle to suit your needs and interests*. Lanham, MD: Rowman & Littlefield.

Stebbins, R. A. (2014). *Careers in serious leisure: From dabbler to devotee in search of fulfilment*. London: Palgrave Macmillan UK.

Tay, L. & Diener, E. (2011). Needs and subjective well-being around the world. *Journal of Personality and Social Psychology*, 101(2), 354-365.

Tulviste, P. & Wertsch, J. V. (1994). Official and unofficial histories: The case of Estonia. *Journal of Narrative and Life History*, 4(4), 311-329.

Wahba, M. & Bridwell, L (1976). Maslow reconsidered: A review of research on the need hierarchy theory. Organizational Behavior and Human Performance, 15(2), 212-240.

Weiner, B. (1990). History of motivational research in education. *Journal of Educational Psychology*, 82, 616-622.

Wertsch, J. V. (2002). *Voices of collective remembering*. New York: Cambridge University Press.

Wilson, E. O. (1984). *Biophilia: The human bond with other species*. Cambridge, MA: Harvard University Press.

10　在博物馆中质疑文化和权力

原住民和博物馆共同工作[①]

在博物馆中,时间具有独特的意义。文物极少退藏,也因此意味着永久地保护文物的责任。传统来说,博物馆工作人员的工作基于这样一种假设,即他们所关心的文物会比关心它们的人存在得更久。文物需要经常处理以防虫害,加湿和除湿,存放在有合适装置且温度稳定的环境中等等。尽管如此,博物馆收藏一件文物,就意味着它从市场流通中移除了。回飞镖再也不会被扔出,斗篷再也不会被穿上。它们睡着了,等待着互动参与时被唤醒。

从历史观点来看,博物馆剥削过许多原住民的文化资源,但情况正在迅速改变。大多数博物馆都在为原住民提供机会,以帮助他们用一种真实和实用的方式与本族文物相联系。例如1998年,一群库利族妇女进入墨尔本博物馆档案馆,观看她们祖先制作的负鼠皮制斗篷,见图10.1。通过在博物馆的工作,这些妇女开创了一波负鼠皮制斗篷的新潮流,不仅恢复了这一传

[①] 经作者许可转载的文本,Russell Cook,*How Living Museums Are 'Waking Up' Sleeping Artefacts*,2016。可在网上查阅:http://theconversation.com/how-living-museums-are-waking-up-sleeping-artefacts-55950。

统，也促进了集体班米拉艺术（collective Banmirra）的建立。

除了保护原住民收藏的物品外，雇用工作人员以确保原住民的情感、文化和精神方面也得到保护是一种新趋势。一些博物馆正积极鼓励原住民与工作人员合作负责这些收藏品。在墨尔本博物馆，只有女员工在研究仅限女性接触的文物，也只有男员工在研究仅限男性接触的文物。这些程序是与有关的原住民群体一起拟订的，由他们查明这些措施适用的对象。博物馆优先考虑和鼓励社群成员参观。在社群建议的基础上，档案馆内的文物发生了变化，并且可以出于仪式目的出借。

图 10.1　在墨尔本博物馆的原住民文化中心，库利族妇女 Treahna Hamm（左）和 Vicki Couzens（右）穿着传统的 "Biaganga" 负鼠外套。Biaganga，翻译过来就是 "保持传统"

© EPA/Julian Smith Australia and New Zealand OU.

2011 年，来自维多利亚州东北部的玛丽·克拉克（Maree Clarke）、穆蒂·穆蒂（Mutti Mutti）/约尔塔·约尔塔（Yorta Yorta）和布恩·乌然（Boon Wurrung）/温巴·温巴（Wemba Wemba）妇女观看了墨尔本博物馆收藏的 kopis（寡妇帽）。Kopis 是一种石膏帽，戴上后用来表达对亲人或家族重要成员的哀悼。随着时间的推移，他们在头顶上叠加石膏，有些重达 7 公斤。哀悼期过后，kopis 会被放在坟墓上作为一个标记。参观博物馆为克拉克族提供了重新塑造和复兴制作 kopis 传统的机会。

2012 年，来自罗宾韦尔（Robinvale）的穆蒂·穆蒂族长者巴布·伊根（Barb Egan）长老进入博物馆档案馆，查看从她故乡收集而来的盾牌。看着这些盾牌上的线条，伊根有机会重新设计它们的外观，创造出新的当代艺术作品，继续将穆蒂·穆蒂的文化遗产与当代艺术实践联系起来。

2014 年，瓦达沃伦（wadawurrung）的一对母女马琳长老（Aunty Marlene）和迪安妮·吉尔森（Deanne Gilson）看见维多利亚东南部原住民藏品中的篮子和胸板。她们在节目《瓦达沃伦：过去、现在、未来》（*Wadawurrung: Past, Present, Future*）中邀请观众通过她们祖先的物品来见证本族与这个国家的联系。

约尔塔·约尔塔（Yorta Yorta）的成员、维多利亚博物馆东南方原住民藏品的高级馆长金伯利·莫尔顿（Kimberley Moulton）动情地描述了这种做法的重要性：如果没有与社区的联系，我们的文物是无声的，但我们的身份和文化却与这些赋有生气的文物有着内在的联系。它们与我们的祖先有着切实的联系，体现了我们与历史和生活文化之间的文化联系，没有我们的在场，它们将继续沉眠。

有时，社区参与可能会存在破坏某个文物的风险。但最重要的是，本土收藏可以被视为动态的、活化态的档案。很难说这对民族志的未来意味着什么，但有一件事是明确的。博物馆作为看门人的时代即将结束。原住民正通过博物馆藏品重新与文化传统联系在一起，这是大势所趋。

引言

我们认为文化处于社会的权力关系之中。在本章，我们将研究文化以及权力在人类行为语境中的作用。在本书的背景下，本章探讨了为什么博物馆以这种方式运作，以及博物馆教育的作用和目的是什么。讨论的核心问题是：博物馆希望与观众建立什么类型的关系，如何在展览、项目和其他学习规定中建立这些关系，特定群体在博物馆展览中的表现如何影响参观者与展览叙事的互动和反应。虽然要求在博物馆及其参观者之间建立新关系的呼声可以追溯到20世纪80年代后期（Vergo，1989），但它们主要被认为是博物馆提供更多接触其藏品和其他资源的一种手段。在博物馆领域，围绕社区与博物馆关系的风气和表述经过几年的时间才发生转变。例如，2004年，英国博物馆、图书馆和档案馆委员会（Museums, Libraries and Archives Council，MLA）出版了《社会政策新方向》（*New Directions in Social Policy Document*）（Linley，2004），从而使社会包容在英国博物馆成为一个优先事项。随着美国出版了具有里程碑意义的报告《卓越与公平：博物馆的教育与公共维度》（Excellence and Equity: Education and the Public Dimensions of Museums）（Museum

Education Task Force，1992），美国博物馆实践领域的观点逐渐与之相呼应。《社会政策新方向》是国家发展机构为英国博物馆、图书馆和档案馆制作的第一份政策文件，认可该行业可以对更广泛的社会问题做出贡献。提出培养社区荣誉感、创建有凝聚力的社区、赋予各种背景的人们权力及参与权等问题，同时确定了社会资本在社群凝聚力中的作用（Linley，2004）。博物馆实践中变革的新风气和新表述反映了博物馆内部的发展和变革的呼声，但也受到社会学和教育学文献中的理论讨论和社会行动辩论的影响。例如，与布迪厄（Bourdieu，1977）关于社会资本的研究或弗莱雷（Freire，1970）和吉鲁（Giroux，1986）将教育与争取民主的斗争、进步的公民行动和思想联系起来的研究有明显的关系。他们的研究对批判博物馆的文献和实践产生了深远的影响。相关文献中有丰富的理论方法，试图阐明公共机构实现民主精神的愿望和实现社会正义的潜力（Vergo，1989；Merriman，1991；Bennett，1995，1998；Hooper-Greenhill，1992，1999；Fyfe & Ross，1996；Crooke，2007；Sandell，2002）。

博物馆作为民主机构的愿景以及这种愿景（Bennett，1998；Witcomb，2003；Hooper-Greenhill，1999）如何应用于博物馆实践，其背景是对博物馆和藏品的历史性质的批判（Bennett，1995；Hooper-Greenhill，1992；Harrison，2013）。博物馆的殖民遗产及关于其所特有知识类型的不同观点，与博物馆的民主愿景之间的矛盾关系，是围绕当代博物馆权力和知识的谈判进程的讨论核心。本章介绍的案例探讨了澳大利亚博物馆与原住民社区之间协商权力和知识的一些当代方法，这些原住民社区的文化遗产是博物馆的藏品。具体而言，原住民遗产作为民族志藏品的收集、编目和呈现的方式，塑造了其文化遗产的表现方式和关于文化遗产知识的创造方式。在这种背景下，博物馆被视为与殖民时期基础设施（Boast，2011）交织在一起的机构，通过从世界各地收集藏品，促进文化作为一个可读的表征。对博物馆的一种批判集中在帝国主义国家构建其他文化知识的方式上——欧洲文化在概念上被划分为高于所有其他文化类别——将博物馆藏品进行组合、分类、重新组合和展示的方式融入其中（Lidchi，1997；Harrison，2013）。在展示其他文化的背景下，这通常被称为展示的政治（Lidchi，1997，p.153）。另一种批判是使用符号学的方法分析博物馆展览的"语言"（即所有在博物馆中进行交流的方式，包括有意识的和无意识的、有意的和无意的）来研究意义构建和交流的方式，以研究展览如何代表其他文化。这通常被称为"展示的诗学"（Lidchi，1997，p.153）。

为了展示某些社会结构的刻板印象——如女性化和男性化——是如何自然地在博物馆中展示和延续的，其他批判集中于阶级、性别和性，以及这些属性通常如何相互交叉（Bourdieu，1984；Bourdieu & Darbel，1997；Hein，2007；Levin，2010，2012）。所有这些方法都关注博物馆选择呈现的知识类型，以及博物馆中知识的系统化和表达方式，而这些选择与过程通常并不透明。例如，从案例中可以看到，在澳大利亚，从原住民社区收集的文物根据保护需求被保存着，并且它们已成为博物馆藏品的一部分，这些藏品突出了文化意义的某些方面，而忽略了同样需要保护的文物的情感、精神和文化意义。博物馆中知识系统化的方式创造了一种公私合作的知识分工，这强化了公众作为被动消费者的观念，消费的是专家在幕后开发的内容知识（Hooper-

Greenhill，1992）。它也使博物馆对大量通常不去参观的群体变得不那么相关和开放。

上述所有工作的重要性在于它帮助我们认识到知识是如何以一种创建"文明"和"原始"或"上层阶级"和"下层阶级"①等分类的方式构建的。反过来这也证明了教育和教育机构（包括博物馆）如何参与到"教育""缺少文化的人"的"社会化"过程，并为他们的社会生活提供教化（Hooper-Greenhill，2000）。在博物馆情境中，知识由专家开发并被"普通大众"吸收，专家和非专家之间存在着非常明显的鸿沟，即使在今天仍然可以在博物馆的所有功能中看到权力结构的遗产。本章中我们将研究博物馆在这些权力结构中所发挥的教育功能或扮演的角色。我们讨论教育的社会、政治和文化方面，以及博物馆作为具有教育和社会价值的文化机构发挥或应该发挥的作用。我们也研究不同的批判理论方法对博物馆在维持或挑战社会现存结构方面所扮演的角色，以及博物馆能够或应该在何种程度上成为社会变革和/或解放的推动者的辩论有何影响。

为此，本章借鉴了教育哲学与理论、教育社会学和课程研究等学科已应用在博物馆中的文献，以提供关键概念的基本框架并展示它们与博物馆的关系。与所有其他章节一样，博物馆学习实践的复杂现实并不存在于传统的单一知识中。大量来自不同学科领域和理论立场的个人和研究团队参与了这一讨论，增加了这一领域的复杂性。由于本章的重点是透过权力和体系的制度结构来

---

① 要讨论社会化过程、阶级和认知之间的联系，特别是认知科学在这一过程中的作用，请参见 Lave（1988，chapter 4）。

梳理博物馆-观众之间关系的概念（或这种关系的缺乏），我们更多地采用社会学方法（即社会批判理论）将博物馆视为社会组织。但是，我们也利用文化研究、社会心理学和人类学的观点，通过研究个人或群体与文化之间的关系来调查人类社会状况。在下面的章节中，我们首先研究文化的定义——博物馆处于其中并与之互动——以及权力，如作为塑造博物馆等文化机构的关键力量。然后，我们提出了一些关键的理论观点，并对相关的博物馆观众研究进行讨论。

文化和权力的基础

定义文化

关于跨学科的"文化"一词的含义，人们意见不一。例如，怀特（White，1959）指出，即使是在以文化为研究焦点的文化学或社会人类学，也很难定义这个词。定义这一术语的尝试导致二分法的产生（White，1959；Cole & Packer，2011；Srivastava，2013），如：（1）将文化认为是习得性的行为或行为的抽象；（2）侧重于物质、文化的人造产物或知识和信仰。我们将通过讨论维果茨基（Vygotsky，1978）关于这个特殊问题的观点来研究两种二分法中的第一种（即对比文化被认为是一种习得性行为或行为的抽象）。

维果茨基（Vygotsky，1978）是文化心理学的重要人物之一，他关注文化的特定方面，即语言、文字、数字，以及文化中存在的意义和概念。他使用以语言为基础的工具来研究文化和认知的交叉点以及二者如何相互创造。维果茨基认为个体发展嵌入在个人生活的社会和文化背景之中。他认为"学习是发展文化组织特别是人类心理功能过程中一个必要和普遍的方面"（1978，p.90）。根据维果茨基（Vygotsky，1978）的观点，在个体生命的开端，正是外部中介如物质对象和他人帮助调解我们内心深处的心理功能，直到后来这些心理功能才通过内部中介（即语言系统、数字系统、书写系统）得以实现。正是基于语言的工具在影响人类的内心世界和促进人类和人类文化的发展和进步方面发挥的作用，促使维果茨基关注文化的这些特定方面（van der Veer，1996）。

科尔（Cole，1985）注意到维果茨基研究的另一个有趣的方面，即社会指导在文化组织活动中所发挥的作用，在这些活动中，幼儿或新手逐渐接受成年人的角色。这种"活动中的控制转移"被维果茨基称为"最近发展区"（Cole，1985，p.155）。在文化组织活动的背景下，成人与儿童或新手之间的这种互动促使了文化上适当行为的习得。这是社会文化理论的核心，文化和认知的共同作用是其研究的重点。在这一章中，我们的关注点尤其倾向于他的文化观。与学习和发展的认知方法不同，维果茨基并不认为文化环境是一个包围着人的容器。相反，他认为文化环境是物体、行为、人与人之间的关系、活动、情形与世界之间的交织（Vygotsky，1978）。

关于上文提到的第二个二分法（即物质、文化的人造产物或知识和信仰），最近通过对社会文化理论的进一步解释，试图借助"象征性"（"接受的观念和理解……关于人、社会、自然和神学的形而上学的领域"）和"文化社区的行为继承"（"惯例或制度化的家庭生活、社会、经济和政治实践"）将文化的信仰与物质观点结合起来（Shweder et al.，2006，pp.719-720）。韦斯纳

(Weisner，2002）认为文化影响存在于家庭生活的核心活动和实践中。在这些文化组织实践和活动中，"主观和客观（是）交织在一起的"，因为个人在形成自身参与的活动中发挥着积极的作用。科尔和帕克（Cole and Packer，2011，p.71）受维果茨基的影响，"认为文化媒介既是物质的也是精神的"。我们周围都是几代人制作的人工制品，这些人工制品可以追溯到物种起源，它们在人类和物质世界之间以及人与人之间进行协调。这种文化观点强调了人类生物学和文化的复杂性，以及人工制品以实体形式表达人类思想的能力。根据这种分析，文化包含精神和物质两个方面（Cole & Packer，2011）。

在本章中，我们既支持文化的物质观念，也支持文化的信仰观念。文化由三部分组成：体现文化组织实践而收藏的人工制品、主观和客观的活动、个体在参与的活动中发挥积极作用并在任何给定的环境下赋予与他人互动的意义时物质和精神的相互交织。这种创造意义的过程不仅包括概念，还包括情感、态度、感受、个人和社会身份。意义创造作为一种文化过程的观点已在第4章进一步探讨。

关于传统、情感、文化和精神观念是如何交织在一起并可以通过物品来表达的想法是本章开头所提出的案例核心。物品不仅被视为与过去的"有形联系"，而且当它们被用作群体实践的一部分时，它们还具有复兴某些文化习俗或传统的力量。例如，在墨尔本博物馆，库利族妇女利用她们祖先制作的负鼠皮衣的经验（见图10.1），通过建立集体班米拉艺术，掀起了负鼠皮衣制作的新浪潮。在案例所举的另一个例子中，玛丽·克拉克——这位来自维多利亚东北部的实践艺术家、穆蒂·穆蒂（Mutti Mutti）/约尔塔·约尔塔（Yorta Yorta）和布恩·乌然（Boon Wurrung）/温巴·温巴（Wemba Wemba）妇女——能够复兴寡妇帽的传统制作和再利用这部分遗产，并能利用她们的艺术激励同社区的其他成员。

定义权力

人类学家埃里克·沃尔夫（Eric Wolf，1984，1999）认为文化中权力的角色是所有人际关系和社会安排的一个方面。他通过研究思想、权力和文化之间的关系，认为权力对于塑造文化生产的环境至关重要。与本章的目的特别相关的是他将社会结构、历史偶然性和人的能动性结合起来。沃尔夫认为权力有四种形式，分别在人际、制度和社会层面发挥作用：（1）个人权力或人格力量[1]，这描述了个体在权力中发挥的能力；（2）一个人对另一个人施加的权力，这集中在权力的发挥形式和方向上；（3）策略性或组织性权力，其研究权力所处的社会环境或阶段；（4）结构性权力，即"通过控制自然和社会资源的获取来控制行为的权力"（Wolf，2001：p.375）。通过传达对资源（即文物或藏品）和象征性结构（即收集文物的方式，以便以特权的方式赋予它们某些民族的价值和文化属性，这表现出事物自然秩序的安排）的控制，沃尔夫关于结构性权力如何参与符号和思想领域的观点尤其与博物馆相关。策略性或组织性权力和结构性权力的概念特别有助于理解澳大利亚博物馆如何通过对待、照顾、研究和保护原住民的方式来控制和限制原住民接触源于其文化的文物。他们对这些文物施加的影响力，以及构建这些文物对西欧移民文化的重要

---

[1] 原文的重点。

性，为博物馆形成他们的组织性权力提供了理论依据，但与此同时，也限制了这些艺术品的生产者接触这些艺术品。正如沃尔夫所指出的（Wolf，2001，p.375）那样："定义事物内涵的能力也就是定义事物将由谁拥有、如何拥有、何时拥有、何地拥有、与谁共同拥有、与谁对抗以及原因。"例如，本章的案例在某种程度上讨论了如何排序、分类和保存从原住民群体收集的民族志藏品，而未反映出对产生这些文物的原住民群体具有重要意义的关键方面。已知晓的内容排除了这些文物的重要情感因素。例如，一些澳大利亚原住民群体戴着 kopis 或寡妇的丧帽作为哀悼的标志，具有重大的宗教和社会意义。在墨尔本博物馆接触到 kopis，使制作 kopis 的传统得以复兴①。

下一节将在教育和学习批判理论的背景下讨论上述关于文化和权力的观点。

批判性理论和变革性学习

霍兰德等人（Holland et al.，1998，p.34）认为，社会文化的"心理学派是早期批判性颠覆的产物"，这种颠覆始于革命后的俄罗斯，伴随着 20 世纪 20 年代末到 30 年代维果茨基的研究而发生。在美国，以杜威（1980［1916］）为核心人物、始于 20 世纪初的进步教育运动，适逢 1893 年经济大萧条之后的一段社会冲突和政治危机时期（Foley et al.，2015；Hein，2012）。随

---

① 这也促使参观者从 kopis 收藏品所代表的原住民文化角度更好地理解悲痛。玛丽·克拉克也是一名艺术家，她为包括发电站博物馆在内的博物馆主持研讨会（见：http://dfat.gov.au/people-to-people/public-diplomacy/programs-activities/pages/maree-clarke-ritual-and-ceremony.aspx 和 http://indigenousstory.com.au/works/image/maree-clarke-140/）。

后，在 20 世纪 70 年代，法兰克福批判社会理论学派（Frankfurt School of Critical Social Theory）的理论研究也出现了类似的关键转折。批判理论是在反对传统理论（如实证主义）的基础上发展起来的，传统理论以科学活动为基础，被认为与个体的主体性、个体经验和社会缺乏任何联系（Horkheimer，1975）。这种更为近期的批判性转变可以在弗雷尔的《教育哲学》（Freire，1970）、布迪厄的教育社会学（Bourdieu，1977）与吉鲁 80 年代的教育和课程研究（Giroux，1986）中看到。这些文献的绝大多数关注学校和正规教育在导致不平等方面所起的作用。重点主要在于现有的结构和机构如何赋予特定类型的行为、文化和实践以特权，并将其视为唯一合理的存在。这种观点导致忽视或压制那些没有特权和权力的人（Holland et al.，1998）。

按照这种思路，博物馆作为文化机构，通过嵌入在制度结构中的知识产生及表达的模式来确立权力的社会关系，反过来这些模式反映了存在于更广泛的群体和社会中的权力结构。有人认为，博物馆通过决定"知识如何产生和传播并为谁的利益服务"的过程，"制定了权力的社会关系"（Lindauer，2007，p.306）。正如海因（Hein，2012，p.19）所指出，"教育不可避免地是政治性的。教育为某种目的服务"。

在教育的背景下（包括正规和非正式的学习环境中），也有人从批判教育学的角度提出了类似的论点，弗莱雷（Freire）和吉鲁（Giroux）是其中的重要人物。正如吉鲁所指出（Giroux，1986，p.49），问题是如何"教育学生，使他们从赋予权力的位置而不是从意识形态和经济的从属位置取得社会地位"。弗莱雷（Freire，1995）提出了一种非常类似的方法，并称之为"批判意识",其目的是让受压迫者对世界以及不平等是如何形成的产生更深刻的理解。因此,这种理解促使某个群体采取行动来反对压迫。吉鲁和弗莱雷的研究都有一个共同点,那就是他们把知识看作文化资本,这让它与布迪厄的实践理论相兼容,后者建立在文化资本、场域和惯习的概念之上(这也在第 8 章讨论过)(如 1977,1984,2001)。

惯习(人体内社会秩序的内在化)、资本(个体可获得的资源,可以是经济、文化、社会和象征)和场域(社会环境)的概念密切相关。人们能够通过最大限度地利用现有的资源(可以是经济、文化、社会和象征资本)来获得特定的惯习(Bourdieu,1986)。例如,参观艺术博物馆(领域)是上层阶级的特权,这个阶级的成员从很小的时候就喜欢参观艺术博物馆和欣赏艺术(Bourdieu & Darbel,1990)。这些资源或资本类型代表了不同场域(如艺术博物馆)认为重要的东西。因此,场域是竞争和斗争的社会空间。它是指个体通过控制存在于不同场域的不同类型的资本,争夺某些地位(例如成为某个特定社会阶层的一员)。某些类型的资本被认为更重要或在斗争领域内更有价值[如艺术博物馆,布迪厄和达贝尔(Bourdieu and Darbel,1990)曾对其进行研究],并且这些都是为社会上层阶级保留的,就像参观艺术博物馆一样。因此,个体在不同场域的社会地位是由特定资本的配置所决定的(Mahar et al.,1990)。

上述所有理论都明确并详述了特权和不平等在社会中产生的机制,并提倡采取行动反对压迫。然而,如何实现解决方案并不容易。尽管对于哪些行动途径具备可能性与可行性以及概念不明确的领域产生尚未解决的困境有不同的看法,但是已经出现了一些关于如何为改革创造可行空间的具体想法。这些带来了一系列可能的行动，有些行动符合更激进的设想——强调公开的政治行动，有些则符合渐进式改革所强调的改良或改良主义的设想。

博物馆情境中的文化和权力

在博物馆情境中，参观博物馆的智力和道德价值及其社会和政治意义，在20世纪80年代末开始出现在博物馆文献中，这一运动被称为新博物馆学（Lumley, 1988; Vergo, 1989）。这项研究尝试为博物馆教育提供一个具有社会目的的案例。正如引言中所提到的那样，这种研究博物馆及其观众的方法转变得更具批判性，其特征是对反思性的博物馆实践和研究实践的批判性方法要求越来越高，这些实践承认实践者与实践或求知者与知识对象不能分离（Vergo, 1989）。这项早期的研究调查了博物馆教育——主要从体制而不是观众的角度——的哲学和实践，并参考了从教育哲学和社会学或教育人类学到学习科学等广泛的经典文献。例如，一些研究试图将博物馆教育（或者是逐渐为人所知的博物馆学习）理论化（Hooper-Greenhill, 1994, 1999; Hein, 1991, 1998）。这些研究者受到杜威和皮亚杰研究的启发——主要从建构主义的理论视角——专注于研究学习的体验和/或认知方法。参观者积极地进行建构主义理论所支持的意义创造，这种观点与研究者们产生了共鸣。在教育哲学方面，胡珀-格林希尔（Hooper-Greenhill）的研究引用了吉鲁的方法为批判博物馆教育学做了一些参考——尽管当时将批判教育学作为一种独特的教育哲学的参考是不太严谨的，并且引用了布迪厄和达贝尔在艺术博物馆中文化资本的表述（Hooper-Greenhill，1999）。海因的研究受到了进步教育运动的启发，尤其是杜威的著作（Hein，1998，2012）。早期研究中广泛出现的"博物馆教育"术语，旨在增加社会目的和支持民主价值观。它是政治性的，并且包括更大的道德方面——社会责任和民主教育。

社会文化学习理论是另一种传统理论，研究人们生活的文化和历史基础以及他们所创造和参与的制度。它通过关注人类发展、学习和教育实践来审视"我们生活的文化本质"，思考人们生活和运作的社会、文化和历史环境（Rogoff，2003）。其中一些研究直接提到了教育机会的不平等，这是由于缺乏文化特有的"实践储备"（根深蒂固的文化倾向），这一术语类似于布迪厄（Bourdieu，1977）的"惯习"。根据罗戈夫（Rogoff）等人（2007，pp. 504-505）的研究，"人们的实践储备描述了他们基于类似环境中的经验可能在将来所使用的形式。人们直接或间接参与应用了特定形式的环境和活动的机会及途径，高度限制其实践储备"。这项研究将西方教育机构——如学校和博物馆——的参与同中产阶级组织生活方式相关的特定文化实践联系起来。它还提倡一种更具有文化敏感性的方法，即思考从业者的需求和实践，因为他们也使用"默认"的实践储备。

21世纪初，社会文化学习理论被引入博物馆（如Schauble et al.，2000）。大约在同一时期，开始出现有关批判教育学及其原则，以及如何将它们应用于博物馆学习的文献（Lindauer，2006）。建构主义、社会文化学习理论和批判教育学的共同之处在于它们反对传统的说教式、说明型学习方法，因为这些方法会强化博物馆作为权威知识拥有者和物品保管者的存在。他们也把人看作是积极的学习者，认为个体与其周围的世界互动，从自身的社会环境中理解世界。

从博物馆观众的角度来看，许多研究者从理论和伦理的角度探讨了 20 世纪末博物馆的性质和社会功能的变化。然而，从观众研究的角度来看，数量相对较少的、已发表的实证研究明确讨论博物馆-观众关系来思考博物馆的社会、政治和文化意义。明确划分研究重点/方法有许多原因，包括许多概念和原则难以操作和进行实证研究，或难以用于指导研究实践。相关的文献综述表明，涉及对展览或其他类型的博物馆规定批判性参与的研究主体倾向于审视制度视角。这项研究的重点是对一个展览的分析，例如通过一个研究者自身的批判性分析过程而非通过观众研究来进行（见 Vergo，1989；Hooper-Greenhill，1992，1999，2000；Bradburne，1993；Witcomb，2013；Lindauer，2007）；或者通过审视在发展过程中出现的制度目的来进行（Roberts，1997；Macdonald，2002；Lindauer，2006；Nomikou，2013）。这是一个新兴的博物馆观众研究领域，其关注参与（或不参与）强调社会正义和公平的博物馆内容。从理论上讲，这些研究属于社会文化学习理论和批判理论。在方法论上，他们主要使用定性研究方法，主要是民族志，但也使用其他参与式的定性方法。

从博物馆实践的视角来看，博物馆专业人士一直在积极试验和尝试应用这些概念（例如 Witcomb，2003；Macdonald，2003）。博物馆从业人员试图通过让不同的群体或社区参与博物馆实践（例如，共同创建展览）和藏品研究来调节权力的不平衡。有人认为这项研究主要集中在一个相当渐进的、进步的改革，代表了

"重组现有的类别以适应不同的观点"（Harrison，2013，p.12），而不是对制度权力的根本挑战。还有人认为，博物馆似乎具有近似于无限的能力来适应当代经济、社会政治和技术环境而同时保留其权威性（Andermann & Arnold-de-Simine，2012）。当然，另一种构建博物馆和博物馆实践的方式也被提出来，这些方式"反对帝国主义的遗产、父权价值观、基于高雅文化的假设和制度性知识的特权"（Witcomb，2003，p.12）。重要的是要支持和强调这种类型的概念化和研究，并将成果与博物馆从业人员分享。事实上，博物馆专业人员很难想象，一个更为激进的改革在博物馆实践的背景下实际上是什么样的。例如，他们纠结于如何在一个展览中描绘和展示一个更激进的改革，然后呈现给不同的观众观看。同样，如何在当前强调短期经济影响的经济、政治和筹资环境中实施这种改革，对于博物馆来说是一个问题。

接下来的章节介绍调查观众参与和涉及非正式学习环境要素的研究，其明确采用批判理论观点。我们决定在本章中突出这一方法，因为它在前几章中没有得到应有的关注。下文回顾的第一项研究着眼于在开发过程中如何想象观众及其经验，然后将其与观众自述的经历进行比较。作者（Lindauer，2006）提倡使用批判性教学作为开发展览的指导理论方法。接下来的几项研究调查了观众和非观众的种族、生活方式、阶级以及不同的地理和社会流动性如何影响他们对博物馆的看法和与博物馆内容的不同关系。最近完成的一项研究从性别角度调查了城市工薪阶层的子女在参观科学博物馆期间关注科学的情况。这项研究是一个更大的研究项目"进取的科学"（Enterprising

Science）项目①的一部分，该项目试图了解年轻人参与科学的情况，以及了解强化个体16岁以后参与科学需要何种支持。这个项目主要针对中学生及他们学校中的教师，目的是改善学校的科学教学。我们将首先介绍进取的科学的理论基础，随后介绍一项科学博物馆的实地调查研究。

以想象观众为中心的展览开发

玛格丽特·林道尔（Margaret Lindauer，2005，2006，2007）的研究主要集中于展览开发者和展览开发过程，以及想象的观众对展览内容的反应和想法及其特定的解释方法。林道尔结合批判教育学与批判博物馆理论（或新博物馆学，正如上文所提到的）来理解展览开发过程中团队成员之间的意见分歧，帮助团队选择兼容并连贯的教育、沟通理论和方法，并帮助博物馆培养与其观众的最合适关系类型（Lindauer，2006）。她的研究还探索了批判教育学在展览开发中可能的应用和影响（Lindauer，2006），她认为连贯的教育和交流方法将鼓励观众更深入的智力参与。的确，她对观众的研究表明缺乏连贯的方法会导致观众产生不连贯的体验，甚至导致展览误导观众。

> **展览开发若缺乏连贯的学习方法会给观众带来不连贯的体验**

---

① 更多关于进取的科学的信息，请参见：www.kcl.ac.uk/sspp/departments/education/research/Research-Centres/cppr/Research/currentpro/Enterprising-Science/index.aspx；关于"科学资本"概念的应用，它指的是与科学有关的资格。关于博物馆背景下的兴趣、素养和社会联系，请访问科学博物馆开发的转型实践博客：https://transformingpractice.wordpress.com。

用布迪厄的观点来研究观众和非观众

法伊夫和罗丝（Fyfe & Ross，1996）从博物馆社会学的角度对布迪厄关于博物馆观众的研究进行阐述，这是布迪厄最早的研究之一。他们专门探究了惯习的概念如何应用于当地的历史博物馆。法伊夫和罗丝（Fyfe & Ross，1996，p.131）认为有必要调查"不同的社会群体和对象如何根据先前的文化体验、需求和欲望的范围来"阅读"博物馆，这是文化表征和再生产的一个方面"。这就需要对社会背景、生活方式、参观博物馆如何适应人们的生活、社区关系和地域等问题进行深入的调查；只有当人们认为参观博物馆对他们的生活很重要，并在谈话中提到时，他们才会讨论参观博物馆的主题研究。他们共对15个代表工人阶级和中产阶级的家庭（大约35人）的所有成员进行了15次访谈，这篇特别的论文（Fyfe & Ross，1996）描述了其中的三个家庭，这些家庭都位于英格兰西北部特伦特河畔的斯托克和莱姆河畔的纽卡斯尔附近。这个地区与陶瓷产业和一个正在衰落的煤炭工业有关。该研究的主要结论是观众（和非观众或失效观众）的生活方式、社会阶层以及不同的社交和地理流动性（部分与移民有关）会塑造不同的与当地及其物质文化（主要是物理场所和物体）之间的关系。

> 博物馆及其藏品对于不同的社会群体有着不同的意义；生活方式、社会阶层以及不同的社交和地理流动性形成了不同的含义

迪克斯（Dicks，2016）以布迪厄的惯习、场域和象征资本

的概念为理论框架,对威尔士一处工业遗址——废弃煤矿的观众进行了研究。该遗址使用视听节目和现场解说——前矿工充当向导讲述隆达河谷矿工的故事,从煤炭的发现开始,一直到 20 世纪 50 年代,以及采矿业的国有化。迪克斯(Dicks,2016)对 26 位观众进行了参观前和参观后访谈,发现参观者复述矿工故事的方式似乎具有同质性。这是一个"苦难和斗争被群体的亲密所消弭,他们都觉得这种斗争合理"的故事(Dicks,2016,p.56)。这种文化框架类型与存在于大众意识中的更广泛的文化叙事相对应,在这种文化叙事中,工人阶级被视为"英雄",他们能够克服困难,证明自己在面对逆境时具有韧性。这是一个描述工人阶级(本案例中为矿工)的故事,不仅反映在该遗址的叙事中,也反映在不同背景(如社会阶层、种族、年龄、性别等等)的参观者参观后的叙事中①。应用布迪厄的惯习概念时,迪克斯(Dicks,2016)超越了参观者对遗址的粗线回答。她更详细地分析了三个工薪阶层家庭的回答,并讨论了所访谈的、来自不同家庭的两名女性成员的调查结果。迪克斯(Dicks,2016)发现,尽管这两名女性(她们都是威尔士矿工的女儿)的惯习有相似之处,但她们对遗址的利用方式似乎有所不同。其中一个人认为这个地方很接近她的自我认同,而另一个人则把这个地方与她的自我认同拉开距离,但意识到它对她个人产生影响。这些体验与中产阶级观众在遗址中的体验不同,他们"不认同自己在故事中的身份和记忆,并将其视为知识的载体",尽管他们似乎有"明确的情感认同(矿工的世界)和对损失感到遗憾"

---

① 第 5 章详细讨论了关于博物馆和参观者如何在展览中构建叙事的观点。

（Dicks，2016，p.60）。迪克斯（Dicks，2016，p.60）阐明中产阶级参观者所经历的失落感并不是自我的失落感，它是"文化理想和政治愿景的丧失"。迪克斯认为通过将参观者的反应与他们的生活经历紧密联系起来，便能够对遗址及其参观者之间的相互关系有更细致入微的了解。

> 文化叙事是组织意义的有力工具，即人们如何理解展览的故事并与之联系起来。社会阶层不是个人的固定属性，它是个体惯习的一部分，存在着即兴发挥的空间。这意味着同一社会阶层的人与同一展览的联系存在不同。

现在我们来看一个少有的非观众研究案例，参与者来自英国伦敦的四个低收入少数民族群体（Dawson，2014）。他们包括索马里人、塞拉利昂人、拉丁美洲人和亚洲人。这项探索性研究关注这些群体成员的做法和观念，尤其是他们如何看待自身被排除在非正式科学教育环境之外的情况。从理论上来说，该研究基于布迪厄的惯习和文化资本概念，而在方法论上则采用了民族志的方法。这包括在社区团体活动中的参与者观察、关注小组讨论、访谈以及随访参与者选择的科学丰富的环境。绝大多数参与者以前从未参观过非正式科学教育场所，他们认为这些活动场所是遥远的社会场所，与他们及其家庭没有什么关系。道森（Dawson）指出参与者的文化和实践与他们"想象中博物馆的概念"之间存在着明显的不匹配，"一些参与者对想象中的博物馆进行了隐含的分类和种族化"（2014，p.990）。参与者的惯习和缺乏适当的文化资本影响了人们对博物馆的认知或想象，以及他们如何看待自己在博物馆的行为。参与者认为自己的文化、资源和实践在博物馆中不受重视，这让他们中的一些人感到不舒服，并导致自我批评，而另一些人则表示参观博物馆不是他们愿意做的事情。道森对后一种回答类型做出了评论：参与者认为参观博物馆是"难以想象的"，是在参与者的世界和实践之外的事物，这表明"惯习在引导行为和行为实践模式方面有很大的弹性"（2014，p. 991）。

> 隐含于更广泛的文化话语中的、有关博物馆的认知观念，可能会让来自特定背景的人感到自身文化和实践不受重视

道森（Dawson，2014）认为，一些参与者遇到的主要困难是英语的排它性使用（无论是在展览文本中还是在与工作人员的交流中），这导致了排斥感与问题的产生，进而限制了他们的学习机会。尽管他们都能用英语交流，在参与者与工作人员的互动中，出现问题或没有得到帮助就会影响他们在空间中的舒适感或自己受到机构欢迎和重视的感觉。尽管参观者在参观博物馆的过程中本就会遇到许多问题，包括感知到的和体验到的，但在某些情况下，他们也能够利用自己的文化资源，对博物馆的内容进行有意义的整合。在这样的情况下，博物馆的内容与他们及其家人产生了共鸣，"使得某些参与者突然意识到自己处于［非正式科学教育］机构之中，瞬间变成更接近于能与博物馆呈现的展品、文本和概念相联系的'理想参观者'，但这是大多数参观者无法到达的程度（Dawson，2014，p. 998）。参加者与博物馆建立的另一个积极联系是参观使他们能够与家人和朋友度过宝贵的时间并分享经验。

> 缺乏某些类型的资本（如说英语或理解关键概念）是影响理解参观的关键，这严重限制了参观者的学习机会，并降低了他们再次参观的可能性

> 展览、文字、活动、内容和工作人员所提供的支持,让参观者利用他们的文化资源,可以促使不同的参观者群体进行有意义的体验

进取科学项目——在科学博物馆中"作为男孩"的不同方式和男孩对科学的参与

"科学资本"概念——借鉴了布迪厄的"文化资本"并受其影响——被用于"进取科学"项目之中以研究科学参与度,特别关注在学校 STEM 学科和科学职业中代表性不足的社会群体。科学资本是指"通过生活获得的与科学相关的知识、态度、经验和资源"(Archer et al.,2016a)。最初的研究(Archer,2015)表明科学资本在小学生中分布不均,而学生所拥有的高、中、低水平科学资本的机会与他们的性别、种族和文化资本有关。在确定了性别对科学资本的影响后,研究者将性别作为研究视角来探讨不同类型的性别表现(即"作为男孩"或"作为女孩")如何影响参观者在参观科学博物馆时对科学的投入。下面我们将介绍一些研究男性气质表现的主要结论和概念。另一项关于女性身份表现的研究(Dawson et al.,2015 cited in Archer et al.,2016b)在我们编写本书时尚未发表。

本研究使用了布迪厄的场域概念(Archer et al.,2016b),重点研究了城市工薪阶层男孩的男性气质表现与他们参与科学和科学身份的关系(Archer et al.,2016b)。阿彻等人(Archer et al.,2016b)利用男性气质的概念来理解科学博物馆的社会建构空间中性别表现和与科学的互动。他们确定了男性气质表现的三种类型。

最常见的表现是粗野好斗和智力碾压，第三种是较少见的变化的男性气质。与粗野好斗相关的行为类型包括"拒绝做功课，捉弄男性行为，参与性别歧视/性玩笑，变得好斗，调情，寻找方法（似乎）抵制任何科学工作和"找乐子""（Archer et al.，2016b，p.454）。智力碾压表现为"对科学兴趣有肯定的要求，自信的展示，对科学知识有竞争性的口头优势并占据主导地位，告诉其他学生该做什么（就科学内容和活动结构而言）"（Archer et al.，2016b，p.455）。最后，"变化的男性特征"是一个术语，指男孩们利用自己不同的文化资源和经历，在自己的生活、兴趣、价值观和博物馆环境之间建立联系和共同点的表现。

> 表现出变化的男性气质的男孩可能会帮助发现博物馆内容与自身生活和价值观之间的共性

这项研究（Archer et al.，2016b）展示了科学博物馆领域是如何通过突出白人男性在科学和技术领域的重要地位以及通过提供具有竞争性的科学活动，来赋予和规范男性气质。这些包括互动展览和游戏，参与这项研究的绝大多数男孩都参与其中。反过来，这似乎"促进和合理化了男性气概的霸权（这也再次有助于强化该场域的男性化）"，如粗野好斗和智力碾压。本研究的重点不仅关注博物馆的物理空间或物理环境，还包括个体在物理空间中的行为和与他人之间的关系，这两者都是该场域的关键要素。例如，这使得研究者能够研究男性气质对其他学生的影响，尤其是女孩和较不强势的男孩。研究表明，无论是粗野好斗还是智力碾压表现，都会导致女孩和较不强势的男孩被排除在外。导致较不强势的学生被排除在外的主要行为包括从嘲笑、戏弄和讥讽,到被大声呵斥或打断说话,在某些情况下甚至身体推搡。这项研究所调查的行为和关系的另一维度是博物馆工作人员与男性气质特定表现互动或支持的方式。

本研究（Archer et al.，2016b）通过调查这三种类型的男性气质表现及其所激发的科学参与类型,得出以下结论:"粗野好斗"促使一些人参与具有刻板印象的男性主题（如汽车、飞机或促进同辈竞争的互动性展览）。另一方面,这种类型的表现在促进进一步的科学学习或科学认同方面所发挥的作用非常有限,虽然它确实再现了科学是为男孩而存在的观念,正如后续访谈所表明的那样。与此同时,在实际参观中,粗野好斗的表现往往排斥女孩和较不强势的男孩。这种排斥包括偶尔身体上的排斥,使他们"在参观期间不被工作人员和其他学生所注意,到限制属于弱势群体的、履行科学身份的机会"（Archer et al.，2016b,p.472）。关于智力碾压的表现,在记录中也有展现类似的复制排他性和男性化的科学观点的模式。这类行为强化了科学的权威性以及只适合高智商的印象。话虽如此,对极少数男孩来说,智力碾压的表现似乎与科学专业知识的身份相符。最后,男性气质的变化表现与科学参与和科学认同相一致,这突出了在科学和学生的文化背景之间建立联系的重要性。有案例可以说明博物馆如何能建立在工人阶级学生的社会资本之上,并重新调整来自特定背景的参观者与博物馆之间经常存在的权力关系。然而,研究报告提到这些类型的表现是孤立的,尽管它们从同龄人和成年人那里得到了积极的反馈,但它们并没有得到老师和博物馆工作人员有意识的支持,也没有得到博物馆环境的促进。

> 粗野好斗和智力碾压的男孩表现可能会把女孩和较不强势的男孩排除在博物馆内容之外

回到博物馆-原住民社区的合作

伊恩（Ian）今年35岁，是一名电脑程序员。他正在参观发电站博物馆，这是一次与20世纪60年代移民到悉尼的家人邂逅的参观，是他计划已久的、和父亲一起去的旅行，但父亲却在大约一年前突然去世。他的表弟告诉他关于博物馆的事，因为表弟知道他喜欢艺术和科学的应用。他提到了一个关于埃及木乃伊的新展览，在这个展览中，木乃伊及其3D CT扫描图像一起展出。伊恩提前在他的iPad上下载了博物馆地图，所以他知道木乃伊展览在第三层。当他进入博物馆时，关于原住民文化和古埃及人如何哀悼逝者的讲座，引起了他的注意，他决定先去听即将开始的讲座，他坐了下来，博物馆里的工作者介绍演讲者。第一位演讲者是一位艺术家，也是澳大利亚东南部原住民群体的一员。她首先介绍她的祖先，解释她来自哪儿，并说了几句她的背景。伊恩意识到他对澳大利亚原住民群体知之甚少，这动摇了他对这个国家的看法，他有兴趣了解更多。这种在博物馆中被非盎格鲁背景的人欢迎的惊讶感以及他开放性地处理自身情形，与批判教育学相一致，这种教育学致力于挑战关于我们自身及他人身份和遗产的固定假设。

当这些想法掠过伊恩的脑海时，这位艺术家接着谈到了kopis，这是一种寡妇在丈夫去世后会戴的哀悼帽。哀悼一段时间后，帽子将被放置在墓地。与此同时，一名博物馆工作人员展示了一些来自新南威尔士州西北部延迪拉地区的 kopis 照片，这些帽子现在收藏于澳大利亚博物馆。他们解释帽子总为白色是因为在原住民群体中白色与哀悼有关。这些帽子就像人类遗骸一样受到尊重，这也是它们不再在博物馆展出的原因。伊恩发现帽子是一个如此强大的物品；他真的觉得和它有联系。他思考博物馆以前是如何不恰当地使用澳大利亚原住民群体的遗产。这种想法令他不安，但也让他思考当代博物馆如何处理这种问题。也许这次座谈是治愈过程的一部分，使澳大利亚原住民群体和博物馆走得更近。这让他想到自己失去的东西和哀悼的过程。此处我们再次想起强调认识和学习中情感作用的批判教育学。它也与社会文化学习相一致，强调在人们自身文化资源、价值观及其生活之间建立联系的重要性。

艺术家解释了寡妇帽的制作方法和原因，并以哀悼帽为切入点讲述了澳大利亚原住民文化中的悲伤和失落。虽然伊思陷入了自我沉思，但他意识到这位艺术家正在谈论的是澳大利亚原住民群体正尝试接受不同类型的悲伤和损失，失去他们的孩子、土地和精神。伊恩现在深深地了解到原住民传统的哀悼方式。伊恩个人失去和悲伤的经历与博物馆内容的交流方式，可被人们在其与伊恩的文化资本之间建立联系，也可以用批判教育学来建立联系，并认为物品和情感丰富的体验可以在参观者和对他人或过去发生事件的理解之间展开对话。

文化和权力的情境化

您如何在展览或项目中应用物品，使之与来自不同社会群体的人产生共鸣并让他们理解并重视这些物品？来自不同社会群体的人们如何通过展览文本和/或其他视觉解读方法来分享对物品的观点？您能用什么符号帮助讲述不同的故事，让不同的人产生共鸣？您能提供哪些支持，让来自不同社会群体的参观者有信心使用自身的知识库和文化资源？

您如何提供不同语言的翻译，并强化非母语人士的体验？展厅工作人员（前厅、导览员、讲解员）是否会说其他语言？如果会的话，他们能否用其他语言在展厅里进行讲解？展厅工作人员能强化观众的体验，但他们需要知道如何接近不同群体和为他们的体验提供支架，并使他们能够利用自己的文化资源、背景或文化资本。您需要为他们提供什么样的培训才能做到这一点？

您如何利用人们的文化资本，在某种程度上为他们的生活经历和博物馆内容之间架起一座桥梁？何种类型的工具（如文物和其他解释性媒体）及情境（项目、新事件、扩展）能让人们感到舒适并愿意参与其中？何种类型的空间既能吸引人又能尊重参观者的社会文化背景？您如何应用物品来支持情感体验？您能为有意义的群体间和群体内的社会互动以及社会资本的建立创造什么机会？

本章参考文献

Andermann, J. & Arnold-de-Simine, S. (2012). Museums and the educational turn: History, memory, inclusivity. *Journal of Educational Media, Memory, and Society*, 4(2), 1-7.

Archer, L., Dawson, E., DeWitt, J., Godec, S., King, H., Mau, A., Nomikou, E., & Seakins, A. J. (2016a). *Science *capital made clear*. London: King's College London. [https://kclpure.kcl.ac.uk/portal/files/49685107/Science_Capital_Made_Clear.pdf].

Archer, L., Dawson, E., DeWitt, J., Seakins, A. & Wong, B. (2015). 'Science capital': A conceptual, methodological, and empirical argument for extending Bourdieusian notions of capital beyond the arts. *Journal of Research in Science Teaching*, 52, 922-948.

Archer, L., Dawson, E., Seakins, A., DeWitt, J., Godec, S., & Whitby, C. (2016b). 'I'm being a man here': Urban boys' performances of masculinity and engagement with science during a science museum visit. *Journal of the Learning Sciences*, 25(3), 438-485.

Aronowitz, S. & Giroux, H. A. (1985). *Education under siege: The conservative, liberal and radical debate over schooling*. South Hadley, MA: Bergin & Garvey, Inc.

Bennett, T. (1995). *The birth of the museum*. London: Routledge.

Bennett, T. (1998). *Culture: A reformer's science*. Sydney: Allen and Unwin.

Black, L. A. (1990). Applying learning theory in the development of a museum learning environment, in ASTC, what research says about learning in science museums, Washington, DC, 23-25.

Blud, L. M. (1990). Social interaction and learning among family groups visiting a museum, *Museum Management and*

Curatorship, 9, 43-51.

Boast, R. (2011). Neocolonial collaboration: museum as contact zone revisited. *Museum Anthropology*, 34(1), 56-70.

Bourdieu, P. (1984). *Distinction: A social critique of the judgment of taste*. Translated from French by R. Nice. London: Routledge.

Bourdieu, P. (1986). The social space and its transformations. In *Distinction — a social critique of the judgment of taste* (pp. 99-168). Translated from French by R. Nice. London: Routledge.

Bourdieu, P. (1990). *The logic of practice*. Translated from French by R. Nice. Stanford, CA: Stanford University Press.

Bourdieu, P., (1993). *The field of cultural production: Essays on art and literature*, New York: Columbia University Press.

Bourdieu, P. & Darbel, A. (with Schnapper, D.). (1997). *The love of art: European art museums and their public*, Cambridge: Polity Press.

Bradburne, J. (1993). Going public science museums, debate and democracy. In J. Bradburne & I. Janousek (Eds.), *Planning science museums for the new Europe: Seminar proceedings* (pp. 83-94). Prague: Narodni Technicke Muzeum.

Cole, M. (1985). The zone of proximal development: Where culture and cognition create each other. In J. V. Wertsch

(Ed.), *Culture, communication, and cognition: Vygotskian perspectives* (pp. 146-161). New York: Cambridge University Press.

Cole, M. & Packer, M. (2011). Culture in development. In M. E. Lamp & M. H. Bornstein (Eds.), *Social and personality development: An advanced textbook*. New York: Psychology Press.

Dawson, E. (2014). 'Not designed for us': How science museums and science centers socially exclude low-income, minority ethnic groups. *Science Education*, 98, 981-1008. doi: 10.1002/sce.21133

Dewey, J. (1980) [1916]. *Democracy and education*. Carbondale, IL: Southern Illinois University Press.

Diamond, J. (1986). The behaviour of family groups in science museums. *Curator*, 29(2), 139-154.

Dicks, B. (2016). The habitus of heritage: A discussion of Bourdieu's ideas for visitor studies in heritage and museums. *Museum & Society*, 14(1), 52-64.

Dierking, L. D. (1992). *The family museum experience: Implications from research*. In *Patterns in Practice* (pp. 215-221). Washington, DC: Museum Education Roundtable.

Falk, J. & Dierking, L. D. (1992). *The museum experience*. Washington, DC: Whalesback Books.

Foley, J. A., Morris, D. Gounari, R., & Agostinone-Wilson, F. (2015). Critical education, critical pedagogies, Marxist education in the United States. *Journal for Critical Education Policy Studies*, 13(3), 110-144.

Fyfe, G. & Ross, M. (1995). Decoding the visitor's gaze: rethinking museum visiting. *The Sociological Review*, 43(1), 127-150. doi:10. 1111/j. 1467-954X. 1995. tb03428. x

Giroux, H. & McLaren, P. (1989). *Critical pedagogy, the state, and cultural struggle*. New York: SUNY Press.

Greenhalgh, P. (1989). Education, entertainment and politics: Lessons from the great international exhibitions. In Vergo, P. *The new museology*, London: Reaktion Books.

Gregory, R. (1989). Turning minds on to science by hands-on exploration: The nature and potential of the hands-on medium, in M. Quin (Ed). *Sharing science: Issues in the development of interactive science and technology centres* (pp. 1-9). London: Nuffield Foundation.

Harrison, R. (2013). Reassembling ethnographic museum collections, in R. Harrison, S. Byrne, & A. Clarke (Eds.), *Reassembling the collection: ethnographic museums and indigenous agency* (pp. 3-35). Santa Fe, NM: SAR Press.

Hein, G. E. (1991). The significance of constructivism for museum education. *Proceedings of ICOM CECA Annual Conference*, Jerusalem 1991, ICOM, pp. 89-94.

Hein, G. E. (1998). *Learning in the museum*. London: Routledge.

Hein, G. E. (2012). *Progressive museum practice: John Dewey and democracy*. Walnut Creek, CA: Left Coast Press.

Hein, H. (2007). Redressing the museum in feminist theory. *Museum Management and Curatorship*, 22(1), 29-42.

Hooper-Greenhill, E. (1991). *Museum and gallery education*, Leicester: Leicester University Press.

Hooper-Greenhill, E. (1992). *Museums and the shaping of knowledge*. London: Routledge.

Hooper-Greenhill, E. (1994). *The educational role of the museum* (1st edition). London: Routledge.

Hooper-Greenhill, E. (1999). Education, communication and interpretation: Towards a critical pedagogy in museums. In E. Hooper-Greenhill (Ed), *The educational role of the museum* (2nd edition, pp. 3-27). London: Routledge.

Levin, A. K. (2010). *Gender, sexuality and museums: A Routledge reader*. Oxford: Routledge.

Levin, A. K. (2012). Unpacking gender: Creating complex models for gender inclusivity in museums. In E. Nightingale & R. Sandell (Eds.), *Museums, equality, and social justice* (pp. 156-168). Oxford: Routledge.

Lidchi, H (1997). The poetics and the politics of exhibiting other cultures. In S. Hall (Ed.), *Representation* (pp. 151-222). London: Sage.

Lindauer, M. (2005). From salad bars to vivid stories: Four game plans for developing 'educationally successful' exhibitions. *Journal of Museum Management and Curatorship*, 20(1), 41-55.

Lindauer, M. (2006). Looking at museum education through the lens of curriculum theory. *Introductory remarks for a special issue of the Journal of Museum Education*, 31(2), 79-80.

Lindauer, M. (2007). Critical museum pedagogy and exhibition development. In S. Knell, S. Macleod, & S. Watson (Eds.), *Museum revolutions: How museums change and are changed* (pp. 303-314). Oxford: Routledge.

Macdonald, S. (2003). 'Museums, national, postnational and transcultural identities', *Museum and Society*, 1(1), 1-16.

Mahar, C., Harker, R., & Wilkes, C. (1990). The basic theoretical position. In R. Harker, C. Mahar, & C. Wilkes (Eds.), *An introduction to the work of Pierre Bourdieu: The practice of theory* (pp. 1-25). Basingstoke: MacMillan.

Museum Education Task Force. (1992). *Excellence and equity: Education and the public dimensions of museums*, Washington, DC: American Association of Museums.

Nomikou, E. (2013). *A museological approach to numismatic exhibitions: An ethnography of exhibition making in the Ashmolean Museum*. Unpublished doctoral thesis. University College London, UK.

Rogoff, B., Moore, L., Najafi, B., Dexter, A., Correa-Chávez, M., & Solís, J. (2007). Children's development of cultural repertoires through participation in everyday routines and practices. In J. Grusec & P. Hastings (Eds.),

Handbook of socialization: Theory and research (pp. 490-515). New York: The Guilford Press.

Sandell, R. (2002). Museums and the combating of social inequality: Roles, responsibilities and resistance. In R. Sandell (Ed.), *Museums, society, inequality* (pp. 3-23). London/New York: Routledge.

Shweder, R. A., Goodnow, J. J., Hatano, G., LeVine, R. A., Markus, H. R., & Miller P. J. (2006). The cultural psychology of development: One mind, many mentalities. In W. Damon & R. Lerner (Eds.), *Handbook of child psychology: Vol. 1. Theoretical models of human development* (6th edition, pp. 716-792). New York: Wiley.

Smith, L. (2006). *The uses of heritage*, London/New York: Routledge.

Smith, L. (2011). Affect and registers of engagement: Navigating emotional responses to dissonant heritage. In L. Smith, G. Cubitt, R. Wilson, & K. Fouseki (Ed.), *Representing enslavement and abolition in museums: Ambiguous engagements* (pp. 260-303). New York: Routledge.

Srivastava, A. R. V. (2013). *Essentials of cultural anthropology* (2nd edition). Delhi: PHI Learning.

Van der Veer, R. (1996). The concept of culture in Vygotsky's thinking, *Culture & Psychology*, 2, 247-263.

Weisner, T. S. (2002). Ecocultural understanding of children's developmental pathways. *Human Development*, 45(4),

275-281.

White, L. A. (1959). *The concept of culture*. *American Anthropologist*, 61(2), 227-251.

Williams, R. (1977). *Marxism and literature*. Oxford: Oxford University Press.

Wolf, E. R. (1984). Culture: Panacea or problem? *American Antiquity*, 49(2), 393-400.

Wolf, E. R. (1999). *Envisioning power: Ideologies of dominance and crisis*. Berkeley, CA: University of California Press.

Wolf, E. R. (2001). *Pathways of power: Building an anthropology of the modern world*. Berkeley, CA: University of California Press.

11 总　　结

　　任何研究博物馆的尝试都不可避免地超出传统学科的界限。所以在本书的前几章，我们调查了博物馆学习研究和实践的理论价值，以及应用于博物馆学习研究的方法论和方法，这些章节关注博物馆理论与实践中特定主题的讨论焦点。每个主题都针对一些与博物馆学习息息相关的认知问题、不同学科提出的问题集合以及这些学科用来解决这些认知问题的工具（即理论、概念、方法论和方法）。它们都揭示了博物馆与社会的关系的不同方面，以及博物馆在人们生活中的价值。例如，博物馆学习的一些认知问题包括参观者能动性与博物馆的社会背景之间的关系；文化价值观在选择参观、投入或不参观博物馆时所发挥的作用；参观者自身的文化素养在轻松参观、解读博物馆物品或内容方面所起的作用；个体记忆和集体记忆相互作用影响博物馆学习的方式；以及叙事如何与学习情境中的体验互动，来创造独特的学习体验。

　　本章也在此强调各个主题之间的重叠。虽然我们试图通过各章中的交叉引用来表明我们认为发生重叠的地方，但毫无疑问，还有一些重叠的区域我们未想提及或未能注意。例如，身份与其他话题之间存在着多重联系，如意义创造、叙事、记忆、真实性等等。此外，文化和权力与本书的其他主题都相关。事实上，一些主题之间的交叉可能会为进一步的研究提供富有成效的途径。因此，此处的问题是我们如何利用研究者在研究这些主题时使用的各种理论和方法论来解决博物馆学习领域涉及的知识和社会问题。我们相信答案可以在从业者和研究者的合作中找到，因为至少有两个原因。首先，正如本书介绍的研究所示，参观博物馆是一个难以想象的复杂系统，每个参观者的体验都与其团体中其他成员、其他博物馆参观者或团体以及博物馆工作人员的体验相关，所有这些都位于一个复杂的环境中，其中可能会发生无数的互动。其次，开展更广泛的社会关系维度和博物馆情境的研究而非侧重于具体的展览、展品或项目的呼声越来越高，涉及博物馆行业内外（Hooper-Greenhill，2006；Tate Learning，2011；Learning Research Agenda for Natural History Institutions，2016；Dawson & Jensen，2011）。这些都不是从业者或研究者可以单独解决的问题。

已经有一些来自科学教育［例如 Bell, Lewenstein, Shouse, & Feder（2009）］和儿童博物馆（例如 Sobel & Jipson，2016）的合作模型，这些科学教育和儿童博物馆研究了正式和非正式环境中的学习。这些合作模型展示了如何进行兼顾理论及实践的观众研究。例如，在索贝尔（Sobel）和吉普森（Jipson）所编著的一个章节中，艾伦和古特威尔（Allen and Gutwill，2016，p.193）提出联合协商研究（Jointly Negotiated Research，JNR）模型，其包含四个原则："**协商**研究者和实践者都感兴趣和对他们都重要的**实践问题**；**理论与实践相结合**；**参与协同设计**以探索和测试新的实践；在短期研究计划的基础上**培养可持续发展的能力**"。相似的是，本书中的所有章节都呼应了艾伦和古特威尔（Allen and Gutwill，2016）提出的互惠互利的实践者-研究者合作原则（如 Hadani & Walker，2016；Gaskins，2016）。

在他们的著作（Sobel & Jipson，2016）中，每一个实践者-研究者的案例研究都是由一个实践者和一个研究者共同撰写的，并提供了丰富的示例，展示了不同的伙伴关系模型及其获益、挑战、结果和对研究与实践的影响。诸多论文开始反思和分析"让更多实践进入研究"的重要性，以及强调双方都投入精力以解决"实践中的棘手问题"的必要性（Bevan，2016，pp.182-183）；与此同时实践者和研究者需要"将他们分离的任务融合成共同文化，或者至少是两种可以交流的文化"（hirsh-pasek & Golinkoff，2016，p.223）。加斯金斯（Gaskins，2016，p.168）在她的论文中重申了这一点，但更关注一种理念，即协作的过程"涉及两种看待世界方式或文化的协调［…］"以及"目标并不是将它们瓦解成一种［…］"。是否博物馆和学术机构——处于两个世界的实践者和研究者——需要共享同一任务或文化，或者"开发新专业领域"的想法（Bevan，2016，p.186），和涉及更传统的研究者和实践者之间关系模型的权力变化在许多研究中已被讨论。（参见 Hirsch-Pasek & Golinkoff，2016；Bevan，2016；Gaskins，2016）

索贝尔和吉普森（Sobel and Jipson，2016）的书中所展示的模型，稍经改造便可应用于不同类型的博物馆中。当开展研究合作的计划时，找到一个愿意投入的合作伙伴是至关重要的。合作的其他因素是需要着重于解决实践问题的研究项目。博物馆学习实践的问题始终与观众（实际的和潜在的）体验有关。另一个需要考虑的因素是如何资助研究合作。最后，研究合作的重点，特别是在公共博物馆,需要优先考虑会直接影响博物馆学习实践和研究的政策,以上的每一个因素都可能是压倒性的,并具有同等的挑战性。我们此处关注的是本书如何帮助定义和加强实践者-研究者的合作。因此,以本书所介绍的资料为出发点,我们(包括博物馆学习研究者和实践者)可以开始研究不同的方法、概念、想法、理念和博物馆实践,以及它们如何相互融合;学习的研究者和实践者均认可一个可共享和利用的主要知识体系,并进一步发展和改进他们的做法。

一般来说,博物馆学习实践者渴望创造具有个人和社会意义的体验,这将涉及身体、思想和情感,它们足够强大,足以令人难忘,并改变人们的生活。为了实现这种"理想"的参观者体验,实践者一直在向参观者寻求答案。但是,尽管提出评估问题相对容易,而提出其背后具有理论动机的研究问题却更具挑战性。本书在研究主题方面发现了许多空白,而这些主题有助于产生有效发现并确定博物馆感兴趣的问题。以下是一些主题和问题:

在不同空间的设计和内容中,什么元素会影响参观者脑海中出现哪些身份(与博物馆主题展览有关)?在空间设计中需要融入哪些元素,才能让参观者参与并扩大他们的世界观,帮助他们不断发展?

不同的空间、项目或体验如何增强参观者的自我概念,并鼓励他们探索不同的未来身份?这些空间的特点是什么?其他因素如参观者所处的社会群体类型、性别、种族、社会阶层对参观者自我概念的改变有何影响?

参观者来到博物馆有很多原因,包括与他人一起参观展览和参与活动。但其中一个最鲜为人知的原因是他们希望参与不同的博物馆的社区实践活动。与不同部门的工作人员交往和互动的机会如何改变参观者的身份和关系？博物馆策展人或保管员在参观期间短暂地"进入"参观者的世界，能给他们的生活带来什么价值？

同样，没有一个博物馆志愿者会无缘无故地决定与博物馆合作。志愿者常常可以直接接触工作人员；有时后者可能是其领域的世界级专家。他们的互动与工作任务有关，这些任务具有社会性，或具有专业属性。志愿者与工作人员的这些互动在多大程度上培养了他们对研究领域的兴趣，从而加强自身的学习认同？

参观者自身的资源和资产如何体现在博物馆的内容中，并在参观过程中与博物馆产生关联？不同年龄、性别、种族、性取向和社会阶层的参观者（有意识的或无意识的）获得了什么信息？这些信息如何影响他们的参观？又是如何构建他们对这次参观的叙事？这些叙事又是如何融入他们的身份构建？在博物馆的情境中，参观者从哪些文化资源中汲取灵感来展开他们的对话？

这只是研究合作可以参考的一些可能的主题/问题。我们意识到，对研究主题/问题的关注可能会给人留下实践者和研究者之间权力失衡的印象。然而，实践者是唯一能够在机构组织背景和更广泛的博物馆部门中落实这些主题的人，这也是促成有效合作的一个非常重要的因素。查阅现有的评估研究也是行之有效的方法，正如索贝尔和吉普森著作（Sobel and Jipson，2016）中提及的许多合作项目的案例研究所报告的那样，这些评估研究往往是提出富有成果的研究问题的起点。评价研究虽然不同于自然研究，但它的优点是对博物馆内的特定问题作出反馈。尽管与评估研究相关的大量情境知识尚不明确，但在博物馆工作的实践者拥有大量重要的隐性知识，这些知识使评估结果变得非常有意义。研究者可以借此对理论和研究方法有深刻的理解，从而丰富实践者的职业生涯。研究实践需要数年的时间来发展，而且这往往需要学徒式的学习。一项长期的研究合作可以为实践者提供上述的学徒学习的机会，并促进他们职业认同的发展。如此一来，既可以熟悉学术研究和研究方法，又能熟悉博物馆的情境及其使命和优先事项，这就形成一个辩证的过程；实践者和研究者的关系便定位于博物馆和学术语境中。

最后，由于参观者体验始终是博物馆实践的核心，这种实践者-研究者之间的关系也会使参观者（也可能是非参观者）受益。通过用理论支撑实践，实践者可以通过展览、项目和其他资源，让参观者对博物馆的内容和藏品提出更深入、更有意义的问题，比如"艺术或科学在我和我家人的生活中有什么意义？"

本章参考文献

Allen, S. & Gutwill, J. (2016). Exploring models of research-practice partnership within a single institution. In D. M. Sobel & J. L. Jipson (Eds.), *Cognitive development in museum settings: Relating research and practice* (pp. 190-208). New York: Routledge.

Bell, P., Lewenstein, B., Shouse, A., & Feder, M. (Eds.)(2009). *Learning science in informal environments: People, places, and pursuits.* Report published by the National Research Council, Washington, DC: National Academies Press.

Bevan, B. (2016). Wanted: A new cultural model for the relationship between research and practice. In D. M. Sobel & J. L. Jipson (Eds.), *Cognitive development in museum settings: Relating research and practice* (pp. 181-189). New York: Routledge.

Dawson, E. and Jensen, E. (2011). Towards a contextual turn in visitor studies: Evaluating visitor segmentation and identity-related motivations. *Visitor Studies*, 14(2), 127-140.

Gaskins, S. (2016). Collaboration is a two-way street. In D. M. Sobel & J. L. Jipson (Eds.), *Cognitive development in museum settings: Relating research and practice* (pp. 151-170). New York: Routledge.

Hadani, H. & Walker, C. (2016). Research and museum partnerships: Key components of successful collaborations. In D. M. Sobel & J. L. Jipson (Eds.), *Cognitive development in museum settings: Relating research and practice* (pp. 171-180). New York: Routledge.

Hirsch-Pasek, K. & Golinkoff, R. M. (2016). Two missions in search of a shared culture. In D. M. Sobel & J. L. Jipson (Eds.), *Cognitive development in museum settings: Relating research and practice* (pp. 222-230). New York: Routledge.

Hooper-Greenhill, E. (2006). *Studying visitors*. In S. Macdonald (Ed.), *Companion to museum studies* (pp. 362-376). Oxford:

Blackwell Publishing.

Knutson, K. & Crowley, K. (2005). Museum as learning laboratory: Developing and using a practical theory of informal learning. *Hand to Hand*, 18, 4-5.

Learning Research Agenda for Natural History Institutions, (2016). www. nhm. ac. uk/content/dam/nhmwww/about-us/learning-research-agenda/A%20Learning%20Research%20Agenda%20for%20Natural%20History%20Institutions. pdf

Leinhardt, G. & Crowley, K. (1998). Museum learning as conversational elaboration: A proposal to capture, code, and analyze talk in museums. Learning Research & Development Center University of Pittsburgh. Museum Learning Collaborative Technical Report # MLC-01 Available at http://mlc. lrdc. pitt. edu/mlc

Sobel, D. M. & Jipson, J. L. (Eds.)(2016). *Cognitive development in museum settings: Relating research and practice*. New York: Routledge.

Tate Learning. (2011). *Transforming Tate Learning*. [Accessed on 27 February 2017: www. tate. org. uk/download/file/fid/30243].

附录 术语表

A

Accommodation 适应,指改变已有概念以适应不符合这一概念的新信息的心理过程。

Agency 能动性,指个体对外界采取行动的能力。

Analogy (and relational analogy) 类比(和关系类比),是指使用对象或事件之间的比较来理解不太熟悉的对象或事件的其他属性。当某物品有多个属性时,了解其中某个属性可以让学习者推断出其他信息。例如,对一只刚认识的猫,人们可能会猜测它可能与他们知道的其他猫有相似的内在属性,吃相似的食物,有一些相同的行为。

Argument 辩论,关于某特定主题的一系列陈述,构成一套合理的观点。辩论的要素包括论点、证明或支持的论据,和结论。

Assimilation 同化,是将一个概念的新实例纳入到原有认知结构中这个概念可以归类的概念类别中的心理过程。

Authentication process 认证程序,根据弗里沃(Frisvoll, 2013, p. 273)的说法,"认证"是一个"涉及一系列复杂元素的社会过程[……],这些元素与消费的旅游产品之外的话语相联系"。

Autobiographical memories 自传式记忆,有些情景记忆纯粹是关于自我的,因此可被认为是情景记忆的一种特殊形式。

B

Backing 支持,议论的要素,也被称为证明,将论点与论据联系起来。

Basic framework 基本框架,人们感知和解释世界的方式。参见心智模型。这两个概念都关注关于外部现实的认知模型的存在,以及个体自身与之可能的行动/互动,并使其具有意义。

C

Capital 资本,指一个人可以获得的所有资源,可以是经济的、文化的、社会的和象征性的。

Claim 论点,议论的要素,表示可由所提供的论据支持的实质性陈述。

Collectivistic concept of identity 身份的集体主义概念,认为自我是嵌入在环境和关系中的;参见社会身份概念。

Collective memory 集体记忆,指群体的共同历史。集体记忆有助于形成群体认同。群体中的个人往往都对发生的事件或者其他成员共享的做事方式有某种倾向。

Communities of Practice(CoP) 实践群体(CoP),涉及一群人参与实践的方式,这些实践受到文化的约束,通过学徒制和"非正式"培训传递给新成员。该术语由拉韦和温格(Lave and Wenger)首创。

Conclusion 结论,根据论据、论点和证明(或支持)来评价辩论问题。当一个辩论的主要元素被判断为有价值或有效时,结论即为该问题论证的论点为真。

Constitutive order 本构秩序，通过"构成规则"创造社会秩序；概念接近文化世界、图形世界和文化模型。

Cooperative talk 合作性对话，这种类型的对话可与争论性对话和探索性对话相对比。争论性对话主要由分歧或争论组成，而合作性对话主要包括在彼此基础上以非批判性的方式建立的协议。探索性对话包括对对方陈述的深思熟虑，以帮助对方在概念上成长。这些类型的对话来源于"共同思考"项目。

Critical pedagogy 批判教学法，一种提倡质疑传统教学方法的教育方法，因为传统教学方法与社会中那些权力较低的人被压迫有关。

Cultural production 文化生产，指文化生产模式从血缘生产方式到朝贡生产方式再到资本主义生产方式的重大转变。

Cultural tools 文化工具，维果茨基的观点认为人们依靠工具（比如语言）来相互交流。工具是社会公认的（常规的），并允许思想的传递。

D

Declarative memory 陈述性记忆，这是人们通常能够明确命名或回忆起的记忆子集。它由语义记忆和情景记忆组成。

Deindustrialisation 去工业化，指一个地区或国家工业活动的减少。

Discourse 对话，说话者之间、读者和作者之间或其他类型的对话者之间的对话，人们在互动中寻找意义。

Discoursal identity 对话认同，是通过讲述过去、现在和未来的故事来发展自我认同的过程。身份发展的过程被看作是一种对话，它既包含紧张气氛和同时性，也包含与社会中其他对话的认同与和解。

E

Embodied experience 具体体验，人们的生活经验。它关注于知觉的物理方面，身体与环境、思想、自我和外部世界的相互作用。

Enquiry 探究，是一种教学方法，学习者在知识渊博的人的帮助下，通过提出要解决的问题和寻求解决问题的方法来引导他们的体验。

Equilibrium 平衡，指学习者在感知和理解之间（一种混乱状态导致的不平衡）寻求平衡的状态。

Episodic memory 情景记忆，陈述性记忆的一部分，指的是与特定事件相关的记忆，比如"我第一次去伦敦时正在下雨"。

Epistemology 认识论，获得知识的过程，以及何种类型的知识被认为有效。

Experimental method 实验法，通常与科学（自然或物理）有关，但有时也应用于社会科学的一种研究方法。它涉及对变量的控制，操纵一个自变量可能会对因变量产生可测量的影响（或无影响）。

F

Field 场域，指竞争和斗争的社会空间，个人通过控制存在于不同领域的不同类型的资本来争夺占据特定位置（例如成为特定社会阶层的一员）。

Flow 沉浸,指一种完全沉浸在愉快和充实的活动中的状态,在这种活动中,个体失去了对时间和空间的感知,其他一切似乎都不重要。

G

Gaze 凝视,指观看的方式,看到和被看到的方式;在博物馆情境中,它指的是参观者与物件之间的关系。最初这个词描述的是一种焦虑状态,该状态是个体由于意识到自己会被别人关注而产生的。

Generalisability 泛化能力,指对与已经研究过的情况相似的情况作出判断的能力,尽管缺乏直接的研究。评估研究结果对样本之外更广泛人群的适用性。

Grounded theory 扎根理论,基于基础研究系统性产生的数据构建而得的理论。

H

Habitus 惯习,人体潜意识习惯的内化;动作方式、说话方式、身体姿势和一般行为是惯习的核心部分。它指的是身体与环境联系的习惯性方式,是通过与某些文化或亚文化的日常互动而习得的。

Hegemonic 霸权,指某一特定群体的成员服从于另一群体的成员,或被这个群体成员支配。后者在两个群体间占据主导地位,并热衷于展示权力的行为。

Hypothesis 假设,从理论中产生的具体预测。

I

Individualistic concept of identity 身份的个人主义概念,将自我从环境和人际关系中分离出来。

Inferential statistics 推论统计学,是一种利用样本(数据)中的信息对更广泛的、没有被直接测量的群体(一般化)做出推断的定量方法。

Initiate-Respond-Feedback 启发—回应—反馈,是学校中普遍存在的一种对话模式(与启发—回应—评价并列)。老师们倾向于通过提问来开始交流(通常期望有一个正确的答案)。接着学生给出一个回答,然后老师给出一些反馈,例如,"好!"或"当我们定义维多利亚时期时,这不是我们通常想到的"。

Intentionality 意向性,在叙事理论中,意向性涉及对他人动机的解释。

Interpersonal 人际关系,维果茨基认为这指的是学习者在社会情境中首先从他人那里获得信息的方式。这有时被称为"心理之间的"。

Intrapersonal 内在的,维格茨基提出的观点(又称作"内在心理学"),用来表示概念在个体层面如何存在。这些存在通常是通过惯习使用或重复而从人际关系中转换而来。概念会在内化过程中变成内在的。

Intrinsic motivation 内在动机,会促使个体自发参与那些本就令其愉快或有趣的活动。当人们为了自己的利益、兴趣和享受而做某事时,当他们在活动中而不是在活动后获得满足感时,他们会受内在动机驱动。

L

Latent 潜在的,指隐藏的或不可观察的特性。在一些研究中,通过定性或定量的分析,汇集信息和推测有关人或情境的潜在属性,从而推断出潜在的性质。

Laws 法则,仅描述自然世界中的事件,而没有为它们的存在提供更广泛的解释。

Likert scale 李克特量表,是问卷调查使用的一种回答模式。它表示意见的可能性范围,通常为1至5或1至7,其中,极端情况表示强烈同意或不同意。

Long-term memory 长时记忆,是指大脑中储存记忆的区域,这些记忆可以保持一段时间,从相对较短的几分钟到终身。

M

Mediation 协调,即使用工具来帮助理解或沟通想法的过程。人与人之间以语言作为一种工具,通过符号来促进交流,这正是人与人之间能进行意义调解的一种示例。

Member checks 成员检查,通常情况下,在定性研究中,研究的参与者会查看转录文本或分析,以确保研究人员以预期的方式构建他或她的观点。

Mental model 心理模型,关注外部现实的认知模型的存在,关注个体自身与这一模型可能的行动/与其互动并使之具有意义;参见基本模型。

Metacognition 元认知,思考思考行为。参见自我调节学习。

Models 模型,指研究者(或他人)构建的一个现象或过程如何发生的图表。模型本身并不是理论。但是，包含解释性建议的模型能构成理论的一部分。

Multiple-choice 多项选择，是问卷（或测试）的一种回答方式，该问卷的可选数量有限。

N

Naïve theory 朴素理论，是发展心理学研究者提出的一套核心知识的概念。

Narrative 叙事，一种有意或无意讲述故事的形式，以形成一种对事件、身份和思想连贯理解的模式。叙事倾向以传统方式从文化角度传播，因此，它会代代相传。

Nativism 先天论，是一种理论，认为儿童由于其大脑或大脑的结构而天生具有学习语言（或其他技能）的先天倾向。

Non-declarative memory 非陈述性记忆，是一种非自愿记忆，通常由非认知性信息触发。非陈述性记忆存储器主要是存储个体没有意识到的东西。可能包括基于技能的记忆，比如如何骑自行车。

Numinous experience 超自然经验，指对有强烈情感——真实的或想象的——关联的物体或场所的反应。

O

Object-based discourse 基于物品的对话，指来自不同文化和社会背景的参观者获得与物品相关体验的方式。

Object-based epistemology 基于物品的认识论，指通过收集和分类标本而对自然界所知的一切。在这种认识知识的方法中，事物作为对象而存在，独立于认识主体之外。

Ontology 本体论，一种开展研究的方法，指解释现实的方式。

P

Place-Based Education 基于场所的教育，是一种受杜威思想启发的教学方法，提倡要鼓励学生参与到当地环境中，同时参与到自然的体验式学习中。

Positive psychology 积极心理学，人类积极发展的研究。积极心理学家关注四个主题：(1)积极体验；(2)持久的心理特征；(3)积极的人际关系；(4)积极的制度。该术语由马斯洛提出。积极心理学起源于20世纪关注幸福和成就的人本主义心理学。

Preconscious process 前意识过程，指思想或认知过程中与人的意识无法理解的概念有关的过程。例如感官记忆，因为它还没有被人意识到（除非被关注）。

Problem-based learning 基于问题的学习，是一种让学生朝着目标努力的教学方法，在此过程中学生必须充分利用各种各样的学习概念和工具，利用学习者自己对项目的主动性来帮助他们从现有的认识发展到建立新的认识。

Psychographic characteristics 心理特征，指消费者对产品一定的价值观、态度、欲望、意见、生活方式和个性特征。

Psychology of culture 文化心理学，包括文化的心理学（有时被称为心理人类学）、跨文化心理学和本土心理学等多个学科。

R

Rehearsal 复述,即以口头或其他方式重复信息,有助于将信息保存在工作记忆中并可能将其转化为长时记忆。

Referentiality 参考性,是叙事中帮助信息接受者理解信息的元素。它为故事提供了基础。

Reliability 可靠性,指一项研究结果(尤其是定量研究)的可信度,因为研究结果应可重复。个体使用相同的测量方法或收集数据的方法应该能够得到与研究报告中发表的结果相同的结果。

Representative sample 具有代表性的样本,指把参与者描绘成与研究相关的更广泛的人群。例如,如果一个人对英国所有4岁的孩子都感兴趣,那么只对伦敦的4岁孩子或来自高学历家庭的4岁孩子进行抽样,就不能代表所有4岁的孩子。

S

Saturation 饱和,指在一些定性研究中,收集了一定的数据后没有更进一步见解的阶段。

Scaffolding 脚手架,布鲁纳提出的概念,旨在促进个体学习的成人—儿童之间或(教师—学生之间)的互动。这种互动形式为学习者发展他们理解提供了"脚手架"。它与最近发展区的概念有关(见下文)。

Scripts 脚本,人们对事件的理解或期望。在遇到(相对)熟悉的事件时,人们可以参考脚本来填写预期情况。一个经典的例子是发生在餐厅的脚本,即人们进入餐厅,店主会招呼他们,然后把他们引到餐桌边。此时服务员提供菜单,为每个人点餐,然后送上食物;人们享受食物;要账单结账,然后离开。

Self-efficacy 自我效能感,指人们能判断自己在特定情况下的表现能力。

Self-regulated learning 自我调节学习,即在元认知指导下的学习。自主学习有很多要素,包括计划、监控和评估学习进度。

Semantic 语义,陈述性记忆的一部分,指通常已知的信息,如事实或概念之间的解释关系(例如,"英国的首都是伦敦")。

Serious leisure 深度休闲,系统性的消遣活动,在这些活动中,参与者会觉得有趣和充实。

Sensory memory 瞬时记忆,是一种通过感官以相对"未经过滤"的方式吸收所有信息的记忆,不区分任何特定类型的信息。

Short-term memory 短时记忆,又称工作记忆。

Situated learning 情境学习,这一概念源于实践共同体的理论视角。它与人们在使用信息的情况下学习效果最好的观点有关。

Situated memory 情境记忆,指通过特定的社会环境形成的记忆,因此会受特定社会环境影响或触发。

Social concept of identity 身份的社会概念,指认为自我嵌入在环境和关系之中;参见身份的集体主义概念。

Social constructivism 社会建构主义,是一种基于社会文化理论和建构主义两种要素的理论观点,前者强调群体的相互作用,后者强调个体通过自身的能动行为进行学习。

Socio-cognitive 社会认知,与社会建构主义密切相关。这种关于学习的观点更加关注学习的认知要素和学习中涉及的机制,但也认为社会情境会对学习有强烈影响。

Structure-agency debate 结构—能动性之争,指能动性和结构的重要性对比。能动性即人们是否能够有意识地(主动地)采取行为或行动,结构即人类的行为是否受到社会结构(如家庭、宗教、教育、媒体、法律、政治和经济)的约束。

Systemic-functional linguistics 系统功能语言学,韩礼德提出的一种语言学方法,这种方法认为语言是社会符号系统的一种功能。相比结构,它对语言的功能更感兴趣。

Theory 理论,指"有大量证据支撑的对自然界某些方面的综合解释"(Ayala et al., 2008, p.11)。

Transcription 转录,为后续分析语言和/或叙事而将语音转写为文字。

Transferability 可推广性,指期望从相似情境获得相似模型。

Triangulation of data/theory/investigator 数据/理论/研究者的三角测量,指在研究中使用多种手段得出结论。这可能包括使用其他类型的数据收集来获得关于情况的有用见解,或有多个研究者进行研究或使用多个理论框架来分析数据。

V

Validity 有效性,指用定量测量概念来测量其支持测量的东西的观点。

W

Warrant 证明,将论据与论点连接起来的议论元素(参见支持)。

Wh-question Wh 系列问题,指对一个物体、概念或事件提出与谁一起做、什么、哪里、如何或为什么有关的问题。

Working memory 工作记忆，是发生"思考"重要工作时的部分记忆。它也被称为短时记忆。此时为了维持观点或产生新的理解，注意力将集中于在一些规则或概念。

Z

Zone of proximal development 最近发展区，维果茨基提出的概念，指个体在任何给定的时间点学习特定事物的潜力。这可以通过比较个体独立完成的事情和他或她在更有能力的人的帮助下所能做的事情来衡量。

本章参考文献

Ayala, F. et al. (2008). *Science, evolution, and creationism*. Washington, DC: National Academies Press.

Frisvoll, S. (2013). Conceptualising Authentication of Ruralness. *Annals of Tourism Research*, 43, 272-296.

图书在版编目(CIP)数据

博物馆学习:作为促进工具的理论和研究/(英)吉尔·霍恩施泰因,(英)特安诺·穆苏里著;罗跞译.—上海:复旦大学出版社,2022.10
(世界博物馆最新发展译丛/宋娴主编.第二辑)
书名原文:Museum Learning: Theory and Research as Tools for Enhancing Practice
ISBN 978-7-309-16425-1

Ⅰ.①博… Ⅱ.①吉… ②特… ③罗… Ⅲ.①博物馆-工作-研究 Ⅳ.①G26

中国版本图书馆 CIP 数据核字(2022)第 184678 号

Museum Learning: Theory and Research as Tools for Enhancing Practice / by Jill Hohenstein, Theano Moussouri / ISBN:97811338901131

Copyright © 2018 by Taylor & Francis Group LLC.
Authorized translation from English language edition published by Routledge, a member of the Taylor & Francis Group LLC; All rights reserved; 本书原版由 Taylor & Francis 出版集团旗下的 Routledge 公司出版,并经其授权翻译出版。版权所有,侵权必究。

Fudan University Press is authorized to publish and distribute exclusively the Chinese (Simplified Characters) language edition. This edition is authorized for sale throughout Mainland of China. No part of the publication may be reproduced or distributed by any means, or stored in a database or retrieval system, without the prior written permission of the publisher. 本书中文简体翻译版授权由复旦大学出版社独家出版并限在中国大陆地区销售。未经出版者书面许可,不得以任何方式复制或发行本书的任何部分。

Copies of this book sold without a Taylor & Francis sticker on the cover are unauthorized and illegal. 本书封面贴有 Taylor & Francis 公司防伪标签,无标签者不得销售。

上海市版权局著作权合同登记号:图字 09-2019-081

博物馆学习:作为促进工具的理论和研究
[英]吉尔·霍恩施泰因 [英]特安诺·穆苏里 著
罗 跞 译
责任编辑/宋启立

复旦大学出版社有限公司出版发行
上海市国权路 579 号 邮编:200433
网址:fupnet@ fudanpress.com http://www.fudanpress.com
门市零售:86-21-65102580 团体订购:86-21-65104505
出版部电话:86-21-65642845
上海盛通时代印刷有限公司

开本 890×1240 1/32 印张 13.75 字数 308 千
2022 年 10 月第 1 版
2022 年 10 月第 1 版第 1 次印刷

ISBN 978-7-309-16425-1/G·2415
定价:70.00 元

如有印装质量问题,请向复旦大学出版社有限公司出版部调换。
版权所有 侵权必究